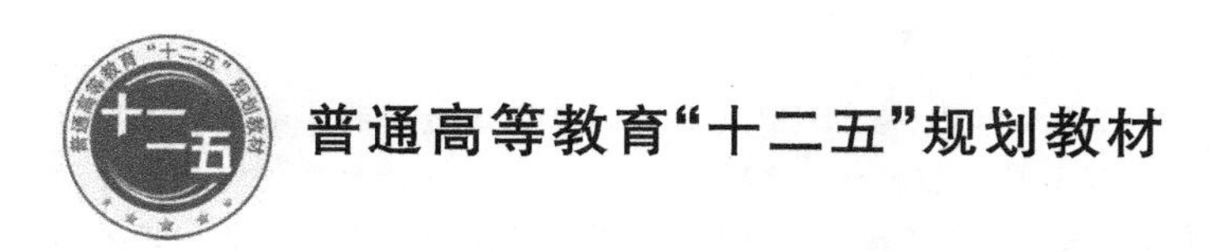

普通高等教育“十二五”规划教材

形式语言与自动机

（第2版）

杨娟　石川　王柏　主编

U0282349

北京邮电大学出版社
www.buptpress.com

内 容 简 介

本书扼要地介绍了形式语言与自动机的基本体系，是学习计算机科学基础的教材和参考书。书中主要介绍了形式语言的基本概念、自动机模型以及形式语言与自动机的等价性，包括右线性文法与有限自动机、上下文无关文法与下推自动机、图灵机以及无限制文法等。同时也介绍了形式语言与自动机的主要理论成果和应用实例。

本书不追求过多形式化讨论，强调基本概念的直观背景和主要定理证明的思路分析。书中配有较多的例题和习题，可作为工科计算机专业本科生的教材和研究人员的参考书。

图书在版编目(CIP)数据

形式语言与自动机 / 杨娟，石川，王柏主编. -- 2 版. -- 北京：北京邮电大学出版社，2017.2(2024.11 重印)
ISBN 978-7-5635-4997-9

Ⅰ. ①形…　Ⅱ. ①杨…　②石…　③王…　Ⅲ. ①形式语言—高等学校—教材②自动机理论—高等学校—教材　Ⅳ. ①TP301.2②TP301.1

中国版本图书馆 CIP 数据核字(2016)第 314682 号

书　　名：形式语言与自动机(第 2 版)
著作责任者：杨　娟　石　川　王　柏　主编
责 任 编 辑：徐振华　马晓仟
出 版 发 行：北京邮电大学出版社
社　　址：北京市海淀区西土城路 10 号(邮编：100876)
发　行　部：电话：010-62282185　传真：010-62283578
E-mail：publish@bupt.edu.cn
经　　销：各地新华书店
印　　刷：河北虎彩印刷有限公司
开　　本：787 mm×1 092 mm　1/16
印　　张：13.75
字　　数：339 千字
版　　次：2003 年 2 月第 1 版　2017 年 2 月第 2 版　2024 年 11 月第 4 次印刷

ISBN 978-7-5635-4997-9　　定价：29.00 元

·如有印装质量问题，请与北京邮电大学出版社发行部联系·

第 2 版前言

形式语言与自动机是计算机科学的基础理论之一，是计算机科学与技术专业的重要理论基础课程。形式语言与自动机是数学系统应用于计算的模型，在编译理论、人工智能、现代密码协议、生物工程、图像处理与模式识别及通信等许多领域有着极其广泛的应用。

《形式语言与自动机》一书系 21 世纪计算机科学与技术系列教材，自 2003 年 2 月出版以来，一直作为北京邮电大学计算机学院本科生“形式语言与自动机”课程和研究生选修课教材，同时也作为工科计算机专业研究人员的参考书，供广大科技工作者参考使用。

作为第 2 版，本书保留了原书的风格和基本内容，不追求过多形式化讨论，强调基本概念的直观背景和主要定理证明的思路分析。与第 1 版相比，除了对原书中的错误和疏漏之处进行订正之外，主要在以下几个方面进行了修订。

(1) 丰富了原书的内容，在第 3 章和第 4 章增加了形式语言与自动机方面主要理论成果的应用实例。

(2) 为了帮助理解形式语言与自动机的主要内容和知识点，在各章增加了一节典型习题解析，以便掌握主要概念、解题方法和技巧。

(3) 丰富和完善了各章节的例题和习题。

本书在立项、编写和出版的过程中，得到了北京邮电大学出版社的大力支持和帮助，在此表示衷心的感谢。

由于编者水平有限，书中不足之处在所难免，恳请各位专家和广大读者批评指正。

编　者

2016 年 10 月

第 1 版前言

任何一门科学都有它自身的理论基础,计算机科学也不例外。计算机技术变化很快,专门的技术知识今天有用,但常常在几年内就变成过时的东西。我们更应该培养思考的能力、清楚而准确地表达自己的能力、解决问题的能力以及知道问题什么时候还没有解决的能力。这些能力具有持久的价值。学习理论能够拓展人们的思维,并能使人们在这些方面得到训练。

形式语言与自动机是将数学系统应用于计算的模型。本课程重点介绍了形式语言及与之相对应的自动机体系。形式语言给出了对语言的语法规则进行描述和分类的形式化方法;而自动机则描述了能够识别语言的自动装置。这种形式化描述方法及自动机的工作原理是课程的核心内容,在编译理论、人工智能、电路设计、现代密码协议及通信等领域都有着极为广泛的应用,是每个对计算机科学感兴趣的人应该熟悉的内容。

本书共分 7 章。第 1 章是预备知识。第 2 章至第 5 章讨论了 Chomsky 四类文法所产生的语言和这些语言的识别装置。在这几章中,较详尽地论述了在计算机科学中有重大意义的 3 型文法与有限自动机、2 型文法与下推自动机,并简要地介绍了 0 型文法与图灵机,形成了较完整的理论体系。第 6 章简单介绍了前几章的理论与方法在编译方面的应用。第 7 章讨论了自动机理论在通信领域的某些应用。附录中简要介绍了计算复杂性理论。为避免过分形式化,本书强调基本概念的直观背景,主要定理证明的思路分析和各部分内容的内在联系,并配有较多的例题和习题,使比较抽象的概念、理论易于理解与接受。

本书是在北京邮电大学陈崇昕教授 1988 年编写的《形式语言与自动机》这一教材的基础上结合编者的教学实践扩充、修改而成,在此谨向陈教授表示衷心感谢。同时,北京邮电大学出版社为本教材的顺利出版付出了很大努力,谨此一并致以诚挚的谢意。

由于编者水平所限,书中的不足之处在所难免,请广大专家和读者批评指正。

编　者

2002 年 12 月

目　录

第1章 基础知识

作为阅读本书的一些基础知识，本章引入有关集合、逻辑、图和证明技术等方面的基本概念。熟悉这些内容的读者可略去本章，直接学习第2章。

1.1 集合与关系

1. 集合

当研究某一类对象时，可把这类对象的整体称为**集合**，组成一个集合的对象称为该集合的**元素**。

设A是一个集合，a是集合A中的元素，可表示为$a \in A$，读作a属于A。如果a不是集合A的元素，则表示为$a \notin A$，读作a不属于A。

例如，26个小写英文字母可组成一个字母集合A，每个小写字母皆属于A，可写为$a \in A, b \in A, \cdots, z \in A$。所有阿拉伯数字都不属于$A$，则有$2 \notin A, 8 \notin A$等。

注意：为书写方便，今后对$a \in A, b \in A, \cdots, z \in A$，可改写为$a, b, \cdots, z \in A$。

有限个元素$x_1, x_2, \cdots, x_n$组成的集合，称为**有限集合**。无限个元素组成的集合，称为**无限集合**。例如，整数构成的集合是一个无限集合。

不含元素的集合，称为**空集**，记为$\varnothing$。

集合的表示法，有列举法和描述法。

列举法　列举法是把集合的元素一一列举出来。例如26个小写英文字母组成的集合A，可写成$A=\{a,b,c,\cdots,z\}$；阿拉伯数字的集合$D=\{0,1,2,\cdots,9\}$，以及集合$C=\{a_1,a_2,a_3,\cdots\}$等。

描述法　描述法是描述出集合中元素所符合的规则。

例如，$\mathbf{N}=\{n \mid n \text{ 是自然数}\}$，表明是自然数集合$\mathbf{N}$。

$A=\{x \mid x \in \mathbf{Z} \text{且} 0 \leqslant x \leqslant 5\}$，其中$\mathbf{Z}$是整数集合，则$A=\{0,1,2,3,4,5\}$。

2. 集合之间的关系

(1) 设两个集合A、B包含的元素完全相同，则称集合A和B相等，表示为$A=B$。

例如，集合$A=\{a,b,c\}$，集合$B=\{b,a,c\}$，则有$A=B$。

应指出，一个集合中元素排列的顺序是无关紧要的。

有限集合A中不同元素的个数称为**集合的基数**，表示为$\# A$或$|A|$。

例如，$B=\{a,b,c,4,8\}$，其基数$\# B=5$。

(2) 设两个集合A、B，当A的元素都是B的元素，则称A包含于B，或称A是B的子集，表示为$A \subseteq B$。当$A \subseteq B$且$A \neq B$时，称A是B的真子集，表示为$A \subset B$。

如果所研究的集合皆为某个集合的子集时,称该集合为**全集**,记为 E。

(3) 根据(1)和(2),对于任意两个集合 A、B,$A=B$ 的充要条件是 $A\subseteq B$ 且 $B\subseteq A$。

3. 幂集

设 A 是集合,A 的所有子集组成的集合称为 A 的**幂集**,表示为 2^A 或 $\rho(A)$。

例如,$A=\{a,b,c\}$,则有

$$\rho(A)=\{\varnothing,\{a\},\{b\},\{c\},\{a,b\},\{b,c\},\{a,c\},\{a,b,c\}\}$$

当 A 是有限集,$\#A=n$,则 $\rho(A)$ 的元素数为

$$C_n^0+C_n^1+\cdots+C_n^n=2^n$$

应指出,空集 $\varnothing$ 是任何集合的一个子集。

4. 集合的运算

(1) 设两个集合 A、B,由 A 和 B 的所有共同元素构成的集合,称为 A 和 B 的**交集**,表示为 $A\cap B$。

例如,$A=\{a,b,c\}$,$B=\{c,d,e,f\}$,则 $A\cap B=\{c\}$。

(2) 设两个集合 A、B,所有属于 A 或属于 B 的元素组成的集合,称为 A 和 B 的**并集**,表示为 $A\cup B$。

例如,$A=\{a,b\}$,$B=\{7,8\}$,则 $A\cup B=\{a,b,7,8\}$。

(3) 设两个集合 A、B,所有属于 A 而不属于 B 的一切元素组成的集合,称为 B 对 A 的**补集**,表示为 $A-B$。

例如,$A=\{a,b,c,d\}$,$B=\{c,d,e\}$,则 $A-B=\{a,b\}$,$B-A=\{e\}$。

设全集 E 和集合 A,则称 $E-A$ 是集合 A 的补集,表示为 $\overline{A}$。

(4) 设两个集合 A、B,所有序偶 (a,b) 组成的集合,称为 A、B 的**笛卡儿乘积**,表示为 $A\times B$。

$$A\times B=\{(a,b)\mid a\in A \text{ 且 } b\in B\}$$

例如,$A=\{a,b,c\}$,$B=\{0,1\}$,则 $A\times B=\{(a,0),(a,1),(b,0),(b,1),(c,0),(c,1)\}$。

序偶的元素排列是有顺序的,不能任意颠倒,(a,b) 和 (b,a) 是不相同的两个序偶,因此两个序偶相等,应该是对应元素相同,例如,$(a,b)=(c,d)$,应有 $a=c$ 和 $b=d$。

对任意集合 A、B、C 有如下运算律:

(1) $A\cup A=A$,$A\cap A=A$;

(2) $A\cup B=B\cup A$,$A\cap B=B\cap A$;

(3) $(A\cup B)\cup C=A\cup(B\cup C)$,
$(A\cap B)\cap C=A\cap(B\cap C)$;

(4) $A\cup(B\cap C)=(A\cup B)\cap(A\cup C)$,
$A\cap(B\cup C)=(A\cap B)\cup(A\cap C)$;

(5) $A\cup(A\cap B)=A$,$A\cap(A\cup B)=A$;

(6) $A\cup\overline{A}=E$,$A\cap\overline{A}=\varnothing$;

(7) $\overline{A\cup B}=\overline{A}\cap\overline{B}$,$\overline{A\cap B}=\overline{A}\cup\overline{B}$;

(8) $E\cup A=E$,$E\cap A=A$;

(9) $A\cup\varnothing=A$,$A\cap\varnothing=\varnothing$。

5. 关系

关系的概念在数学中是常用的,诸如大于、小于、等于、包含等都属于关系。下面给出关

系的形式定义。

定义 1.1.1　设 A 是一个集合，$A\times A$ 的一个子集 R，称为是集合 A 上的一个二元关系，简称**关系**。

对于 $a\in A,b\in A$，如果 $(a,b)\in R$，称 a 和 b 存在关系 R，表示为 aRb；如果 $(a,b)\notin R$，称 a 和 b 不存在关系 R，表示为 $a\not R b$。

例如，自然数集合$\mathbf{N}$中的大于关系，可表示为

$$>=\{(a,b)\mid a,b\in \mathbf{N}\text{且 } a>b\}$$

当有两个集合 A、B，则从 A 到 B 的关系是 $A\times B$ 的一个子集。

例 1　设 $A=\{x,y,z\}$，$B=\{0,1\}$

$$A\times B=\{(x,0),(x,1),(y,0),(y,1),(z,0),(z,1)\}$$

则下列子集均为从 A 到 B 的关系：

$$R_1=\{(x,0),(y,0)\}$$

$$R_2=\{(x,1),(y,1),(z,0)\}$$

$$R_3=\{(y,0)\}$$

定义 1.1.2　设集合 A，R 是 A 上的关系：

- 对每个 $a\in A$，如果有 aRa，称 R 是自反的；
- 对于 $a,b\in A$，如果有 aRb，又有 bRa，称 R 是对称的；
- 对于 $a,b\in A$，如果有 aRb 和 bRa，则必有 $a=b$，称 R 是反对称的；
- 对于 $a,b,c\in A$，如果有 aRb 和 bRc，则有 aRc，称 R 是传递的；
- 对每个 $a\in A$，如果 $a\not R a$，称 R 是反自反的。

例如，数之间的相等关系，具有自反性、对称性和传递性，小于关系和大于关系没有自反性，但有传递性。

定义 1.1.3　设 R 是非空集合 A 上的一个关系，如果 R 有自反性、对称性和传递性，则称 R 是一个等价关系。

由等价关系 R 可以把 A 分为若干子集，每个子集称为一个等价类，同一等价类中的元素互相是等价的。

例 2　设$\mathbf{Z}$是整数集合，R 是$\mathbf{Z}$上模 3 同余关系，也是一个等价关系，即

$$R=\{(x,y)\mid x,y\in \mathbf{Z}\text{且 } x\equiv y(\bmod 3)\}$$

由于 R 是等价关系，则存在 3 个等价类为

$$[0]_R=\{\cdots,-6,-3,0,3,6,\cdots\}$$

$$[1]_R=\{\cdots,-5,-2,1,4,7,\cdots\}$$

$$[2]_R=\{\cdots,-4,-1,2,5,8,\cdots\}$$

其中 $[0]_R$，$[1]_R$，$[2]_R$ 是表示等价类的符号。

6. 逆关系

设 R 是集合 A 上的一个关系，则

$$R^{-1}=\{(y,x)\mid x,y\in A\text{ 且有}(x,y)\in R\}$$

称 R^{-1}是关系 R 的**逆关系**。

例如，小于关系的逆关系是大于关系；相等关系的逆关系仍然是相等关系。

7. 偏序关系

定义 1.1.4 设 R 是集合 A 上的一个关系,如果 R 有自反性、反对称性和传递性,则称 R 是**偏序关系**(或部分序关系)。

例 3 设集合 $C=\{2,3,6,8\}$,R 是集合 C 上的整除关系,即

$$R=\{(x,y) \mid x,y \in C \text{ 且 } x \text{ 整除 } y\}$$

可得

$$R=\{(2,2),(3,3),(6,6),(8,8),(2,6),(2,8),(3,6)\}$$

例 4 设集合 $A=\{a,b\}$,幂集 $\rho(A)$ 上的包含关系$\subseteq$,是一个偏序关系。这里

$$\rho(A)=(\varnothing,\{a\},\{b\},\{a,b\})$$

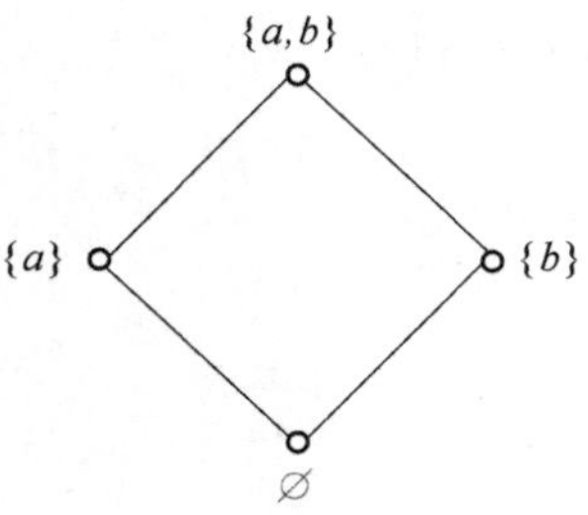

在 $\rho(A)$ 上的包含关系可用图的方法表示,如图 1.1.1 所示。

图 1.1.1 $\rho(A)$上的包含关系

描写偏序关系的图称为**哈斯图**。结合本例说明哈斯图的画法:由于 $\rho(A)$中存在$\{a\}\subseteq\{a,b\}$,所以哈斯图中有一条从节点$\{a\}$到节点$\{a,b\}$的边,这条边是自下而上的。又因$\varnothing\subseteq\{a\}$,故从节点$\varnothing$到节点$\{a\}$也存在一条自下而上的边。而对于$\varnothing\subseteq\{a,b\}$,由于以上两条边的存在,靠偏序关系的传递性,从节点$\varnothing$到节点$\{a,b\}$之间的边是不必要的。

8. 关系的闭包

定义 1.1.5 设 R 是集合 A 上的关系,如果另有关系 R'满足:

(1) R'是传递的(自反的、对称的);

(2) $R'\supseteq R$;

(3) 对任何传递的(自反的、对称的)关系 R'',当有 $R''\supseteq R$,就有 $R''\supseteq R'$,则称关系 R'是 R 的传递(自反、对称)闭包。

R 的自反闭包表示为 $r(R)$,R 的对称闭包表示为 $s(R)$,R 的传递闭包表示为 $t(R)$。

如果给定一个集合 A 上的关系 R,可用以下方法找出传递闭包 $t(R)$,自反闭包 $r(R)$和对称闭包 $s(R)$:

(1) $r(R)=R\cup I_A$,其中 $I_A=\{(x,x) \mid x\in A\}$;

(2) $s(R)=R\cup R^{-1}$;

(3) $t(R)=R\cup R^2\cup\cdots\cup R^n$,其 $\#A=n$。

例 5 设集合 $A=\{a,b,c\}$,A 上的关系 $R=\{(a,b),(b,b),(b,c)\}$,则 R 的传递闭包为

$$t(R)=\{(a,b),(b,b),(b,c),(a,c)\}$$

而 R 的自反传递闭包表示为

$$\mathrm{tr}(R)=\{(a,a),(a,b),(b,b),(b,c),(a,c),(c,c)\}$$

今后用 R^+表示 R 的传递闭包,用 R^* 表示 R 的自反传递闭包。

9. 映射

映射是关系的一个特殊类型,也称函数。

定义 1.1.6 设集合 A 和 B,f 是从 A 到 B 的一个关系,如果对每一个 $a\in A$,有唯一的 $b\in B$,使得$(a,b)\in f$,称关系 f 是函数,记为 $f:A\to B$。

如果存在$(a,b)\in f$,则 a 是 f 的自变量,b 是 f 作用下 a 的像点,因此$(a,b)\in f$ 也可写成 $f(a)=b$。

由定义 1.1.6 可知,函数有如下特点:

(1) 函数 f 的定义域是 A,不能是 A 的某个真子集。

(2) 一个 $a\in A$ 只能对应于唯一的一个 b,或者说 $f(a)$是单值的。f 的值域是 B 的子集,记为 R_f。

例 6　设集合 $A=\{a,b,c\}$,$B=\{x,y\}$

$$f_1=\{(a,x),(b,x),(c,y)\}$$
$$f_2=\{(a,y),(b,y),(c,y)\}$$
$$f_3=\{(a,y),(b,x),(c,x)\}$$
$$f_4=\{(a,x),(a,y),(b,x)\}$$
$$f_5=\{(a,x)\}$$

其中,f_1、f_2 和 f_3 均为函数,f_4 和 f_5 不是函数,是关系。

函数的几种特殊类型是:

(1) 对于 $f:A\to B$。如果 f 的值域 $R_f=B$,即 B 的每一个元素都是 A 中一个或多个元素的像点,则称 f 是满射的。

例如,集合 $A=\{a,b,c,d\}$,$B=\{x,y,z\}$,如果 $f:A\to B$ 为

$$f(a)=x,f(b)=x,f(c)=y,f(d)=z$$

则 f 是满射的。

(2) 对于 $f:A\to B$。如果 A 中没有两个元素有相同的像点,则称 f 是入射的,即对于任意 $a_1,a_2\in A$:

如果 $a_1\neq a_2$,则有 $f(a_1)\neq f(a_2)$,或者如果 $f(a_1)=f(a_2)$,则有 $a_1=a_2$。

例如,集合 $A=\{a,b\}$,$B=\{x,y,z\}$,如果 $f:A\to B$ 为 $f(a)=x$,$f(b)=y$,则称 f 是入射的。

(3) 对于 $f:A\to B$。如果 f 既是满射的,又是入射的,则称 f 是双射的,或称是一一对应的。

例如,集合 $A=\{a,b,c\}$,$B=\{1,2,3\}$,如果 $f:A\to B$ 为

$$f(a)=3,f(b)=1,f(c)=2$$

则称 f 是双射的,或者说是一一对应的。

10. 集合的划分

定义 1.1.7　设非空集合 A,$\Pi=\{\pi_1,\pi_2,\cdots,\pi_n\}$,其中 $\pi_i\subseteq A$,$\pi_i\neq\varnothing(i=1,2,\cdots,n)$,如果有 $\bigcup\limits_{i=1}^{n}\pi_i=A$ 且 $\pi_i\cap\pi_j=\varnothing(i\neq j)$,则称$\Pi$是 A 的划分。其中 π_i 是一个划分块。

例如,集合 $S=\{a,b,c,d\}$,考虑下列集合:

$$A=\{\{a,b\},\{c,d\}\}$$
$$B=\{\{a\},\{b\},\{c\},\{d\}\}$$
$$C=\{\{a\},\{b,c,d\}\}$$
$$D=\{\{a,b,c,d\}\}$$
$$E=\{\{a,b\},\{b,c,d\}\}$$
$$F=\{\{a,b\},\{c\}\}$$

则 A、B、C 和 D 都是 S 的划分,E 和 F 则不是 S 的划分。

11. 集合的基数(或势)

对于有限集而言,所谓集合的基数,即为集合中不同元素的个数。但对于无限集来说,集合的基数是什么?两个无限集的基数是否相同呢?在讨论了函数之后,可以使用一一对应(双射)来讨论集合的基数。

定义 1.1.8 设有集合 A、B,如果存在双射函数 $f:A \to B$,则说 A 和 B 有相同的基数,或者说 A 和 B 等势,记为 $A \sim B$。

显然,对于有限集合 A 和 B,称它们有相同的基数,是指它们的元素个数相同。对于无限集,可以看例 7。

例 7 设偶数集合 $N_e = \{2,4,6,\cdots\}$,定义函数 $f:\mathbf{N} \to N_e$,$\mathbf{N}$为自然数集合。如果对每个 $n \in \mathbf{N}$,有 $f(n)=2n$,显然 f 是从$\mathbf{N}$到N_e 的双射,所以存在$\mathbf{N} \sim N_e$。

例 7 说明,一个无限集,存在着它与其自身的一个真子集有相同的基数。这里 N_e 和自然数集合都是无限集。

通常,考虑一个无限集的基数时,总是看它与自然数集合能否建立一一对应。能与自然数集合建立一一对应的无限集称为**可数集**;不能与自然数集合建立一一对应的无限集称为**不可数集**。

例如:整数集合是可数集;集合$\{1,3,5,7,\cdots\}$是可数集;实数集合$\mathbf{R}$是不可数集;集合$\{x \mid x \in \mathbf{R}, 0 < x < 1\}$是不可数集,其中$\mathbf{R}$是实数的集合。

1.2 逻 辑

1. 命题与连接词

命题是一个能判断真假的陈述句,一般可用一个大写英文字母表示一个命题。例如下列语句皆为命题:

P:3 是奇数

Q:铜是金属

R:1 加 4 是 2

可见,命题P和命题Q的真值均为真(T),命题R的真值为假(F)。

连接词用于把命题构成复合命题,连接词包括"非""与""或"和"蕴含"。通常用符号"¬"表示"非",符号"∧"表示"与"、符号"∨"表示"或"和符号"→"表示"蕴含"。下面用真值表的方法,给出这些连接词的定义,如表 1.2.1 所示。

表 1.2.1 连接词的真值表

P	Q	$\neg P$	$P \wedge Q$	$P \vee Q$	$P \to Q$
F	F	T	F	F	T
F	T	T	F	T	T
T	F	F	F	T	F
T	T	F	T	T	T

表 1.2.1 表明：

当命题P和Q的真值皆为真时，当且仅当复合命题 $P\wedge Q$ 的真值为真。其他情况 $P\wedge Q$ 的真值均为假。

当命题 P 和 Q 的真值皆为假时，当且仅当复合命题 $P\vee Q$ 的真值为假。其他情况 $P\vee Q$ 均为真。

当命题 P 为真且命题 Q 为假时，当且仅当复合命题 $P\rightarrow Q$ 的真值为假。其他情况 $P\rightarrow Q$ 均为真。

至于连接词“非”可对命题进行否定，当命题 P 为真，则有$\neg P$ 为假。

2. 命题“P 当且仅当 Q”

通常在定理(或命题)证明中，如果将两个命题 P、Q 用当且仅当连接起来，读为“P 当且仅当 Q”或“P 是 Q 的充要条件”。“当且仅当”在逻辑上也是一个连接词，可用符号“$\leftrightarrow$”表示。下面先用真值表给出连接词“$\leftrightarrow$”的定义，以及它与连接词“$\rightarrow$”的关系，如表 1.2.2 所示。

由表 1.2.2 可知，复合命题 $P\leftrightarrow Q$ 与复合命题$(P\rightarrow Q)\wedge(Q\rightarrow P)$有相同的真值，故称两者是等价的，可写为

$$P\leftrightarrow Q\Leftrightarrow(P\rightarrow Q)\wedge(Q\rightarrow P)$$

表 1.2.2　$p\leftrightarrow q$ 的真值表

P	Q	$P\leftrightarrow Q$	$P\rightarrow Q$	$Q\rightarrow P$	$(P\rightarrow Q)\wedge(Q\rightarrow P)$
F	F	T	T	T	T
F	T	F	T	F	F
T	F	F	F	T	F
T	T	T	T	T	T

因此证明“P 当且仅当 Q”为真，应当证明“P 蕴含 Q”和“Q 蕴含 P”皆为真。对于复合命题 $P\rightarrow Q$ 存在着它的变换式，如表 1.2.3 所示。因此要证明“P 蕴含 Q”为真，也可去证明“非 Q 蕴含非 P”为真。

表 1.2.3　$P\rightarrow Q$ 的真值表

P	Q	$P\rightarrow Q$	$\neg Q\rightarrow\neg P$
F	F	T	T
F	T	T	T
T	F	F	F
T	T	T	T

3. 命题的演算律

下面是基本的命题演算律，可用真值表予以证明。

(1) $\neg\neg P\Leftrightarrow P$

(2) $P\vee P\Leftrightarrow P$

$P\wedge P\Leftrightarrow P$

(3) $P\vee Q\Leftrightarrow Q\vee P$

$P \wedge Q \Leftrightarrow Q \wedge P$

(4) $P \vee (Q \wedge R) \Leftrightarrow (P \vee Q) \wedge (P \vee R)$

$P \wedge (Q \vee R) \Leftrightarrow (P \wedge Q) \vee (P \wedge R)$

(5) $P \vee (P \wedge Q) \Leftrightarrow P$

$P \wedge (P \vee Q) \Leftrightarrow P$

(6) $\neg (P \vee Q) \Leftrightarrow \neg P \wedge \neg Q$

$\neg (P \wedge Q) \Leftrightarrow \neg P \vee \neg Q$

(7) $P \vee \mathrm{F} \Leftrightarrow P$

$P \wedge \mathrm{T} \Leftrightarrow P$

(8) $P \vee \mathrm{T} \Leftrightarrow \mathrm{T}$

$P \wedge \mathrm{F} \Leftrightarrow \mathrm{F}$

1.3 图

本节将讨论图论的一些基本概念。

定义 1.3.1 一个图是一个三元组(V,E,ψ),其中V是非空的节点集合,E是边的集合,ψ是从边集合E到节点无序偶或有序偶集合上的函数。

例 1 $G=(V,E,\psi)$,其中

$$V=\{v_1,v_2,v_3,v_4\}$$
$$E=\{e_1,e_2,e_3,e_4,e_5,e_6\}$$
$$\psi(e_1)=(v_1,v_2)$$
$$\psi(e_2)=(v_1,v_3)$$
$$\psi(e_3)=(v_2,v_4)$$
$$\psi(e_4)=(v_2,v_3)$$
$$\psi(e_5)=(v_4,v_3)$$
$$\psi(e_6)=(v_1,v_4)$$

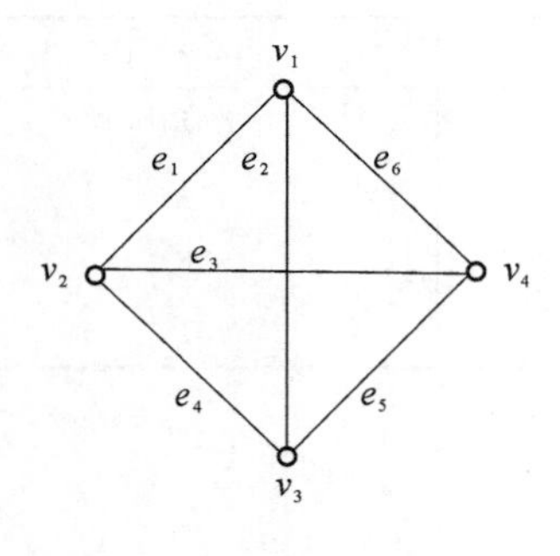

图 1.3.1 G图

用图形表示一个图,例1可表示为图1.3.1。

图中的边总是与两个节点关联,所以一个图一般表示为二元组,即$G=(V,E)$,若边e_k与节点无序偶(v_i,v_j)相关联,则称该边为无向边。若边e_k与节点有序偶(v_i,v_j)相关联,则称该边为有向边,其中v_i为边e_k的起始节点,v_j为终止节点。

如果一个图中的每条边都是无向边,称该图为无向图,如图1.3.2(a)所示。如果一个图中的每条边都是有向边,称该图为有向图,如图1.3.2(b)所示。

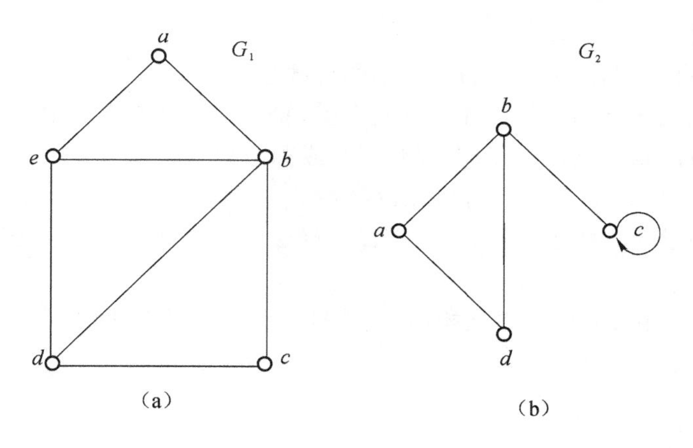

图 1.3.2　无向图与有向图

图 1.3.2(a)和(b)所示的两个图，分别表示为

$G_1=(V,E)$，其中

$$V=\{a,b,c,d,e\}$$

$$E=\{(a,b),(a,e),(b,c),(b,e),(b,d),(c,d),(d,e)\}$$

$G_2=(V,E)$，其中

$$V=\{a,b,c,d\}$$

$$E=\{(a,b),(a,d),(b,d),(b,c),(c,c)\}$$

图中，如果两个节点由一条有向边或一条无向边关联，则称这两个节点是邻接点。关联于同一节点的两条边称邻接边。关联于同一节点的一条边称为自闭路，如图 1.3.2(b)中(c,c)是一条自闭路。

在研究和描述图的性质和图的局部结构中，子图的概念是很重要的。下面给出子图的定义：

定义 1.3.2　设图 $G=(V,E)$和图 $G_1=(V_1,E_1)$，如果 $V_1\subseteq V$ 且 $E_1\subseteq E$，则称 G_1 是 G 的子图；如果 $V_1\subset V$ 且 $E_1\subset E$，则称 G_1 是 G 的真子图；如果 $V_1=V$ 且 $E_1\subseteq E$，则称 G_1 是 G 的生成子图。

例 2　图1.3.3中，(b)和(c)均为(a)的子图，又(b)是(a)的生成子图。

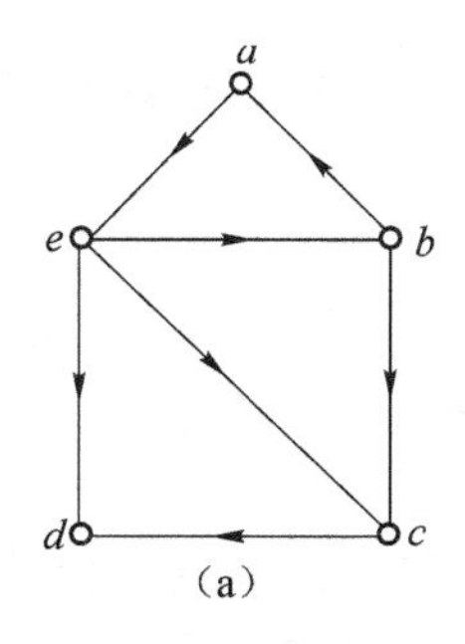

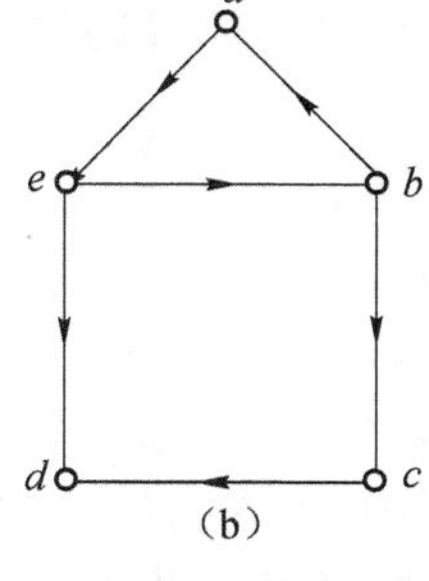

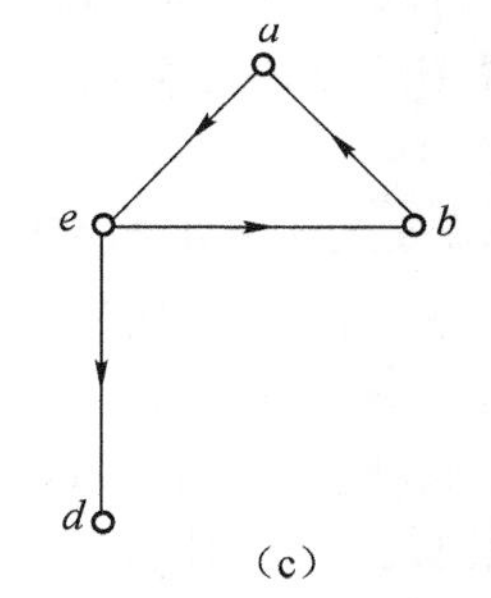

图 1.3.3　图与子图

1. 图的同构

通常,一个图的几何图形可有若干个不同的画法,就是说,一个图的几何图并不是唯一的,但它们描述的图却是相同的。如果有两个图,它们的节点数和边数相同,而且节点和边的关联关系也一样,那么这两个图应是相同的,或称同构图。

定义 1.3.3 设图 $G_1=(V_1,E_1)$ 和图 $G_2=(V_2,E_2)$,若存在双射函数 $f:V_1\to V_2$,且 $e=(v_i,v_j)$ 是 G_1 的一条边,当且仅当 $e'=(f(v_i),f(v_j))$ 是 G_2 的一条边,则称 G_1 和 G_2 **同构**,记为 $G_1\simeq G_2$。

例 3 图1.3.4中(a)和(b)是同构图,用符号"↔"表示对应,则有

节点的对应:$v_1\leftrightarrow a$

$v_2\leftrightarrow b$

$v_3\leftrightarrow c$

$v_4\leftrightarrow d$

边的对应: $(v_2,v_1)\leftrightarrow(b,a)$

$(v_4,v_1)\leftrightarrow(d,a)$

$(v_3,v_4)\leftrightarrow(c,d)$

$(v_3,v_2)\leftrightarrow(c,b)$

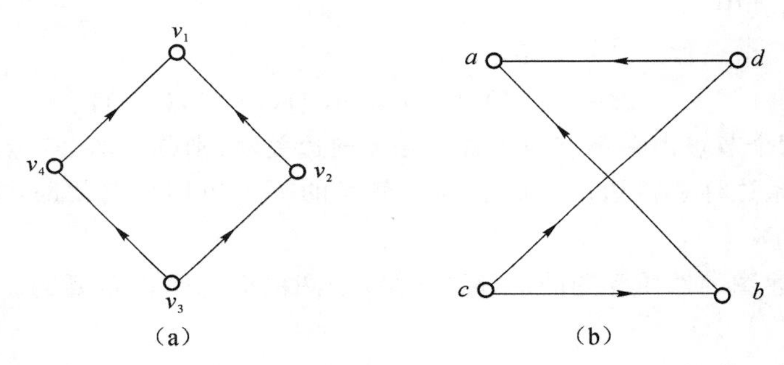

图 1.3.4 同构图

2. 路径与回路

定义 1.3.4 有向图 $G=(V,E)$ 的有限条边的序列 $e_1,e_2,\cdots,e_n$,其中任意边 e_i 的终止节点是边 e_{i+1} 的起始节点,则称这样的边序列是图 G 的**路径**。

当路径中所有的边都互不相同时,称为**简单路径**;当路径中所有节点都互不相同时,称为**基本路径**。

例如,图 1.3.5 所示的有向图 G 中:

$P_1=((v_1,v_2),(v_2,v_4),(v_4,v_2),(v_2,v_3),(v_3,v_4),(v_4,v_2),(v_2,v_5))$ 是一条路径;

$P_2=((v_1,v_2),(v_2,v_3),(v_3,v_4),(v_4,v_2),(v_2,v_5))$ 是一条简单路径;

$P_3=((v_1,v_2),(v_2,v_3),(v_3,v_4),(v_4,v_5))$ 是一条基本路径。

定义 1.3.5 有向图 $G=(V,E)$ 中,如果路径的起始节点和终止节点重合,则该路径是**回路**。没有相同边的回路为**简单回路**,通过各节点只一次的回路为**基本回路**。

图 1.3.5 中:

$P_4=((v_1,v_2),(v_2,v_4),(v_4,v_2),(v_2,v_3),(v_3,v_4),(v_4,v_2),(v_2,v_5),(v_5,v_1))$ 是一条回路;

$P_5=((v_1,v_2),(v_2,v_3),(v_3,v_4),(v_4,v_2),(v_2,v_5),(v_5,v_1))$是一条简单回路；

$P_6=((v_1,v_2),(v_2,v_3),(v_3,v_4),(v_4,v_5),(v_5,v_1))$是一条基本回路。

在一条路径中，所含边的条数称为该路径的长度。

在一个有向图中，如果存在从节点 v_i 到节点 v_j 的路径，则称从 v_i 到 v_j 是可达的。将 v_i 可达的所有节点构成的集合称为是 v_i 的可达节点集。

在一个有向图中，如果每对不同的节点 v_i 和 v_j 之间都是相互可达的，则称该图是强连通图。

例如，图 1.3.6 所示的图为强连通图。

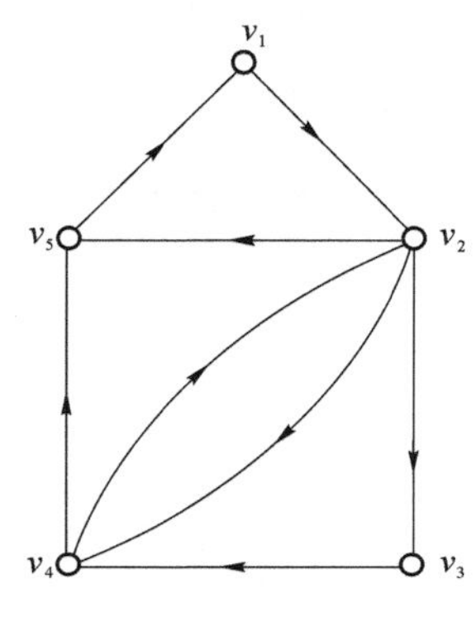

图 1.3.5　有向图

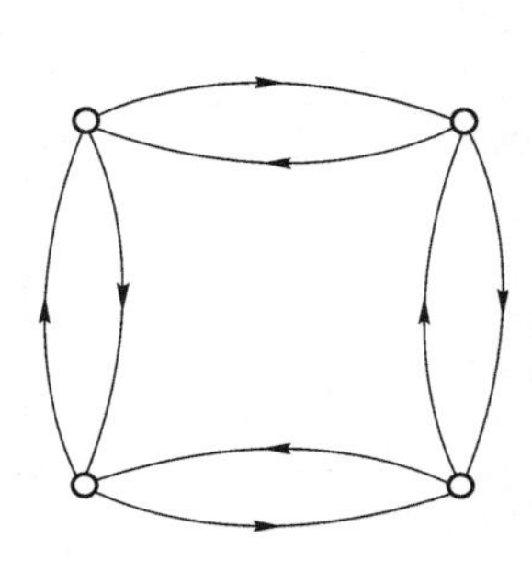

图 1.3.6　强连通图

3. 图的矩阵表示

设 $G=(V,E)$是有向图，$V=\{v_1,v_2,\cdots,v_n\}$，定义一个 $n\times n$ 的矩阵$\mathbf{A}$，$\mathbf{A}$的元素是 a_{ij}，并且

$$a_{ij}=\begin{cases}1 & 当(v_i,v_j)\in E\\ 0 & 当(v_i,v_j)\notin E\end{cases}$$

称矩阵$\mathbf{A}$是图 G 的**邻接矩阵**。

例如图 1.3.7 所示的有向图 G，其邻接矩阵$\mathbf{A}(G)$如下：

$$\mathbf{A}(G)=\begin{pmatrix}0 & 1 & 0 & 1\\ 0 & 0 & 1 & 0\\ 0 & 1 & 0 & 1\\ 0 & 1 & 0 & 0\end{pmatrix}$$

设 $G=(V,E)$是有向图，$V=\{v_1,v_2,\cdots,v_n\}$，定义 $n\times n$ 矩阵$\mathbf{B}$，$\mathbf{B}$的元素是 b_{ij}，并且

$$b_{ij}=\begin{cases}1 & 从 v_i 到 v_j 至少有一条路径\\ 0 & 从 v_i 到 v_j 不存在路径\end{cases}$$

称$\mathbf{B}$是图 G 的**可达矩阵**。

可达矩阵能表明图中任意两个节点之间是否存在一条路径。一个图的可达矩阵可从该图的邻接矩阵得出，使用下列公式：

$$\mathbf{B}=\mathbf{A}+\mathbf{A}^2+\cdots+\mathbf{A}^n$$

其中 n 是图的节点数；$\mathbf{A}^2=\mathbf{A}\times\mathbf{A}$，$\mathbf{A}^3=\mathbf{A}\times\mathbf{A}\times\mathbf{A}$等；且$\mathbf{B}$中不

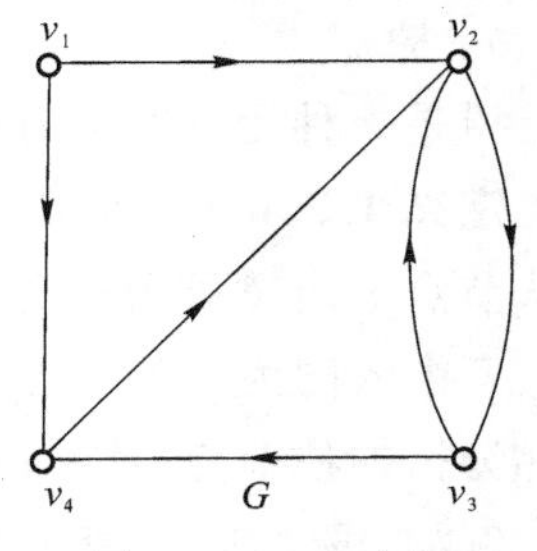

图 1.3.7　有向图

为 0 的元素均表示成 1,原为 0 的元素还是 0。

4. 节点度数

在有向图中,射入一个节点的边数称为该节点的入度,由一个节点射出的边数称为该节点的出度。节点的入度和出度之和,称为该节点的**度数**。

在无向图中,一个节点关联的边数就称为该节点的度数。

例如图 1.3.8(a)和(b),在有向图(a)中,节点 b 的入度是 2,出度也是 2,度数为 4;节点 e 的入度为 0,出度为 3,度数为 3,等等。在无向图(b)中,节点 v_4 的度数为 3 等。

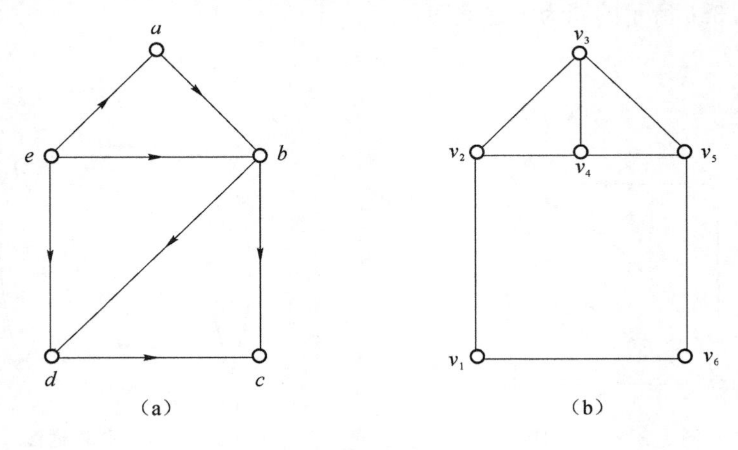

图 1.3.8 有向图与无向图

5. 无回路的有向图

无回路的有向图,是指一个有向图中不存在回路。图1.3.9所示的图是一个无回路的有向图。其中,入度为 0 的节点称为**根节点**,出度为 0 的节点称为**叶子**。因此,图中节点 a 和节点 f 是根节点,而节点 b、d 和 g 便是叶子。

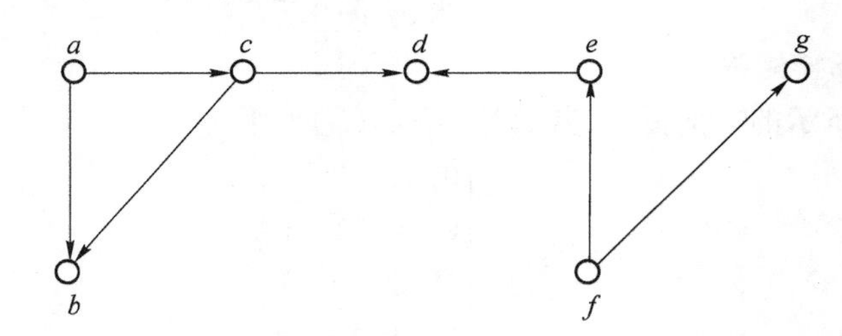

图 1.3.9 无回路的有向图

6. 树

树是一种无回路的有向图。

定义 1.3.6 如果有向图 T 中,只存在一个节点 v 的入度为 0,其他所有节点入度均为 1,从节点 v 出发可到达 T 中的每个节点,则称 T 是一棵**有向树**或称**根树**。

T 中入度为 0 的节点 v 是树的根,T 中出度为 0 的节点是树的叶子,其他入度为 1 的节点称为树的枝节点(或称内节点)。

例如,图 1.3.10 所示的树均为根树。一个孤立节点也是一棵有向树。

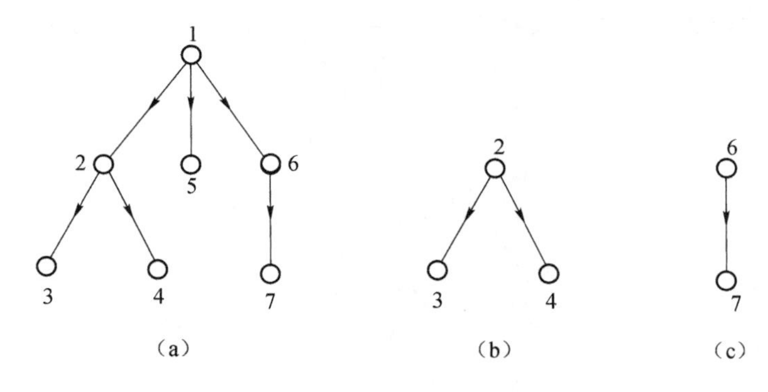

图 1.3.10　根树

因为有向树中没有任何回路，所以树中所有路径都是基本路径。从根节点到树中某一节点的路径长度，称为该节点的层数。在图 1.3.10(a)所示的树中，根节点 1 的层数为 0，节点 2,5,6 的层数为 1，节点 3,4,7 的层数为 3。同时将树中最长的路径长度称为树的高度。

定义 1.3.7　有向树中，在每一层上如果都给各节点指定好次序，则这样的树为有序树。

例如图 1.3.11(a)和(b)表示了同一棵有向树，同时还表示了两棵不同的有序树。

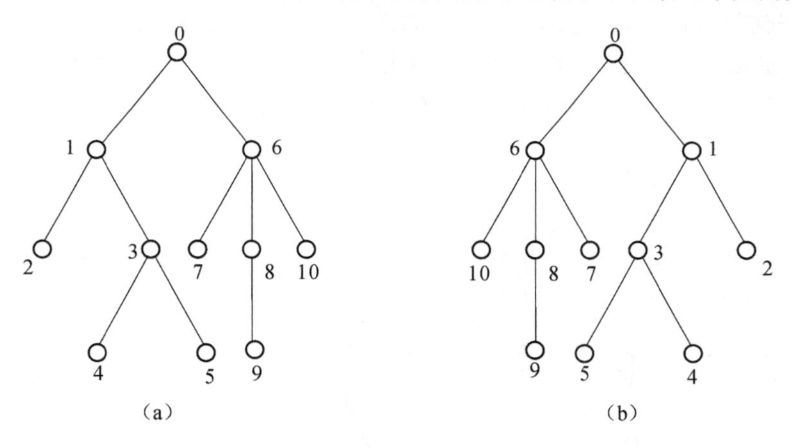

图 1.3.11　有序树

为了方便，可以借用家族术语来表达树中节点之间的关系，把从节点 v 出发可达的每个节点，都称为 v 的子孙，其中只经一条边可达的节点，称为 v 的直接子孙(或称儿子)。

从有向树的结构可以看出，树的每一个节点也都是给定树的子树的根。如果删除树的根和与它关联的边，便得到一些子树，这些子树的根，就是第一层上的各节点。

如图 1.3.11(a)所示的树，节点 1 是子树($\{1,2,3,4,5\}$,1)的根，节点 3 是子树($\{3,4,5\}$,3)的根，节点 6 是子树($\{6,7,8,9,10\}$,6)的根，节点 2 是子树($\{2\}$,2)的根，节点 8 是子树($\{8,9\}$,8)的根等。

在有向树中，如果每个节点的出度小于或等于 m，称该树是 m 元树；如果每个节点的出度都等于 m 或 0，称该树是完全 m 元树。

当 $m=2$，m 元树和完全 m 元树分别称为二元树和完全二元树。对于二元树的每个枝节点或根节点，至多有两棵子树，分别为左子树和右子树。

例 4 用二元树表示一个算术表达式$((a-c)/(b_1+b_2))+b_3*b_4$,如图 1.3.12 所示。

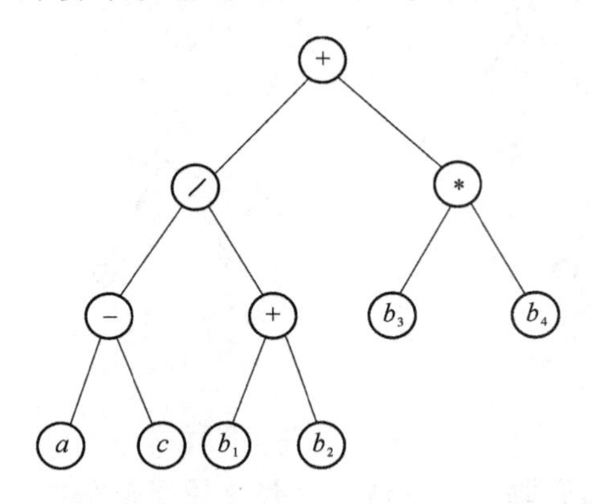

图 1.3.12 用二元树表示算术表达式

对计算机来说,处理二元树是比较方便的,所以常把有序树转化为二元树。用二元树表示有序树的方法是:

(1) 除保留最左边的枝节点外,删去所有从每个节点长出的分枝,在一层中的节点之间用从左到右的有向边连接。

(2) 对任何给定的节点,它的左儿子和右儿子按以下方法选定:直接处于给定节点之下的节点,作为左儿子,对于同一水平线上与给定节点有邻接的节点,作为右儿子,依此类推。

例如,图 1.3.13(a)所示的树 T,是一棵有序树,(b)表示 T 的一棵二元树。

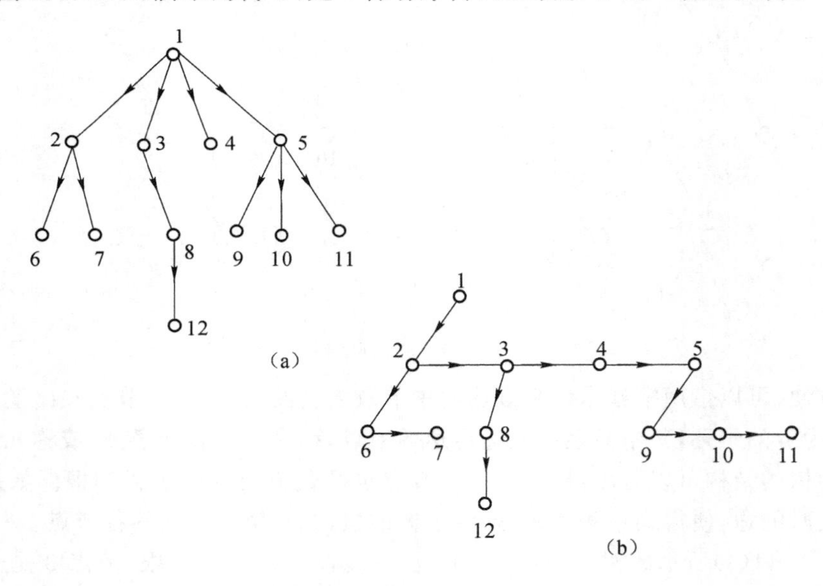

图 1.3.13 有序树与二元树

1.4 证明技术

证明是一种逻辑论证,它使人们确信一个命题是真的。在数学中,一个论证必须是无懈可击的，也就是说，数学家需要没有任何疑点的证明。

寻找数学证明并不总是一件容易的事，不可能有一组通用的简单规则和过程使你找到证明方法。但是有一些一般性策略可以利用。

首先，要仔细地看你要证明的命题。你是否理解所有的记号？用你自己的语言把命题重写一遍。把它拆开并且分开考虑每一部分。

其次，当你想证明一个命题或它的一部分时，要尽量获得它为什么应该为真的直观的“切身”感受。举几个例子是很有帮助的。例如，如果命题称某种类型的所有对象都有一种特定的性质，那么取几个这种类型的对象，并且观察它们确实具有这种性质。这样做之后，再试着找一个不具有这种性质的对象，这样的对象叫作反例。如果命题确实为真，就不可能找到反例。看看当你试图找反例时在什么地方遇到了困难，这能够帮助你了解命题为什么为真。

例 1 证明有存在量词的命题“存在整数 a，满足 $a^2=2^a$”。

证明 取 $a=2$，满足 $a^2=2^a$。

例 2 举反例否定有全称量词的命题。如命题“所有整数 a 都满足 $a^2=2^a$”。

否证 取 $a=1$，不满足 $a^2=2^a$。

1.4.1 演绎证明

一个证明是命题的序列，其中的每一个命题或者是已知的命题，或者是由前面出现过的命题使用逻辑公理和规则得出。已知的命题集合称为假设或前提，最后一个命题称为该前提的结论。

经常出现的命题证明形式有：

1. “If-Then”命题

证明方法：把 If 部分作为已知的命题，把 Then 部分作为结论。

例 3 证明命题“如果 $x+y=1$，那么 $x^2-y^2=x-y$”。

证明

(1) $x^2-y^2=(x+y)(x-y)$ // 数学公理

(2) $x+y=1$ // 已知

(3) $x^2-y^2=x-y$ // 由(1)、(2) 和算术性质推出

2. “If-And-Only-If”命题

要证明这种形式的命题，必须证明两个方向的命题，即

欲证 P if and only if Q，可分别证明：

(1) if P then Q；

(2) if Q then P。

通常，这两个方向中一个比另一个容易证明。

3. 有关集合的命题

设 R，S 为集合。欲证 $R\subseteq S$，可证明 if $x\in R$ then $x\in S$。

欲证 $R=S$，可分别证明

(1) if $x\in R$ then $x\in S$

(2) if $x \in S$ then $x \in R$

4. 原命题的逆否命题

有时,证明原命题的逆否命题更加方便,即

欲证 if A then B,可证明命题:if $\neg B$ then $\neg A$。

1.4.2 反证法

反证法是证明定理的一种常用论证形式。先假设这个定理为假,然后证明由这个假设可导致一个明显的错误结论,叫作矛盾。在日常生活中经常使用这种类型的推理。

例如,欲证 if H then C,可以把 H 和$\neg C$ 都作为已知的命题,把任何一个矛盾命题作为新的结论。

下面用反证法证明$\sqrt{2}$是无理数。如果一个数可表示成一个分式 m/n,其中 m 和 n 是整数,则这个数是有理数。换句话说,一个有理数是整数 m 和 n 的比值。例如,2/3 显然是一个有理数。如果一个数不是有理数,则它是无理数。

例 4 证明$\sqrt{2}$是无理数。

证明 首先,为了在后面得到矛盾,假设$\sqrt{2}$是有理数。于是

$$\sqrt{2}=m/n$$

这里 m 和 n 都是整数。如果 m 和 n 都能被同一个大于 1 的整数除尽,则用那个整数除它们。这样做不改变分式的值。结果是,m 和 n 不可能都是偶数。

用 n 乘等式的两边,得到

$$n\sqrt{2}=m$$

两边同时平方,得到

$$2n^2=m^2$$

由于 m^2 是整数 n^2 的 2 倍,故 m^2 是偶数,所以 m 也是偶数,因为奇数的平方总是奇数。因而,对于某个整数 k,$m=2k$,于是,用 $2k$ 代替 m,得到

$$2n^2=(2k)^2=4k^2$$

两边同时除以 2,得到

$$n^2=2k^2$$

而这个结果表明 n^2 是偶数,从而 n 是偶数。于是,m 和 n 都是偶数。但是,前面已经化简了 m 和 n,使它们不会都是偶数,因此矛盾。

1.4.3 归纳定义与归纳法

归纳法是证明无穷集合的所有元素都有一种特定性质的高级方法。例如,可以用归纳法证明一个算术表达式对于它的变量的每一组赋值都计算出想要的值,或证明一个程序在每一步或对所有的输入都工作正确。

许多定理说明存在一种特定类型的对象。证明这种定理的一个方法是说明如何构造这样的对象。这种技术就是构造性证明。基于结构构造的归纳称结构归纳法。基于自然数的

归纳称一般数学归纳法。

一个归纳证明由两部分组成:归纳基础和归纳步骤。每一部分自身是一个单独的证明。

1. 集合的结构归纳定义

集合的归纳定义由三部分构成:

(1) 基础　　　　// 直接定义集合中的元素(至少 1 个)

(2) 归纳　　　　// 从已知元素生成新元素的规则

(3) 极小性限制　// 申明集合中的元素只能由 (1)、(2) 生成

2. 结构归纳法

对于归纳定义的集合 S,欲证对于任意 $x\in S$,满足性质$P(x)$,可按下面步骤进行。

(1) 基础　　　　// 若有直接定义 $a\in S$,则证明 $P(a)$

(2) 归纳　　　　// 若归纳定义中有规则 f

if $a_1, a_2, \cdots, a_n\in S$ then $f(a_1, a_2, \cdots, a_n)\in S$,则证明

if $P(a_1), P(a_2), \cdots, P(a_n)$ then $P(f(a_1,a_2,\cdots,a_n))$

例 5　归纳定义合法括号串的集合 S。

(1) 基础　空串 $\varepsilon\in S$

(2) 归纳　若 $x\in S$,则$(x)\in S$;

　　　　　若 $x,y\in S$,则 $xy\in S$。

(3) 极小性限制　S 中的元素只能由 (1)、(2) 生成 (或 S 是满足(1)、(2)的最小集合)。

例 6　证明命题:合法括号串集合 S 中每个括号串的左括号“(”与右括号“)”数目相等。

证明

(1) 基础　空串 ε 的“(”与“)”数目相等,都为 0;

(2) 归纳　设 x,y 的“(”与“)”数目相等,前者为 m,后者为 n;

　　　　　(x) 的“(”与“)”数目都为 $m+1$;

　　　　　xy 的“(”与“)”数目都为 $m+n$。

3. 数学归纳法

基于自然数的归纳称为一般数学归纳法。自然数的归纳定义如下:

自然数集合$\mathbf{N}$是满足如下条件的最小集合:

(1) $0\in\mathbf{N}$;

(2) 若 $n\in\mathbf{N}$,则 n 的后继 $n+1\in\mathbf{N}$

欲证对任意自然数 n,命题 $P(n)$成立,须证

(1) 归纳基础证明:$P(0)$为真。

(2) 归纳步骤证明:对于每一个 $i>0$,如果 $P(i)$为真,则$P(i+1)$也为真。

这就是通常的数学归纳法。

归纳基础不一定必须从 0 开始,可以从任意的值 b 开始。在这种情况下,归纳法证明对于每一个 $k>b$,$P(k)$为真。

例 7　证明对于所有的正整数 n,有 $n<2^n$。

证明　归纳基础:当 $n=1$ 时,有 $1<2^1$,结论成立。

　　　　归纳步骤:假设对$\mathbf{N}$中任意 $n=k$ 时,$k<2^k$ 成立,则$n=k+1$时,有

$$k+1<2^k+1<2^k+2^k=2^{k+1}$$

即

$$k+1<2^{k+1}$$

由数学归纳法原理,对所有的$n\in\mathbf{N}$,有$n<2^n$成立。

例 8 证明对于所有的正整数$n\geqslant 4$,有$2^n<n!$

证明 归纳基础:当$n=4$时,有$2^4=16,4!=24$,因此$2^4<4!$,结论成立。

归纳步骤:假设对N中任意$n=k(k\geqslant 4)$时,有$2^k<k!$成立,则$n=k+1$时有

$$2\times 2^k<2(k!)<(k+1)\times(k!)=(k+1)!$$

即

$$2^{k+1}<(k+1)!$$

因此可以得出,对所有的正整数$n\geqslant 4$,有$2^n<n!$成立。

1.5 典型例题解析

例 1 给出下列集合的幂集:

(1) $\varnothing$; (2) $\{\varnothing\}$; (3) $\{\varnothing,\{\varnothing\}\}$; (4) $\{a,\{a,b\}\}$。

分析:

(1) 空集只有一个子集,即它自身。

(2) 集合$\{\varnothing\}$有两个子集,即$\varnothing$和集合$\{\varnothing\}$自身。

(3) 集合$\{\varnothing,\{\varnothing\}\}$有四个子集,即$\varnothing$,集合$\{\varnothing\}$,集合$\{\{\varnothing\}\}$和集合$\{\varnothing,\{\varnothing\}\}$。

(4) 集合$\{a,\{a,b\}\}$有四个子集,即$\varnothing$,集合$\{a\}$,集合$\{\{a,b\}\}$和集合$\{a,\{a,b\}\}$。

答案:

(1) $\rho(\varnothing)=\{\varnothing\}$;

(2) $\rho(\{\varnothing\})=\{\varnothing,\{\varnothing\}\}$;

(3) $\rho(\{\varnothing,\{\varnothing\}\})=\{\varnothing,\{\varnothing\},\{\{\varnothing\}\},\{\varnothing,\{\varnothing\}\}\}$;

(4) $\rho(\{a,\{a,b\}\})=\{\varnothing,\{a\},\{\{a,b\}\},\{a,\{a,b\}\}\}$。

例 2 设A,B为集合,全集为E,证明$\overline{A\cap B}=\overline{A}\cup\overline{B}$。

分析:

(1) 证明两个集合相等的充要条件是两个集合互为子集。因此可通过证明$\overline{A\cap B}\subseteq\overline{A}\cup\overline{B}$且$\overline{A}\cup\overline{B}\subseteq\overline{A\cap B}$来证明$\overline{A\cap B}=\overline{A}\cup\overline{B}$。

(2) 若证集合$A\subseteq B$,需证$\forall x\in A$,则$x\in B$。因此,可以通过证明如果x在$\overline{A\cap B}$中,则也必然在$\overline{A}\cup\overline{B}$中,证明$\overline{A\cap B}\subseteq\overline{A}\cup\overline{B}$。

(3) 同理可通过证明如果x在$\overline{A}\cup\overline{B}$中,则也必然在$\overline{A\cap B}$中,证明$\overline{A}\cup\overline{B}\subseteq\overline{A\cap B}$。

答案:

方法1:通过证明互为子集来证明两个集合$\overline{A\cap B}$和$\overline{A}\cup\overline{B}$相等。

首先,证明$\overline{A\cap B}\subseteq\overline{A}\cup\overline{B}$。若$x\in\overline{A\cap B}$,根据补的定义,$x\notin A\cap B$,再由交集的定义,可知命题$\neg((x\in A)\wedge(x\in B))$为真。由命题逻辑的德摩根定律,可得$\neg(x\in A)$或$\neg(x\in B)$。根据命题否定的定义,有$x\notin A$或$x\notin B$。再由补集的定义,可得$x\in\overline{A}$或$x\in\overline{B}$。因此,由并

集的定义，可得 $x \in \overline{A} \cup \overline{B}$。从而得证 $\overline{A \cap B} \subseteq \overline{A} \cup \overline{B}$。

接下来，证明 $\overline{A} \cup \overline{B} \subseteq \overline{A \cap B}$。若 $x \in \overline{A} \cup \overline{B}$ 中，由并集的定义，可知 $x \in \overline{A}$ 或 $x \in \overline{B}$。由补的定义，可得 $x \notin A$ 或 $x \notin B$。因此，命题 $\neg(x \in A) \vee \neg(x \in B)$ 为真。由命题逻辑的德摩根定律，可得 $\neg((x \in A) \wedge (x \in B))$ 为真。由交集的定义，可得 $\neg(x \in A \cap B)$ 成立。再由补的定义，可以得出 $x \in \overline{A \cap B}$。从而证明了 $\overline{A} \cup \overline{B} \subseteq \overline{A \cap B}$。

综上，$\overline{A \cap B} = \overline{A} \cup \overline{B}$ 得证。

方法 2：通过谓词定义集合及逻辑等价式进行证明。

$\overline{A \cap B}$	$=\{x \mid x \notin A \cap B\}$	补的定义
	$=\{x \mid \neg(x \in (A \cap B))\}$	不属于符号的含义
	$=\{x \mid \neg(x \in A \wedge x \in B)\}$	交集的定义
	$=\{x \mid \neg(x \in A) \vee \neg(x \in B)\}$	逻辑等价式的德摩根定律
	$=\{x \mid x \notin A \vee x \notin B\}$	不属于符号的含义
	$=\{x \mid x \in \overline{A} \vee x \in \overline{B}\}$	补的定义
	$=\{x \mid x \in \overline{A} \cup \overline{B}\}$	并集的定义
	$=\overline{A} \cup \overline{B}$	

例 3　判断下列关系是否为(1) 自反的；(2) 对称的；(3) 反对称的；(4) 传递的。

(1) 定义在集合 $\{1,2,3,\cdots\}$ 上的关系 R，aRb 当且仅当 $a \mid b$。

(2) 定义在集合 $\{w,x,y,z\}$ 上的关系 R，$R=\{(w,w),(w,x),(x,w),(x,x),(x,z),(y,y),(z,y),(z,z)\}$。

(3) 定义在整数集合上的关系 R，aRb 当且仅当 $a^2=b^2$。

(4) 定义在集合 $\{1,2,3,4\}$ 的幂集上的关系 R，SRT 当且仅当 $S \subseteq T$。

(5) 定义在集合 $\{(a,b) \mid a,b \in \mathbf{Z}\}$ 上的关系 R，$(a,b)R(c,d)$ 当且仅当 $a=c$ 或 $b=d$。

分析：

根据关系性质的定义进行判断。

答案：

(1) 关系 R 是自反的，反对称的和传递的。

(2) 关系 R 是自反的。

(3) 关系 R 是自反的，对称的和传递的。

(4) 关系 R 是自反的，反对称的和传递的。

(5) 关系 R 是自反的和对称的。

例 4　设 A 是非空集合，函数 $f: A \to A$。设 R 是定义在 A 上的关系，若 $f(x)=f(y)$，则 $(x,y) \in R$。

(1) 证明 R 是 A 上的等价关系。

(2) R 的等价类是什么？

分析：

(1) 根据等价关系的定义，证明 R 是 A 上的等价关系需证明 R 是自反的，对称的和传递的关系。

(2) R 的等价类是集合 A 的子集，是由具有等价关系的元素组成的。

答案:

(1) 因为 $f(x)=f(x)$,$(x,x)\in R$。所以 R 是自反的。根据定义,若 $(x,y)\in R$,当且仅当 $f(x)=f(y)$,当且仅当 $f(y)=f(x)$,当且仅当 $(y,x)\in R$。因此 R 是对称的。若 $(x,y)\in R$ 且 $(y,z)\in R$,那么 $f(x)=f(y)$ 且 $f(y)=f(z)$,因此 $f(x)=f(z)$。于是 $(x,z)\in R$,这就证明 R 是传递的。由上可知,R 是自反的,对称的和传递的关系,因此 R 是 A 上的等价关系。

(2) R 的等价类是对于 f 的值域中的 b 得到的集合 $f^{-1}(b)$。

例 5 将下列两个命题形式化,并指出它们之间的关系。

(1) 至少有一个偶数是素数。

(2) 至少有一个偶数并且至少有一个素数。

分析:

(1) 个体域为全总个体域。

(2) 注意量词辖域的收缩与扩张。

答案:

$p(x)$:x 是偶数,$q(x)$:x 是素数。

(1) $\exists x(p(x)\wedge q(x))$

(2) $\exists x p(x)\wedge \exists x q(x)$

(3) 两者之间的关系 $\exists x(p(x)\wedge q(x))\Rightarrow \exists x p(x)\wedge \exists x\, q(x)$

例 6 设 A、B 是两个具有相同元素个数的有限集合,设 $f:A\to B$ 是任意函数,试证:

(1) 如果 f 是入射,则 f 是满射;

(2) 如果 f 是满射,则 f 是入射。

分析:

本题目考查集合的基数,入射满射函数的定义等相关知识点。

答案:

(1) 如果 f 是入射,则 A 的像点集为 $f(A)$,并且 $|f(A)|=|A|=|B|$,$f(A)\subseteq B$,即 $f(A)$ 是 B 的子集同时和 B 有同样多的元素个数。在有限集的条件下,必有 $f(A)=B$。所以,f 是满射。

(2) 如果 f 是满射,则 A 的像点集为 $f(A)$,并且 $f(A)=B$,即 $|f(A)|=|B|$。假设 f 不是入射的,则 f 的像点数必然要少于源像点数,即 $|A|>|f(A)|=|B|$,与已知矛盾!所以,f 是入射的。

例 7 对偏序集 $(\{3,5,9,15,24,45\},|)$,回答下述问题。

(1) 求极大元。

(2) 求极小元。

(3) 存在最大元吗?

(4) 存在最小元吗?

(5) 找出 $\{3,5\}$ 的所有上界。

(6) 如果存在,求 $\{3,5\}$ 的最小上界。

(7) 求 $\{15,45\}$ 的所有下界。

(8) 如果存在,求 $\{15,45\}$ 的最大下界。

分析:

本题目考查可比性、极大元、极小元、最大元、最小元、上界、下界、最小上界和最大下界等知识点。可从定义出发，进行求解。

（1）极大（小）元可理解为，在可比的元素中，没有比它更大（小）的元素。

（2）最大（小）元可理解为，要和所有元素可比，且没有比它更大（小）的元素。

（3）上（下）界是集合，其中的每个元素要和集合中的每个元素可比，且比集合中的每个元素都大（小）。

（4）最小上界是上界中最小的元素，最大下界是下界中最大的元素。

答案：

（1）24，45	（2）3，5	（3）不存在	（4）不存在
（5）15，45	（6）15	（7）15，5，3	（8）15

例8 一棵树有 n_2 个节点的度数为 2，n_3 个节点的度数为 3，…，n_k 个节点的度数为 k，试求有多少个度数为 1 的节点。

分析：本题目考查以下几个知识点：

（1）握手定理，树中所有节点的度数之和等于边数的 2 倍。

（2）树中边数等于节点数－1。

答案：

设树的节点数为 n，有 n_1 个度数为 1 的节点。则 $n=n_1+n_2+\cdots+n_k$。设树的边数为 m，则 $m=n-1$。由握手定理可得，$2m=\sum_{i=1}^{k} in_i$，将 $m=n-1$ 代入可得 $n_1=\sum_{i=3}^{k}(k-2)n_i+2$。

例9 判断下面两个有向图是否同构？

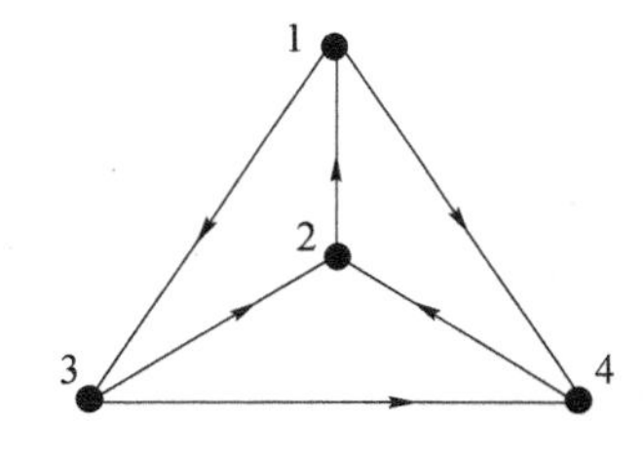

图1.5.1 例9图

分析：

两图节点数相同，有向边数相同，可尝试构造节点集间的同构函数。分析各节点的入度和出度，右图中间节点入度为 2，出度为 1，对应 4；上面的顶点对应 2；左边的节点对应 1；右边的节点对应 3。

答案：

两图同构。

例10 假设要证明形式为“若 p 则 q”的定理。

（1）若使用直接证明，你会假设什么，证明什么？

（2）若使用间接证明，你会假设什么，证明什么？

（3）若使用归谬证明，你会假设什么，证明什么？

分析：

（1）直接证明法，根据蕴涵式的定义进行证明。

(2) 间接证明法,依据 $p \to q \Leftrightarrow \neg q \to \neg p$。

(3) 归谬证明法,是另一种间接证明法,通过证明对某个命题 r 有 $\neg p \to (r \wedge \neg r)$ 为真,就能证明 p 是真的。

答案:

(1) 假设 p 为真,证明 q 为真。

(2) 假设 $\neg q$ 为真,证明 $\neg p$ 为真。

(3) 假设 $\neg q$ 为真,证明得到矛盾。

习　题

1. 列举下列集合的元素:

(1) 小于20的质数的集合;

(2) $\{x \mid x \in I$ 且 $-2 < x \leqslant 5\}$,其中 I 为整数集合。

2. 用描述法表示下列集合:

(1) $\{a_1, a_2, a_3, a_4, a_5\}$;

(2) $\{1,3,5,\cdots\}$;

(3) $\{0,2,4,\cdots,56,58\}$。

3. 设 $S=\{2,b,\{5\},4\}$ 和 $R=\{1,4,5,\{b\}\}$,指出下列各题的正确与错误:

(1) $\{b\} \in S$;

(2) $\{b\} \in R$;

(3) $\{b,\{5\},4\} \subseteq S$;

(4) $\{1,4,5,\{b\}\} \subseteq R$;

(5) $\{b\} \subseteq S$;

(6) $\{b\} \subseteq R$;

(7) $\varnothing \subset S$;

(8) $\varnothing \subseteq \{\{b\}\} \subseteq R$;

(9) $\varnothing \in R$;

(10) $R=S$。

4. 设集合 $S=\{a,b,c\}$ 和 $R=\{0,1,2\}$,写出:

(1) $S-R, R-S$;

(2) $S \times R, R \times S$。

5. 给出下列集合的幂集:

(1) $\{x,\{y\}\}$;

(2) $\{1,2,\{1,2\}\}$。

6. 设集合 $S=\{0\}$,写出 S 和 $\rho(S)$ 的幂集。

7. 设集合 A、B,全集为 E,证明

(1) $\overline{A \cup B} = \overline{A} \cap \overline{B}$;

(2) $\overline{A \cap B} = \overline{A} \cup \overline{B}$。

8. 设自然数集合$\mathbf{N}$有下列子集：

$A=\{1,2,7,8\}$　　　$B=\{x \mid x^2<50\}$　　　$C=\{x \mid x$ 可被 3 整除，$0\leqslant x\leqslant 30\}$

求下列集合：

(1) $A\cup(B\cap C)$；　　(2) $A\cap(B\cup C)$；　　(3) $B-(A\cup C)$。

9. 设集合 $B=\{a,b,c\}$上有下列 5 个关系：

$R=\{(a,a),(a,b),(a,c),(c,c)\}$；

$S=\{(a,a),(a,b),(b,a),(b,b),(c,c)\}$；

$T=\{(a,a),(a,b),(b,b),(b,c)\}$；

$\varnothing$=空关系；

$B\times B$=全域关系。

判断以上关系是否为自反的、对称的、传递的、反对称的。

10. 举出 $S=\{a,b,c\}$上关系 R 的例子，使它具有下列性质：

(1) R 既是对称的，又是反对称的；

(2) R 既不是对称的，又不是反对称的；

(3) R 是传递的。

11. 设 R 是集合 A 上的关系，证明$(R^{-1})^{-1}=R$。

12. 设 R_1 和 R_2 都是从集合 A 到 B 的关系，证明下列各式成立：

(1) $(R_1\cup R_2)^{-1}=R_1^{-1}\cup R_2^{-1}$；

(2) $(R_1\cap R_2)^{-1}=R_1^{-1}\cap R_2^{-1}$。

13. 设 R_1 和 R_2 都是集合 A 上的关系，证明：

(1) $r(R_1\cup R_2)=r(R_1)\cup r(R_2)$；

(2) $S(R_1\cup R_2)=S(R_1)\cup S(R_2)$；

(3) $t(R_1\cup R_2)\supseteq t(R_1)\cup t(R_2)$。

14. 设集合 $S=\{a,b,c,d\}$，问可有多少个等价关系？

15. 设集合 $X=\{1,2,3\}$，X 上的下列关系是否为等价关系：

(1) $R_1=\{(1,1),(1,2),(2,1),(1,3),(3,1)\}$；

(2) $R_2=\{(1,1),(1,2),(2,1),(2,2),(3,3)\}$。

16. 证明集合 $C=\{\varnothing,\{a\},\{a,b\},\{a,b,c\}\}$上的包含关系$\subseteq$是偏序关系，画出哈斯图。

17. 设集合 $A=\{1,2,3,4,6,12\}$，A 上的关系 R 为

$$R=\{(x,y) \mid x,y\in A \text{ 且 } x \text{ 整除 } y\}$$

证明 R 是偏序关系，画出哈斯图。

18. 设集合 $X=\{a,b,c\}$，$Y=\{0,1\}$，写出全部从 X 到 Y 的函数。

19. 下列函数中哪些是入射的、满射的或双射的：

(1) $f:I\to I, f(i)=i(\text{mod } 3)$

(2) $f:\mathbf{N}\to\mathbf{N}, f(i)=\begin{cases}1 & i \text{ 是奇数}\\ 0 & i \text{ 是偶数}\end{cases}$

(3) $f:\mathbf{N}\to\{0,1\}, f(i)=\begin{cases}0 & i \text{ 是奇数}\\ 1 & i \text{ 是偶数}\end{cases}$

(4) $f:I\to\mathbf{N}, f(i)=|2i|+1$

(5) $f:\mathbf{R}\to\mathbf{R}, f(r)=2r-15$

其中,I 是整数集合;$\mathbf{N}$是自然数集合;$\mathbf{R}$是实数集合。

20. 4 个元素的集合共有多少个不同的划分?

21. 设 S_1 和 S_2 是非空集合 B 的划分,说明下列各式哪些是 B 的划分,哪些不是 B 的划分,并证明。

(1) $S_1\cup S_2$; (2) $S_1\cap S_2$; (3)S_1-S_2。

22. 写出下列各复合命题的真值表:

(1) $P\to(Q\vee R)$; (2) $(P\vee\neg Q)\wedge R$;

(3) $(P\vee R)\wedge(P\to Q)$。

23. 证明下列等价式:

(1) $\neg(P\wedge Q)\Leftrightarrow\neg P\vee\neg Q$;

(2) $\neg(P\vee Q)\Leftrightarrow\neg P\wedge\neg Q$;

(3) $P\to Q\Leftrightarrow\neg P\vee Q$;

(4) $\neg(P\leftrightarrow Q)\Leftrightarrow(P\wedge\neg Q)\vee(\neg P\wedge Q)$。

24. 设有向图 $G=(V,E)$和有向图 $G'=(V',E')$,其中

$V=\{v_1,v_2,v_3,v_4,v_5\}$

$E=\{(v_1,v_2),(v_2,v_3),(v_3,v_4),(v_4,v_1),(v_5,v_4),(v_1,v_5)\}$

$V'=\{a,b,c,d,e\}$

$E'=\{(a,b),(b,c),(c,a),(a,e),(e,d),(d,e)\}$

证明 G 和G'是同构图。

25. 设有向图 $G=(V,E)$,其中

$V=\{a,b,c,d,e\}$

$E=\{(a,b),(b,c),(a,e),(b,e),(e,d),(c,e),(d,c)\}$

画出 G 的 4 个子图。

26. 在题 25 的图中,写出从节点 a 出发的路径和从节点 b 出发的回路。

27. 证明:在有向图中,所有节点的入度之和等于所有节点的出度之和。

28. 具有 n 个节点的有向树,最多有多少条边?

29. 用归纳法证明:$\sum_{i=1}^{n} i=\frac{1}{2}n(n+1)$。

30. 用归纳法证明:$\sum_{i=1}^{n} i^2=\frac{1}{6}n(n+1)(2n+1)$。

31. 用归纳法证明:$\left(\sum_{i=1}^{n} i\right)^2=\sum_{i=1}^{n} i^3$。

32. 对题图 1.1 所示的有向图 G,找出图 G 中从 b 出发的基本路径。

33. 设有向图(题图 1.2)$G=(V,E)$,其中

$V=\{v_1,v_2,v_3,v_4\}$

$E=\{(v_1,v_2),(v_1,v_4),(v_2,v_3),(v_2,v_4),(v_3,v_2),(v_3,v_4),(v_4,v_2)\}$

(1) 找出 G 的邻接矩阵$\mathbf{A}$;

(2) 计算 G 的可达矩阵$\mathbf{B}$。

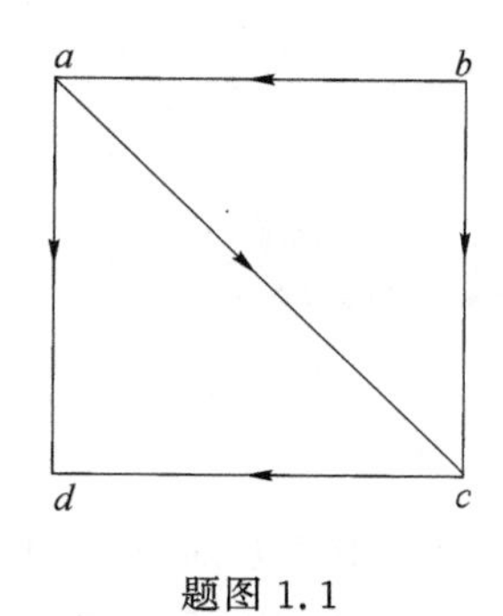

题图 1.1

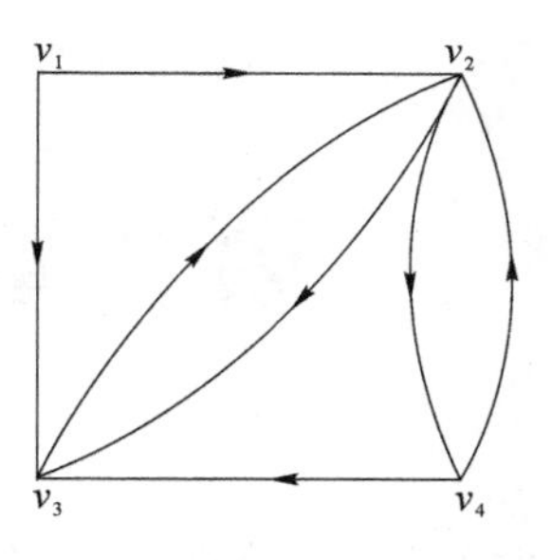

题图 1.2

34. 一棵树有一个节点度数为 3，两个节点度数为 2，三个节点度数为 4，问它有几个度数为 1 的节点。

35. 如果树中有 4 个节点，应该有多少棵不同的有向树。

36. 证明完全二元树中边的总数等于 $2(n-1)$，n 是叶子数。

37. 一棵二元树有 n 个节点，问这棵树的高度最大是多少？最小是多少？

38. 找出对应于题图 1.3 中所给树的二元树。

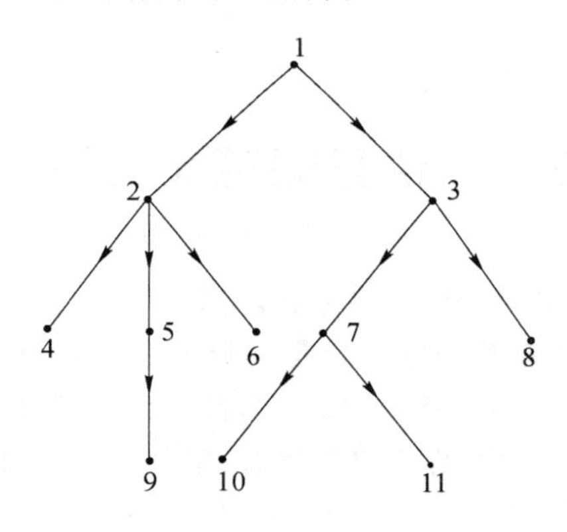

题图 1.3

第2章　语言及文法

当今的世界上语言众多，程序设计语言可能达千种。它们千差万别，几乎每一种都有其特定的语法规则。尽管如此，它们却有一个共同点，即都是由一个有限字母表上的字母的集合所组成的。这表明，可以用统一的抽象方法来讨论、研究程序设计语言。形式语言是对程序设计语言的形式化描述，对它的讨论通常从两个方面进行：一是产生语言的形式化规则——文法；二是识别语言的装置——“机器”。本书的论述基本上是按照这两个方面展开的。

本章是形式语言的引论，主要定义了有关语言的术语，有字母表、字符串、语言，以及对语言的运算律。在此基础上给出文法的定义和文法的分类。进一步深入的讨论将在以后各章中进行。

2.1　语言的定义与运算

定义 2.1.1　字符的有限集合称为字母表，记为 T。

字母表作为一个集合，在理论上它可以是一个无限集，但在实际应用里，字母表中的字符个数总是有限的，例如 26 个英文字母、10 个阿拉伯数字都可分别构成一个字母表。

例 1　一个高级语言所用的全部字符的集合，就是一个字母表 T，写为

$$T=\{a,b,c,\cdots,z,A,B,C,\cdots,Z,0,1,2,\cdots,9,+,-,*,/,<,;,\cdots\}$$

定义 2.1.2　由字母表 T 中的字符构成的有限序列称为字母表 T 上的字符串（或句子）。

例 2　设字母表 $T=\{a,b,c,\cdots,z,0,1,2,\cdots,9\}$，则

$$caab01, tabcz, lat, 0011$$

均为字母表 T 上的字符串。

字符串中所包含字符的个数，称为字符串的长度。例 2 中所举字符串的长度分别表示为

$$|caab01|=6, |tabcz|=5, |lat|=3, |0011|=4$$

长度为零的字符串，称为空串，记为 ε。空串就是没有任何字符的字符串，也是一个有用的特殊的字符串。

约定　今后用小写字母 a,b,c,d 表示单个字符；t,u,v,ω,x,y,z 表示字符串；用 a^n 表示 n 个 a 的字符串。

下面给出关于字符串的一种运算——连接。

定义 2.1.3　设 ω_1 和 ω_2 是字母表 T 上的字符串，$\omega_1=a_1a_2\cdots a_m$，$\omega_2=b_1b_2\cdots b_n$，则

$\omega_1\omega_2=a_1a_2\cdots a_mb_1b_2\cdots b_n$ 称为字符串 ω_1 和 ω_2 的连接。

显然，字母表上的任意一个字符串 ω 与空串的连接还是 ω，即

$$\varepsilon\omega=\omega\varepsilon=\omega$$

字符串 ω 的逆，用 $\tilde{\omega}$ 表示，$\tilde{\omega}$ 是字符串 ω 的倒置。例如，当$\omega=b_1b_2\cdots b_k$，则 $\tilde{\omega}=b_k\cdots b_2b_1$。空串 ε 的逆还是ε，即 $\tilde{\varepsilon}=\varepsilon$。

设 $\omega_1,\omega_2,\omega_3$ 是字母表 T 上的字符串，称 ω_1 是字符串 $\omega_1\omega_2$ 的前缀，ω_2 是 $\omega_1\omega_2$ 的后缀，且 ω_2 是字符串 $\omega_1\omega_2\omega_3$ 的子串。

例如，ab 是字符串 abc 的前缀和子串，c 是 abc 的后缀和子串。特别是空串 ε，它是任何字符串的前缀、后缀及子串。

定义 2.1.4　T^* 是字母表 T 上的所有字符串和空串的集合，T^+ 是字母表 T 上的所有字符串构成的集合，并有 $T^+=T^*-\{\varepsilon\}$。

例 3　设字母表 $T=\{0,1\}$，则

$$T^*=\{\varepsilon,0,1,00,01,10,11,000,\cdots\}$$
$$T^+=\{0,1,00,01,10,11,000,\cdots\}$$

定义 2.1.5　字母表 T 上的语言 L 是 T^* 的子集。

例 4　设字母表 $T=\{a,b\}$，T^* 的下列子集均为字母表 T 上的语言：

(1) $L_1=\{a,ab,aab,bbba,abab\}$；

(2) $L_2=\{a^nb^n\mid n\geqslant 1\}$；

(3) $L_3=\{b^k\mid k$ 是质数$\}$；

(4) $L_4=\{\quad\}=\varnothing$；

(5) $L_5=\{\varepsilon\}$；

(6) $L_6=T^*=\{\varepsilon,a,b,aa,ab,ba,bb,\cdots\}$。

应注意，∅和{ε}表示两个不同的语言，∅表示连空句子都不存在的语言，而{ε}表示只有一个空句子的语言。

例 5　设字母表 T 是 Pascal 语言所用的全部符号集合，则语法正确的 Pascal 程序是 Pascal 字母表上的语言。

由语言的定义可知，语言是集合，因此对集合的运算，诸如并、交、补、差运算均可应用于对语言的运算。

下面讨论对语言的一些基本运算。

定义 2.1.6　两个语言 L_1 和 L_2 的积 $L_1\cdot L_2$(简记为 L_1L_2)，是由 L_1 和 L_2 中字符串的连接所构成的字符串的集合。

例 6　设字母表 $T=\{a,b\}$，L_1 和 L_2 是 T 上的语言，并有

$$L_1=\{a,b,ab\},\quad L_2=\{bb,aab\}$$

则

$$L_1L_2=\{abb,aaab,bbb,baab,abbb,abaab\}$$
$$L_2L_1=\{bba,bbb,bbab,aaba,aabb,aabab\}$$

本例表明，$L_1L_2\neq L_2L_1$，也就是说，语言的积运算是不可交换的。

定义 2.1.7　语言 L 的幂可归纳定义如下：

$$L^0=\{\varepsilon\}$$
$$L^n=L\cdot L^{n-1}\qquad n\geqslant 1$$

例 7 对例6中的 L_1 和 L_2,有

$$L_1^2=\{aa,ab,aab,ba,bb,bab,aba,abb,abab\}$$

$$L_2^2=\{bbbb,bbaab,aabbb,aabaab\}$$

定义 2.1.8 语言 L 的闭包 L^* 定义为

$$L^*=\bigcup_{n\geqslant 0}L^n$$

语言 L 的正闭包 L^+ 定义为

$$L^+=\bigcup_{n\geqslant 1}L^n$$

显然,$L^+=LL^*=L^*L$,$L^*=L^+\cup\{\varepsilon\}$。

例 8 设$L=\{ba,bb\}$,则

$$\begin{aligned}L^*&=\{ba,bb\}^*\\&=\{\varepsilon,ba,bb,baba,babb,bbba,bbbb,\cdots\}\\L^+&=\{ba,bb\}^+\\&=\{ba,bb,baba,babb,bbba,bbbb,\cdots\}\end{aligned}$$

2.2 文 法

在 2.1 节中,讨论了语言 L 的定义,它是在字母表 T 上有限长度的字符串集合。如果语言 L 是有限集合,那么最简单的表示方法是列举法,如 2.1 节所讨论的那样,即列举出 L 中的全部字符串。如果语言 L 是无限集合,则不能再用列举法表示它,必须探讨其他的方法。

方法一,是用所谓"文法"的产生系统。它能够由定义的文法规则产生出语言的每个句子。方法二,是用一个语言的识别系统。当一个字符串能够被一个语言的识别系统接受,则说这个字符串是该语言的一个句子,否则不属于该语言。后一种方法,就是以后要讨论的各种语言的识别器。

本节主要讨论方法一。所谓"文法",简单地说是用来定义语言的一个数学模型。以下重点涉及 Chomsky 文法体系,它中间的任何一种文法必包含:两个不同的有限符号集合,即非终结符号集合 N 和终结符号集合 T;一个形式化规则的有限集合 P,也称生成式集合;一个起始符 S。其中,集合 P 中的生成式是用来产生语言句子的规则,而句子则是仅由终结符组成的字符串;同时这些字符串的产生又必须从一个起始符 S 开始,不断使用 P 中的生成式而导出来的。可见,文法的核心是生成式集合,它决定了语言中句子的产生。

以下给出文法的形式定义。

定义 2.2.1 文法 G 是一个四元组,$G=(N,T,P,S)$,其中

(1) N 非终结符的有限集合;

(2) T 终结符的有限集合,且 $N\cap T=\varnothing$;

(3) P 形式为 $\alpha\rightarrow\beta$ 的生成式有限集合,且 $\alpha\in(N\cup T)^+$,$\beta\in(N\cup T)^*$,且 α 至少含一个非终结符号;

(4) S 起始符,且 $S\in N$。

在定义里，生成式 $\alpha\to\beta$ 中，所用符号“$\to$”的含义是“可被代替”。

例 1　设文法 $G=(N,T,P,S)$，其中，$N=\{A,S\}$，$T=\{a\}$，生成式 P 如下：

$$S\to a,\quad S\to aA,\quad A\to aS$$

例 2　设文法 $G=(\{A,B,C\},\{a,b,c\},P,A)$，生成式 P 如下：

$$A\to abc,\qquad A\to aBbc,$$
$$Bb\to bB,\qquad Bc\to Cbcc,$$
$$bC\to Cb,\qquad aC\to aaB,$$
$$aC\to aa$$

例 3　在某种程序语言中，所用〈标识符〉的集合，是以字母打头，后面跟着字母或数字的字符串集合。从形式语言的角度看，该集合可视为一种语言。标识符的形式定义是：

〈标识符〉∷=〈字母〉

〈标识符〉∷=〈标识符〉〈字母〉

〈标识符〉∷=〈标识符〉〈数字〉

〈字母〉∷=$a|b|c|\cdots|y|z$

〈数字〉∷=$0|1|2|\cdots|8|9$

如果〈标识符〉用 I 代替，〈字母〉用 L 代替，〈数字〉用 D 代替，“∷=”用“$\to$”代替，则以上各式可改写为

$$I\to L$$
$$I\to IL$$
$$I\to ID$$
$$L\to a|b|c|\cdots|y|z$$
$$D\to 0|1|2|\cdots|8|9$$

可将上面各式视作一个文法的生成式集合，其中 I,L,D 是非终结符，而 $a,b,\cdots,z$ 和 $0,1,2,\cdots,9$ 只出现在生成式的右部，没有以它们为左部的生成式，故为终结符，起始符应该是 I，因为标识符的导出必须从 I 开始。

推导与句型

设 $G=(N,T,P,S)$ 是文法，如果 $A\to\beta$ 是 P 中的生成式，α 和 γ 是 $(N\cup T)^*$ 中的字符串，则有 $\alpha A\gamma\underset{G}{\Rightarrow}\alpha\beta\gamma$，称 $\alpha A\gamma$ 直接推导出 $\alpha\beta\gamma$，或者说 $\alpha\beta\gamma$ 是 $\alpha A\gamma$ 的直接推导。

设 $G=(N,T,P,S)$ 是文法，$\alpha,\alpha_0,\alpha_1,\cdots,\alpha_n,\alpha'$ 都是 $(N\cup T)^*$ 中的字符串，且 $\alpha=\alpha_0$，$\alpha'=\alpha_n$，其中，α_i 直接推出 $\alpha_{i+1}(0\leqslant i<n)$，则称序列 $\alpha_0\Rightarrow\alpha_1\Rightarrow\alpha_2\Rightarrow\cdots\Rightarrow\alpha_n$ 是长度为 n 的推导序列，而 $\alpha=\alpha_0$ 是长度为 0 的推导序列。对 α 推导出 α'，记为 $\alpha\overset{*}{\underset{G}{\Rightarrow}}\alpha'$，如果 α 推导出 α' 是用了长度大于 0 的推导序列，则记为 $\alpha\overset{+}{\underset{G}{\Rightarrow}}\alpha'$。

在推导序列的每一步，都产生一个字符串，这些字符串一般称为句型。下面给出句型和句子的定义。

定义 2.2.2　字符串 α 是文法 G 的句型，当且仅当 $S\overset{*}{\underset{G}{\Rightarrow}}\alpha$，且 $\alpha\in(N\cup T)^*$；ω 是 G 的句子，当且仅当 $S\overset{*}{\underset{G}{\Rightarrow}}\omega$，且 $\omega\in T^*$。

由文法 G 产生的语言（记为 $L(G)$）是 $\{\omega|\omega\in T^*$ 且 $S\overset{*}{\underset{G}{\Rightarrow}}\omega\}$，或者说，$L(G)$ 中的一个字符

串,必是由终结符组成,并且是从起始符 S 推导出来的。

例4 文法 $G=(\{A,S\},\{a\},P,S)$,其中生成式 P 如下:

$$S\to a,S\to aA,A\to aS$$

由文法 G 产生的语言 $L(G)$ 有:

$$S\Rightarrow a \quad a\in L(G),$$
$$S\Rightarrow aA\Rightarrow aaS\Rightarrow aaa \quad aaa\in L(G),$$
$$S\Rightarrow aA\Rightarrow aaS\Rightarrow aaaA\Rightarrow aaaaS\Rightarrow aaaaa \quad aaaaa\in L(G),$$
$$\vdots$$

将推导出的语言写成一般形式,则有

$$L(G)=\{a^{2n+1}\mid n\geqslant 0\}$$

在推导序列 $S\Rightarrow aA\Rightarrow aaS\Rightarrow aaaA\Rightarrow aaaaS\Rightarrow aaaaa$ 中,$S,aA,aaS,aaaA,aaaaSaaaaa$ 都是句型,其中只有 $aaaaa$ 是句子。

2.3 文法的分类

前面定义的文法,属于 Chomsky 的文法体系,该体系对生成式的形式作了一些规定,分为四类,因此文法也分为四种类型,即0型、1型、2型和3型文法,按生成式的不同介绍如下:

1. 0型、1型、2型和3型文法介绍

1型 或称上下文有关文法。生成式的形式为 $\alpha\to\beta$,其中,$|\alpha|\leqslant|\beta|$,且 $\alpha,\beta\in(N\cup T)^+$,且 α 至少含有一个非终结符号。

例1 设文法 $G=(N,T,P,S)$,其中

$$N=\{S,A,B\}$$
$$T=\{a,b,c\}$$

生成式 P 如下:

$$S\to aSAB,\quad S\to aAB,\quad BA\to AB,$$
$$aA\to ab,\quad bA\to bb,\quad bB\to bc,$$
$$cB\to cc$$

表明 G 是1型文法,因为每个生成式左部字符串长度小于或等于右部字符串长度。

2型 或称上下文无关文法。生成式的形式为 $A\to\alpha$,$A\in N$ 且 $\alpha\in(N\cup T)^*$。

例2 设文法 $G=(N,T,P,S)$,其中

$$N=\{S,B,C\}$$
$$T=\{0,1\}$$

生成式 P 如下:

$$S\to 0C,\quad S\to 1B,\quad B\to 0,$$
$$B\to 0S,\quad B\to 1BB,\quad C\to 1,$$
$$C\to 1S,\quad C\to 0CC$$

在此例中,每个生成式的左部是单个非终结符,所以是2型文法。

3 型　或称正则文法。生成式的形式为 $A \to \omega B$ 或 $A \to \omega$，$A,B \in N$，$\omega \in T^*$ 称右线性文法；如果生成式的形式为 $A \to B\omega$ 或 $A \to \omega$，则称左线性文法。

例 3　设 $G=(N,T,P,S)$，其中

$$N=\{S,A,B\}$$
$$T=\{a,b\}$$

生成式 P 如下：

$$S \to aA,\quad S \to bB,\quad S \to a,$$
$$A \to aA,\quad A \to aS,\quad A \to bB,$$
$$B \to bB,\quad B \to b,\quad B \to a$$

以上介绍了 1 型、2 型和 3 型文法，对这三种类型文法的生成式形式都做了一些规定。如果对生成式的形式不加任何限制，则在定义 2.2.1 中所定义的文法便是 0 型文法。

以上定义的 1、2、3 型文法都是在 0 型文法的前提下所加的限制，所以必然都属于 0 型文法。同理，3 型文法也属 2 型文法，2 型文法又属 1 型文法。但要指出，在 1 型文法中不允许形式为 $A \to \varepsilon$ 的生成式存在，所以具有 $A \to \varepsilon$ 生成式的 2 型或 3 型文法不能属 1 型文法。

由于文法有四类，所以由这些文法所产生的语言也有四类，即由上下文有关文法产生的语言称为**上下文有关语言**；由上下文无关文法产生的语言称为**上下文无关语言**；由正则文法产生的语言称为**正则语言**；而由 0 型文法产生的语言则称为**无限制性语言**。

例 4　上下文有关文法 $G=(\{S,A,B,C\},\{a,b,c\},P,S)$

生成式 P 如下：

① $S \to aSBC$

② $S \to aBC$

③ $CB \to BC$

④ $aB \to ab$

⑤ $bB \to bb$

⑥$bC \to bc$

⑦$cC \to cc$

生成的语言为 $L=\{a^n b^n c^n \mid n \geqslant 1\}$。

下面证明它。

证明

首先，从 S 开始，使用规则①$n-1$ 次，得到

$$S \stackrel{*}{\Rightarrow} a^{n-1}S(BC)^{n-1}$$

再使用规则②一次，得到

$$S \Rightarrow a^n(BC)^n$$

使用规则③可以交换 BC 的次序（作 $n-1$ 次交换）：

$$(BC)^n \stackrel{*}{\Rightarrow} B^n C^n$$

于是有

$$S \Rightarrow a^n B^n C^n$$

再使用规则④一次,得到

$$S \Rightarrow a^n b B^{n-1} C^n$$

使用规则⑤$n-1$ 次,得到

$$S \stackrel{*}{\Rightarrow} a^n b^n C^n$$

类似地,使用规则⑥一次,再使用规则⑦$n-1$ 次,就得到

$$S \stackrel{*}{\Rightarrow} a^n b^n c^n$$

得证 $L \subseteq L(G)$。

其次,从 S 开始只能用①和②得到含 a,B,C 的字符串,且字符串中这 3 个字母的个数相同。而 b 和 c 分别只能用 B 和 C 换取,因此 $L(G)$的字符串中 a,b,c 的个数相同。又 a 始终出现在其他符号的左边,B 只有紧挨在 a 或 b 的右边时才能被替换成 b,C 只有紧挨在 b 或 c 的右边时才能被替换成 c,因此 b 必在 a 的右边,c 又必在 b 的右边,得证 $L(G) \subseteq L$。

例 5 上下文无关文法 $G=(\{S\},\{a,b\},P,S)$

生成式 P 如下:

$$S \to aSb, \qquad S \to ab$$

生成的语言 $L(G)=\{a^n b^n \mid n \geqslant 1\}$是上下文无关语言。

例 6 上下文无关文法 $G=(\{S\},\{a,b\},P,S)$

生成式 P 如下:

$$S \to aa, \qquad S \to bb,$$

$$S \to aSa, \qquad S \to bSb$$

生成的语言为 $L(G)=\{\omega\tilde{\omega} \mid \omega \in \{a,b\}^+\}$是上下文无关语言。

例 7 正则文法 $G=(\{A,S\},\{a\},P,S)$

生成式 P 如下:

$$S \to a, \qquad S \to aA,$$

$$A \to aS$$

生成的语言 $L(G)=\{a^{2n+1} \mid n \geqslant 0\}$是正则语言。

需要指出的是,无法根据一个语言的句子形式来自动导出它的文法规则。文法的定义是一项创造性劳动,需要经验、推理、归纳。

2. 2 型文法的表示法

鉴于 2 型文法的重要性,在此介绍 2 型文法另外两种常见的表示形式。

当人们要解释或讨论程序设计语言本身时,经常又需要一种语言,被讨论的语言叫作对象语言,即某种程序设计语言,讨论对象语言的语言称为元语言,即元语言是描述语言的语言。巴科斯范式(BNF,Backus Normal Form)通常被作为讨论某种程序设计语言语法的元语言,而语法图则是与 BNF 范式的描述能力等价的另一种文法表示形式,因其直观性而经常采用。下面分别介绍这两种方法。

(1) BNF

由于 2 型文法的生成式的左端只有一个非终结符号,所以可以把左端相同的生成式合并在一起,把这些生成式的右端用|隔开(见 2.2 节例 3);用::=代替生成式中的→;所有的

非终结符号都用尖括号〈〉括起来。2 型文法生成式这种特殊表示法，被称为巴科斯范式表示法，简记为 BNF 表示法。它是由 Backus 为了描述 AIGOL 语言首先提出并使用的。

例 8　用 BNF 表示法描述十进制数的文法的生成式。

〈十进制数〉∷=〈无符号整数〉|〈十进制小数〉|〈无符号整数〉〈十进制小数〉

〈十进制小数〉∷= ·〈无符号整数〉

〈无符号整数〉∷=〈数字〉|〈数字〉〈无符号整数〉

〈数字〉∷=0|1|2|3|4|5|6|7|8|9

(2) 语法图

2 型文法的生成式可以用语法图来表示。大多数程序设计语言是由 2 型文法产生的，所以用语法图表示文法生成式，在程序设计语言中有着广泛的应用。下面是语法图的基本构造方法。

① 若生成式为 $A \rightarrow A_1A_2A_3$，则语法图如图 2.3.1 所示。

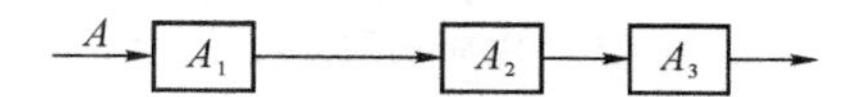

图 2.3.1　生成式为 $A \rightarrow A_1A_2A_3$ 时的语法图

② 若生成式为 $A \rightarrow A_1A_2 | A_3a | bcA_4$，则语法图如图 2.3.2 所示。

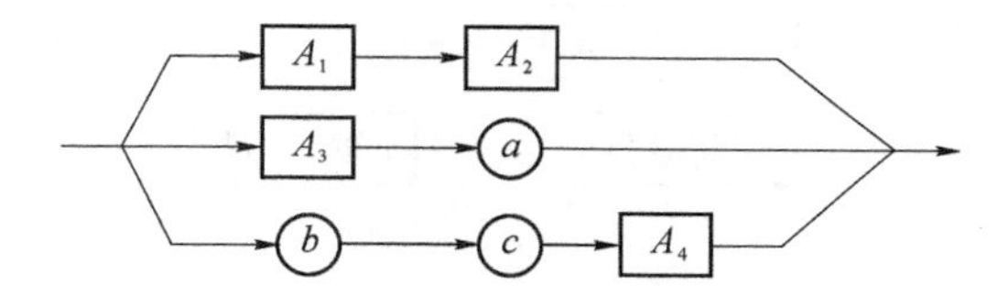

图 2.3.2　生成式为 $A \rightarrow A_1A_2 | A_3a | bcA_4$ 时的语法图

③ 若生成式为 $A \rightarrow abA$，语法图如图 2.3.3 所示。

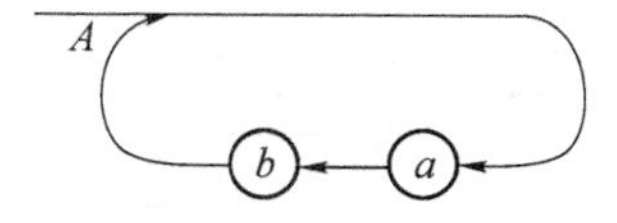

图 2.3.3　生成式为 $A \rightarrow abA$ 时的语法图

④ 若生成式为 $A \rightarrow ab | abA$，则语法图如图 2.3.4 所示。

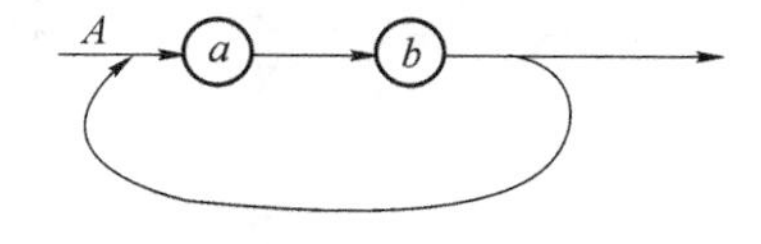

图 2.3.4　生成式为 $A \rightarrow ab | abA$ 时的语法图

上述诸语法图中的方框与圆框中的字符分别为生成式右端的非终结符号与终结符号。

以上是语法图的 4 种基本形式，较复杂的生成式的语法图，一般都可以通过上述 4 种语法图进行组合得到。

例 9　设2型文法 $G=(\{A,B,C\},\{a,+\},P,A)$，其中生成式 P 如下：

$$A \rightarrow a \mid aB$$
$$B \rightarrow +A$$
$$C \rightarrow aC$$

这个文法的生成式的语法图如图 2.3.5 所示。

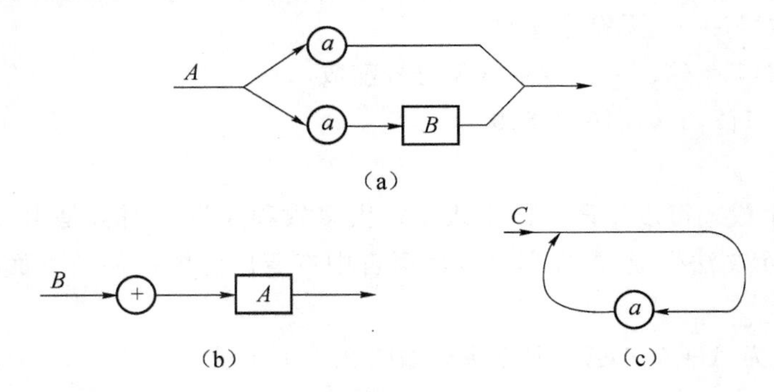

图 2.3.5　生成式的语法图表示

例 10　本节例8的文法的产生式的语法图如图 2.3.6 所示。

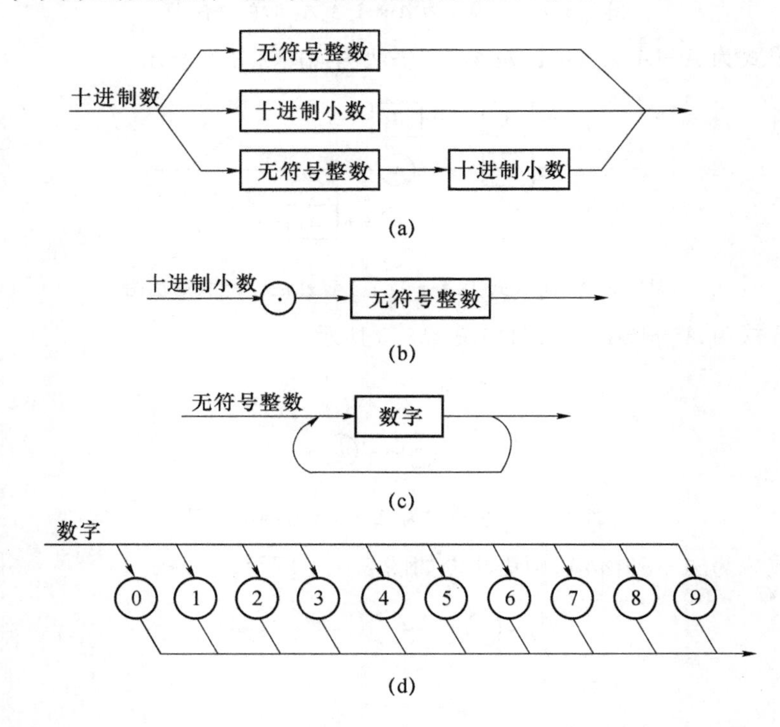

图 2.3.6　十进制数文法生成式的语法图表示

还可以把无符号整数、十进制小数代入十进制数中，得到上述文法的化简的语法图，如图 2.3.7 所示。

2 型文法语言的句子也常用推导树表示，推导树将在第 4 章中详细介绍。

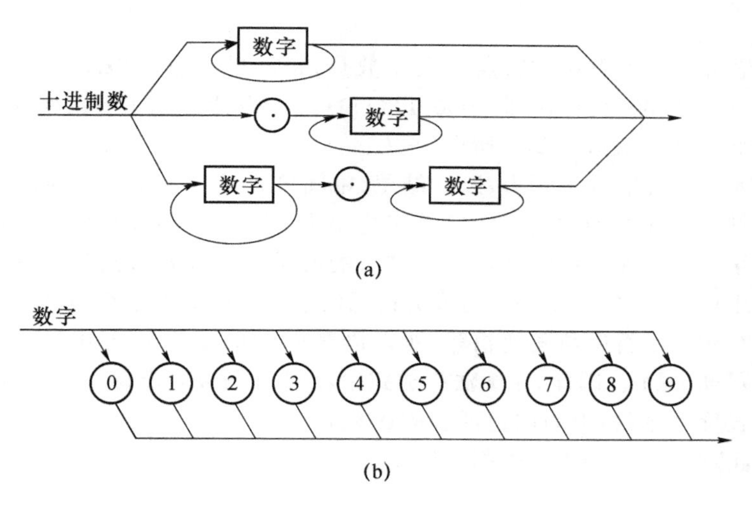

图 2.3.7　化简的语法图

2.4　典型例题解析

例 1　构造右线性文法，识别语言 $L=\{a^{3n+1} \mid n\geqslant 0\}$ 。

分析：

(1) 分析语言 L 中字符串的特点，由 a 组成，且 a 的个数模 3 余 1。

(2) 生成式形式要满足 3 型文法要求。

答案：

$G=(N,T,P,S)$，其中 $N=\{S\}$，$T=\{a\}$，P：$S\rightarrow aaaS \mid a$。

例 2　构造上下文无关文法，能够产生 $L=\{\omega \mid \omega\in\{a,b\}^*$ 且 ω 中 a 的个数是 b 的两倍$\}$。

分析：

(1) 分析语言 L 中字符串的特点，由 a,b 组成的任意长度的字符串，且 a 的个数是 b 的两倍。

(2) 在生成式中，要满足同时产生 2 个 a 和 1 个 b，且需考虑 a,b 出现的位置是任意的，即 aab,aba,baa 均满足要求。

(3) 生成式形式要满足上下文无关文法要求。

(4) 答案不唯一。

答案：

$G=(N,T,P,S)$，其中 $N=\{S\}$，$T=\{a,b\}$

P：$S\rightarrow aab, S\rightarrow aba, S\rightarrow baa, S\rightarrow \varepsilon, S\rightarrow SaSaSbS, S\rightarrow SaSbSaS, S\rightarrow SbSaSaS$

例 3　设 $T=\{0,1\}$，请给出 T 上下列语言的文法；

(1) $L=\{0^{3m}1^{2m} \mid m\geqslant 1\}$；

(2) 所有以 1 开头，以 0 结尾的串；

(3) $L=\{\omega \mid \omega=\tilde{\omega}, \omega\in\{0,1\}^+\}$。

分析:

(1) 分析语言 L 中字符串的特点,0 的个数是 $3m$,1 的个数是 $2m$,且 0 均出现在 1 的前面,即 $L=\{00011,0000001111,000000000111111\cdots\}$。设计文法需考虑每步推导都要同时生成 3 个 1 和 2 个 0 。又因 $m\geqslant 1$,所以 $\varepsilon\notin L$。

(2) 该语言中字符串以 1 开头,以 0 结尾,中间可以是 0 和 1 组成的任意的字符串,因此文法的起始符生成式右侧的第一个字符应为 1,尾字符为 0,中间含一个可产生由 0 和 1 组成的任意的字符串的非终结符即可。或文法的起始符生成式右侧的第一个字符应为 1,后跟一个可产生以 0 结尾,由 0 和 1 组成的任意的字符串的非终结符即可。

(3) 语言 L 中的字符串与其逆相等,所以语言 L 中的字符串是由 0 和 1 组成的回文。又由 $\omega\{0,1\}^+$ 可知 $\varepsilon\notin L$。因此,在文法生成式中,1 或 0 需成对出现在非终结符两侧。还需考虑若字符串长度为奇数,中间位置可以是 0 或 1。

(4) 注意:已知语言求文法,文法不唯一。

答案:

(1) $G=(N,T,P,S)$,其中 $N=\{S\}$, $T=\{0,1\}$, P: $S\rightarrow 000S11|00011$。

(2) $G=(N,T,P,S)$,其中 $N=\{S,A\}$, $T=\{0,1\}$, P: $S\rightarrow 1A0$, $A\rightarrow 0A|1A|\varepsilon$ 或 $G=(N,T,P,S)$,其中 $N=\{S,A\}$, $T=\{0,1\}$, P: $S\rightarrow 1A$, $A\rightarrow 0A|1A|0$。

(3) $G=(N,T,P,S)$,其中 $N=\{S\}$, $T=\{0,1\}$, P: $S\rightarrow 0S0 \mid 1S1 \mid 0 \mid 1 \mid 00 \mid 11$。

例 4 找出由下列各组生成式产生的语言(起始符为 S):

(1) $S\rightarrow SaS, S\rightarrow b$;

(2) $S\rightarrow aSb, S\rightarrow c$;

(3) $S\rightarrow a, S\rightarrow aE, E\rightarrow aS$。

分析:

(1) 文法产生的语言有 $S\Rightarrow b$, $S\Rightarrow SaS\Rightarrow bab$, $S\Rightarrow SaS\Rightarrow SaSaS\Rightarrow babab$,以此类推,$S\Rightarrow SaS\Rightarrow SaSaS\Rightarrow\cdots\Rightarrow S(aS)^n$ 或 $S\Rightarrow SaS\Rightarrow SaSaS\Rightarrow\cdots\Rightarrow(Sa)^nS$,最终会使用生成式 $S\rightarrow b$,将 S 替换为终结符 b。

(2) 文法产生的语言有 $S\Rightarrow c$, $S\Rightarrow aSb\Rightarrow acb$, $S\Rightarrow aSb\Rightarrow aaSbb\Rightarrow aacbb$,以此类推,$S\Rightarrow aSb\Rightarrow aaSbb\Rightarrow\cdots\Rightarrow a^nSb^n$,最终会使用生成式 $S\rightarrow c$,将 S 替换为终结符 c。

(3) 文法产生的语言有 $S\Rightarrow a$, $S\Rightarrow aE\Rightarrow aaS\Rightarrow aaa$ 。可将生成式 $E\rightarrow aS$ 代入生成式 $S\rightarrow aE$,得 $S\rightarrow aaS$,最终会使用生成式 $S\rightarrow a$,将 S 替换为终结符 a。

答案:

(1) $\{b(ab)^n|n\geqslant 0\}$ 或 $L=\{(ba)^nb|n\geqslant 0\}$;

(2) $L=\{a^ncb^n|n\geqslant 0\}$;

(3) $L=\{a^{2n+1}|n\geqslant 0\}$。

习　题

1. 写出字符串 xyz 的前缀、后缀及子串。

2. 展开下列语言

(1) $\{a,b\}^*$

(2) $a^* b^*$

3. 设 $L_1=\{aab,baa,b\}$，$L_2=\{bba,bb,aa\}$，求 L_1L_2。

4. 找出右线性文法，能构成长度为 1 至 3 个字符且以字母为首的字符串。

5. 找出右线性文法，能构成具有奇数个 a 和奇数个 b 的所有由 a 和 b 组成的字符串。

6. 构造上下文无关文法能够产生所有含有相同个数 0 和 1 的字符串。

7. 找出由下列各组生成式产生的语言(起始符为 S)：

(1) $S \to SaS$

$S \to b$

(2) $S \to aSb$

$S \to c$

(3) $S \to a$

$S \to aE$

$E \to aS$

8. 设文法 G 的生成式如下：

$A \to abc$，　$A \to aBbc$，

$Bb \to bB$，　$Bc \to Cbcc$，

$bC \to Cb$，　$aC \to aaB$，

$aC \to aa$

证明 G 产生的语言 $L(G)=\{a^k b^k c^k \mid k \geq 1\}$。

9. 设文法 G 的生成式如下：

$S \to aAb$

$aA \to aaAb$

$A \to \varepsilon$

证明 G 产生的语言 $L(G)=\{a^k b^k \mid k \geq 1\}$。

10. 对下述产生式的语法图(题图 2.1)给出其 BNF 表示，其中 a、b、c、d 为终结符号，解题时可根据需要设置非终结符号。

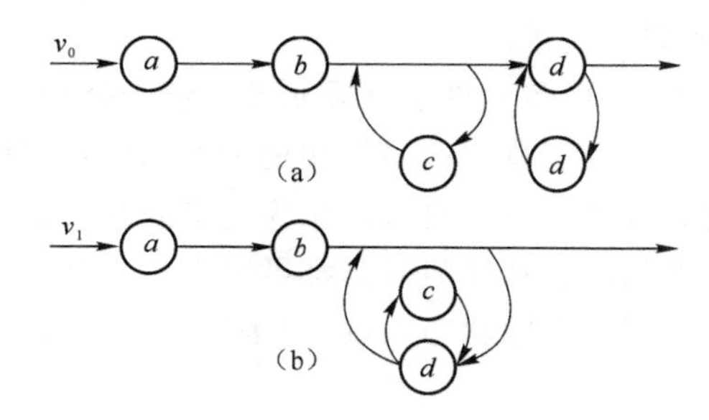

题图 2.1

11. 设 $T=\{0,1\}$，请给出 T 上下列语言的文法。

(1) $L=\{0^n 1^m 0^n \mid m,n \geq 0\}$；

(2) 所有长度为偶数的串。

12. 已知文法 $G=(\{S,S_1,S_2\},\{a,b,c\},P,S)$，其中 P：$S \to S_1S_2$，$S_1 \to ab \mid aS_1b$，$S_2 \to c \mid cS_2$。说明文法所属的类型并描述文法产生的语言。

第3章　有限自动机和右线性文法

本章将探讨右线性语言的生成、识别和性质，包括确定的有限自动机、不确定的有限自动机、正则式和右线性文法，这些都是定义语言的方法。而后，再进一步讨论有关右线性语言的泵浦引理，以及右线性语言对某些运算的封闭性等。

3.1　有限自动机

在第2章中介绍了文法，它是从语言生成的角度定义了语言，在此从识别语言出发，讨论对语言的另一种定义方式，即**有限自动机**。有限自动机所定义的语言属于3型语言。有限自动机的用途甚为广泛。

3.1.1　有限状态系统和有限自动机的概念

有限状态自动机简称有限自动机，是一种具有离散输入输出系统的数学模型。这个系统具有任意有限数目的内部"状态"。所谓状态是可以将事物区分开的一种标识，例如数字电路(0,1)、十字路口的红绿灯等都是离散状态系统，其状态数是有限的；而连续状态系统则有无限个状态，如水库的水位、室内温度变化等。有限状态系统的例子之一是电梯的控制机制，该机制并不需要保存所有以前的服务要求，而仅需要记住当前的层次、运动的方向(向上或向下)以及还没有满足的服务要求。

在计算机科学的范围内，可以找到许多有限状态系统的例子，而有限状态自动机的理论正是设计这些系统时十分有用的工具。一些常用的程序，诸如文本编辑程序和词法分析程序经常设成有限状态系统。计算机本身也可以认为是有限状态系统。理论上，中央控制器、主存储器与辅助存储器所处的状态在任何时刻都可以看作是相当多但依然是有限的状态中的一个。甚至人脑也可以看成是有限状态系统，因为脑细胞或者神经元的数目仍然是有限的，最多可能是2^{35}。

例1　一个人带着一只狼、一只羊以及一棵青菜，处于河的左岸。有一条小船，每次只能携带人和其余的三者之一。人和他的伴随品都希望渡到河的右岸，而每摆渡一次，人仅能带其中的一个。然而，如果人留下狼和羊不论在左岸还是在右岸，狼肯定会吃掉羊。类似地，如果单独留下羊和菜，羊也肯定会吃掉菜。如何才能既渡过河而羊和菜又不被吃掉呢？

通过观察在每次摆渡以后两岸所处的局势，便可使这一问题模型化。存在着有关人(M)，狼(W)，羊(G)，以及菜(C)的16种子集。用连字号"-"连接子集的对偶表示状态，例如MG-WC，其中连字号左边的符号表示处于左岸的子集；连字号右边的符号表示处于右岸的子集。16 种状态中的某些状态，例如 *GC-MW* 是有关死活的，永远不允许引入系统。

由人所进行的活动作为系统的“输入”。他可以单独过河(输入 m)。带着狼过河(输入 w)；带羊过河(输入 g)，或者带菜过河(输入 c)。初始状态是 *MWGC-*$\varnothing$，而终止状态是 $\varnothing$*-MWGC*。有关状态的转移如图 3.1.1 所示。

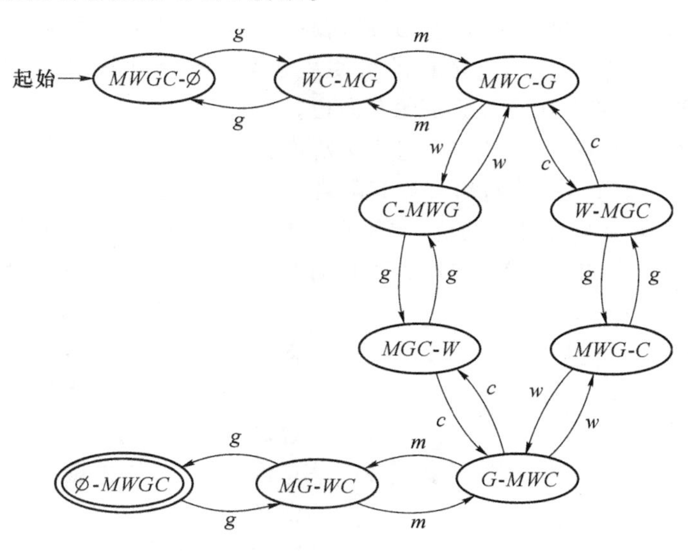

图 3.1.1　过河问题的状态转换图

从图 3.1.1 可以看到两个最短解，分别是从初始状态到终止状态的最短路径。实际上，由于循环的存在，该问题存在无穷多个不同的解。因此可以认为有限状态系统定义了一个无穷的语言，这个语言是由那些能使状态从初始状态经过任意可能的路径到达终止状态的字符串组成。

例 1 中，有两点特殊情况不应作为有限状态系统的一般形式。首先，例中仅有一个终止状态，而一般可以不止一个；其次，例中每个状态的转移，在同一输入符号作用下，都存在反向的转移，这在一般情况下是不需要的。此外，注意“终止状态”这一术语并不意味着一旦抵达这个状态，演算就必须停止。如例中的终止状态 $\varnothing$*-MWGC*，在 g 的作用下，可以继续转移到状态 *MG-WC*。

有限自动机是由一个带有读头的有限控制器和一条写有字符的输入带组成。如图 3.1.2 所示，读头从左向右移动，每当读头从带上读到一个字符时，便引起控制器状态的改变，同时读头右移一个符号位。

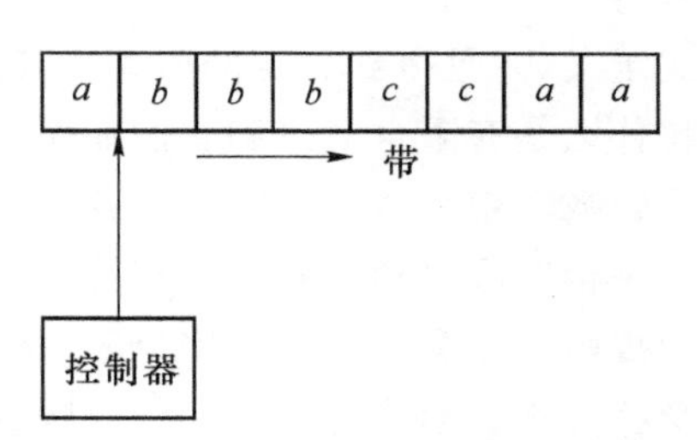

图 3.1.2　有限自动机

控制器包括有限个状态，状态与状态之间存在着一种转换关系。每当在某个状态读入一个字符时，便使状态改变为另一个状态，称为状态转换，而改变后的状态叫作后继状态。

状态转换包括如下几种情况：转换到它自身，即保持原状态不变；转换的后继状态只有一个；转换的后继状态有若干个。如果一个有限自动机每次转换的后继状态都是唯一的，称它是**确定的有限自动机**(DFA)，如果转换的后继状态不是唯一的，则称为**不确定的有限自**

动机(NFA)。

通常把有限自动机开始工作的状态称为“起始状态”,把结束工作的状态称为“终止状态”或“接受状态”。

为了描述一个有限自动机的工作状况,可采用状态转换图。状态转换图是一个有向图,图中的一个节点表示一个状态,一条边(或弧)表示一个转换关系。例如,有限自动机正处在状态 q,当读入一个字符 a 之后,有限自动机便从状态 q 转换到状态 p,这时在状态转换图中,从节点 q 到节点 p 就存在一条标 a 的有向边。

当有限自动机读入一个字符串时,它从初始状态 q_0 开始,经过一系列状态转换,最后如果能到达终止状态,则称这一字符串可被有限自动机所接受。

例如图3.1.3所示的有限自动机,空箭头指向的状态 q_0 是初始状态,标有双圈的状态 q_3 是终止状态。当开始读入字符 a 时,有限自动机从初始状态 q_0 转换到状态 q_1,继之,读入字符 b 时,状态 q_1 保持不变,如果在 q_1 状态再读入字符 a,则转换到终止状态 q_3。同样,当开始读入字符 b 时,有限自动机从初始状态 q_0 转换到 q_2,继之,读入字符 a 时,q_2 保持不变,如再读入字符 b,则转换到终止状态 q_3。因此可以说,这个有限自动机接受的字符串有两类:一类是首尾是字符 a,中间有任意个(包括0个)b 的字符串;另一类是首尾是字符 b,中间有任意个(包括0个)a 的字符串。

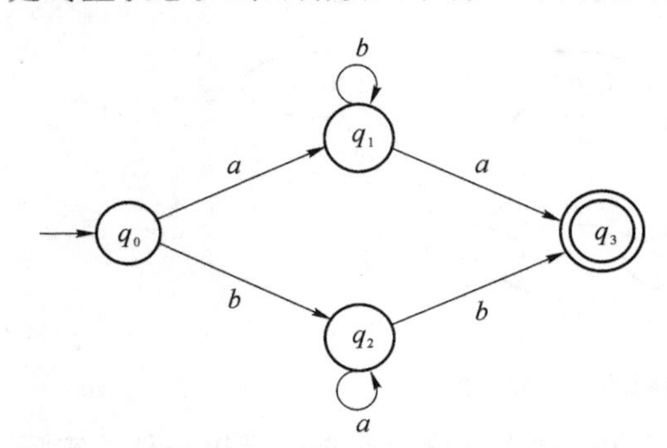

图3.1.3 有限自动机的状态转换图

3.1.2 有限自动机的形式定义

3.1.1节用状态图介绍了有限自动机,下面从数学的角度仔细地观察有限自动机。

虽然状态图易于直观地理解,但基于下述理由还需要形式的定义。

首先,形式定义是精确的,它能消除有关一台自动机中任何不明确的疑点。如果你不清楚从每一个状态对于各个可能的输入符号是否一定恰好引出一个转移,那么可以查阅它的形式定义,并且得到确定的回答。其次,形式定义提供了一种表示方法,可使我们更明确地理解什么是有限自动机和它们能做什么、不能做什么。这使我们能在一个相对简单的环境中了解数学定义、定理和证明,并且逐渐变得更加游刃有余。

一台有限自动机有几个部分。它有一个状态集和根据输入符号从一个状态到另一个状态的规则。它有一个输入字母表,指明所有允许的输入符号。它还有一个起始状态和一个接受状态集。形式定义把一台有限自动机描述成以下5部分的表:状态集、输入字母表、动作规则、起始状态以及接受状态集。用数学语言表达,5个元素的表经常叫作五元组。因此,定义有限自动机是由这5部分组成的五元组。

下面给出确定的有限自动机的形式定义。

定义3.1.1 确定的有限自动机(DFA)是一个五元组 $M=(Q,T,\delta,q_0,F)$,其中,

Q:有限的状态集合;

T:有限的输入字母表;

δ:转换函数,是从 $Q\times T$ 到 Q 的映射;

q_0:初始状态,$q_0\in Q$;

F:终止状态集,$F\subseteq Q$。

转换函数 δ 是用来表示状态的转换关系的。对状态 $q,p\in Q$,字符 $a\in T$,当在状态 q,读入(或输入)字符 a 后,状态转换成 p,用转换函数表示,则可写成 $\delta(q,a)=p$。另由转换函数 δ 的定义,它是从 $Q\times T$ 到 Q 的映射,其第一个自变量是一个状态,第二个自变量是一个字符,它的值便是转换的后继状态。

例如,图 3.1.3 所描述的有限自动机是一个 DFA,它的状态集 $Q=\{q_0,q_1,q_2,q_3\}$,输入字母表 $T=\{a,b\}$,初始状态为 q_0,终止状态集 $F=\{q_3\}$,其转换函数如下:

$$\delta(q_0,a)=q_1,\quad \delta(q_0,b)=q_2,$$
$$\delta(q_1,a)=q_3,\quad \delta(q_1,b)=q_1,$$
$$\delta(q_2,a)=q_2,\quad \delta(q_2,b)=q_3,$$
$$\delta(q_3,a)=\varnothing,\quad \delta(q_3,b)=\varnothing$$

以上所讨论的转换函数 δ,是在一个状态下仅仅输入一个字符的情况。当输入一个字符串时,对有限自动机的转换函数 δ 而言,需将它的第二个自变量从一个字符改为一个字符串,这时的转换函数用 δ' 表示。显然,δ' 应是从 $Q\times T^*$ 到 Q 的映射。

对任意字符串 $\omega\in T^*$,$\delta'(q,\omega)$表示 DFA 在状态 q,输入字符串 ω 后的状态。

δ' 的定义如下:

- 对 $\varepsilon\in T^*$,有 $\delta'(q,\varepsilon)=q$;
- 对任意 $a\in T$ 和 $\omega\in T^*$,有 $\delta'(q,\omega a)=\delta(\delta'(q,\omega),a)$。

定义中,$\delta'(q,\varepsilon)=q$ 表明当没有读到字符时,有限自动机的状态不变;$\delta'(q,\omega a)=\delta(\delta'(q,\omega),a)$表示读入字符串 ωa 后,为找出后继状态,应该是在读入 ω 之后得到状态 $p=\delta'(q,\omega)$,然后再求 $\delta(p,a)$。

当 $\omega=\varepsilon$ 时,$\delta'(q,a)=\delta(\delta'(q,\varepsilon),a)=\delta(q,a)$。

如果有 $\delta'(q_0,\omega)=p$,$p\in F$,那么称字符串 ω 被有限自动机 M 所接受;而 $L(M)$则表示 M 所接受的语言,表示为

$$L(M)=\{\omega\mid\delta'(q_0,\omega)\in F\}$$

例 2　图3.1.3所示的有限自动机

$$M=(\{q_0,q_1,q_2,q_3\},\{a,b\},\delta,q_0,\{q_3\})$$

δ 函数如表 3.1.1 所示。

表 3.1.1　δ 转换函数表

状态 \ 输入	a	b
q_0	q_1	q_2
q_1	q_3	q_1
q_2	q_2	q_3
q_3	$\varnothing$	$\varnothing$

当输入字符串为 $abba$ 时,状态转换的过程可表示为:

由 $\delta(q_0,a)=q_1,\delta(q_1,b)=q_1$,则有

$$\delta'(q_0,ab)=q_1$$

由 $\delta(q_1,b)=q_1$,又有

$$\delta'(q_1,abb)=q_1$$

最后由 $\delta(q_1,a)=q_3$,得

$$\delta'(q_0,abba)=q_3,q_3\in F$$

因此,$abba\in L(M)$。

格局

为描述有限自动机的工作过程,对于它在某一时刻的工作状况,可用两个信息表明:一是在该时刻有限自动机所处的状态 q,称为当前状态;二是在该时刻等待输入的字符串 ω。这两者构成一个瞬时描述,称为格局,用(q,ω)表示。其定义如下:

定义 3.1.2 设有限自动机 $M=(Q,T,\delta,q_0,F)$,偶对$(q,\omega)\in Q\times T^*$ 称为是 M 的格局,并称(q_0,ω)是初始格局。对于 $q\in F$,(q,ε)是终止格局(或接受格局)。

当有 $\delta(q,a)$含有 q_1,用格局形式可写成

$$(q,a\omega)\vdash\!\!\!-\!\!\!-(q_1,\omega)$$

其中 $\omega\in T^*$,用符号“$\vdash\!\!\!-\!\!\!-$”连接着两个格局,表示了从一个格局变换为另一个格局。

例 3 在例 2中,当输入字符串 $abba$,用格局描述工作过程时,便可写成如下序列(称格局序列):

$$(q_0,abba)\vdash\!\!\!-\!\!\!-(q_1,bba)\vdash\!\!\!-\!\!\!-(q_1,ba)\vdash\!\!\!-\!\!\!-(q_1,a)\vdash\!\!\!-\!\!\!-(q_3,\varepsilon)$$

这说明,确定的有限自动机 M,在输入一个字符串 $abba$ 时,从初始格局$(q_0,abba)$开始,经过一系列格局的变换,最后到达接受格局(q_3,ε),表示字符串 $abba$ 是被 M 接受的。

由此,如果对某个 $q\in F$,有$(q_0,\omega)\overset{*}{\vdash\!\!\!-\!\!\!-}(q,\varepsilon)$,则称输入字符串 ω 是可被确定的有限自动机接受的。其中符号“$\overset{*}{\vdash\!\!\!-\!\!\!-}$”表示经过若干次格局的变化。

3.1.3 设计有限自动机

如同文法设计一样,自动机的设计也是一个创造过程。因此,不可能把它们归结为一种简单的算法或过程。然而,有一种做法在设计各种类型的自动机时都是有帮助的,这就是采用一种心理上的技巧,把你自己放在你要设计的机器的位置上,看看你打算如何去实现机器的任务。

假设要设计一台识别某个语言的有限自动机。假定你就是这台有限自动机,接到一个输入串并要确定它是不是这台自动机识别的语言的句子。你顺序地读这个字符串的符号,读到每一个符号之后,你必须确定到目前为止所看到的字符串是否满足这个语言。为了能够判断这一点,必须估算出读一个字符串时需要记住哪些关键的东西。

为什么不记住你所看到的所有东西呢?这是因为你是一台有限自动机,这种类型的机器只有有限个状态,而这些状态是你“记住”事情的唯一办法。这就意味着你的机器只有有限的存储能力。由于输入串可能极长,因而你不可能记住所有的事情。幸运的是,对许多语言你不需要记住整个输入,而只需要记住某些关键的信息。哪些信息属于关键信息与所考

虑的具体语言有关。

例如，要构造一台有限自动机识别所有由奇数个 a 和奇数个 b 组成的字符串。为了确定 a、b 的个数是否是奇数，并不需要记住所看到的整个字符串，而只需记住至此所看到的 a、b 个数是偶数还是奇数。一旦确定了要记住的关键信息，就可以开始设计状态了。这些信息有如下的可能性：

(1) 到此为止是偶数个 a、偶数个 b；

(2) 到此为止是奇数个 a、偶数个 b；

(3) 到此为止是偶数个 a、奇数个 b；

(4) 到此为止是奇数个 a、奇数个 b。

于是，给每一种可能性设计一个状态，并根据可能读到的下一个符号来设计所有从一种可能性到另一种可能性的转移。自动机刚开始工作时，未读入任何字符，所以起始状态是 $q_{偶a偶b}$。按照这种思路设计出的自动机如图 3.1.4 所示。

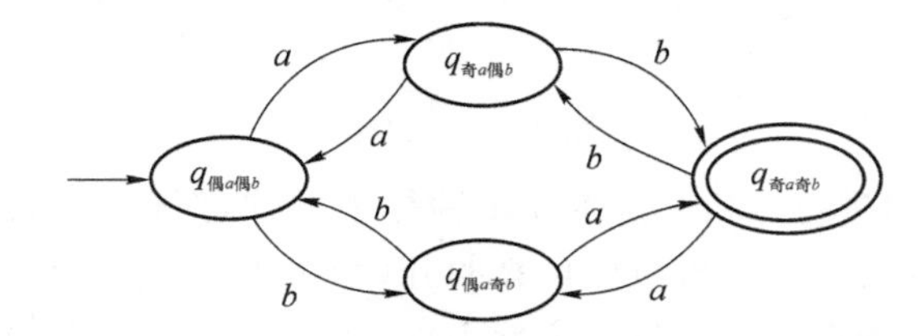

图 3.1.4　自动机的状态转换图

例 4　本例说明如何设计有限自动机 M，识别含有 00 作为子串的所有 $\{0,1\}^*$ 上的字符串组成的语言。

例如，0010，1001，001 和 110001001 都在这个语言中，而 11 和 010101 则不在这个语言中。如果你是 M，你会如何识别这个语言？在起始状态，当符号一个接一个到来时，你开始可能要跳过所有的 1。如果你得到一个 0，那么注意到这可能与你要找的“00”相匹配，因此进入一个“可能接受”状态。如果接着看见一个 1，由于 0 的个数不够，所以你跳过 1 返回去。但是，如果接着看见一个 0，则你已经成功地找到模式“00”的 2 个符号了。现在你就可以进入结束(接受)状态，但需要继续读完输入串。

因此，有 3 种可能性：

(1) 刚才没有看见模式“00”的任何符号；

(2) 刚才看见一个 0；

(3) 已经看见整个模式“00”。

用状态 q，q_0 和 q_{00} 分别表示这 3 种可能性。起始状态是 q，唯一的接受状态是 q_{00}，并根据刚才的分析来设计所有的转移。设计出的自动机如图 3.1.5 所示。

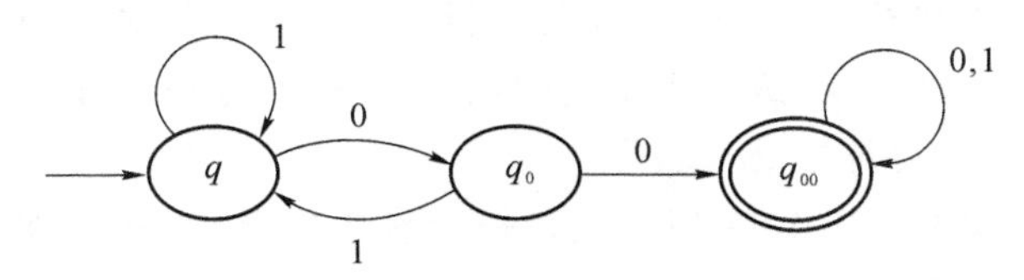

图 3.1.5　自动机的状态转换图

3.2 不确定的有限自动机

至此，在讨论中，当机器在某个状态读下一个符号时，我们知道机器的下一个状态是什么——它是确定的。我们称这是确定型有限自动机(DFA)。而在不确定的有限自动机中，下一个状态可能存在若干个选择。例如，图 3.2.1 显示了第 3.1.3 节例 4 中识别句子中含有 00 子串的语言的不确定的有限自动机。如图所示，状态 q 对于字符 0 有两个可能的后继状态，状态 q 和状态 q_0。

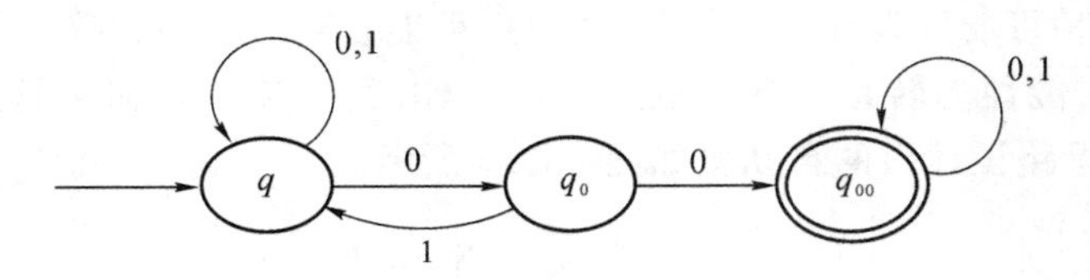

图 3.2.1 NFA

NFA 如何对输入串进行分析？它能以多种行进方式进行。可以将不确定型计算看作一棵表示了各种可能性的树。树根对应计算的开始，树中的每一个分支点对应计算过程中自动机有多种后继选择的点。对于每一个分支点，如果下一个输入符号不出现在它所处的状态射出的任何箭头上，则这个分支点及其相关联的计算分支一块死掉(拒绝接受)。如果计算分支中至少有一个结束在接受状态，则机器接受。

例如，对于输入串 0001 的分析过程如图 3.2.2 所示。因为树中存在路径(实际存在两条路径)使 0001 到达树的"接受"节点，故这台 NFA 接受该输入串。

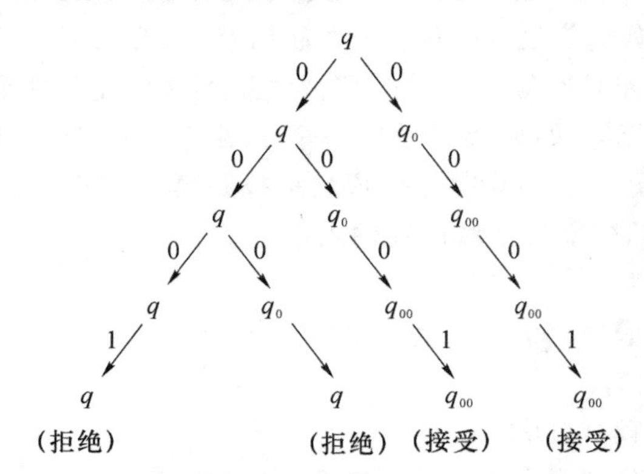

图 3.2.2 NFA 的工作过程

不确定性也可以看作若干"过程"能同时运行的一类并行计算。当 NFA 分头跟踪若干选择时，相当于一个过程"分叉"成若干子过程，各个子过程分别进行。如果这些子过程中至少有一个接受，那么整个计算接受。

不确定的有限自动机(NFA)在理论上是一个有用的概念，在定理证明、语言理论和可计算理论等方面都是很重要的。

定义 3.2.1 不确定的有限自动机(NFA)是一个五元组 $M=(Q,T,\delta,q_0,F)$。

与 DFA 相比，只是转换函数 δ 不同。对于 NFA，δ 是从 $Q\times T$ 到 2^Q 的映射(即 $\delta:Q\times T\rightarrow 2^Q$)，就是说，当 NFA 在某一个状态下输入一个字符时，可转换的后继状态是 Q 的一个子集。

与 DFA 一样，当 NFA 在某一个状态下输入了一个字符串时，其转换函数 δ 应改为 δ'。δ' 的定义如下：

(1) 对 $\varepsilon\in T^*$，有 $\delta'(q,\varepsilon)=\{q\}$；

(2) 对任意 $a\in T,\omega\in T^*$，有 $\delta'(q,\omega a)=\{p\mid$ 对 $\delta'(q,\omega)$ 中某状态 r，且 p 在 $\delta(r,a)$ 内$\}$；

(3) $\delta'(P,\omega)=\bigcup\limits_{q\in P}\delta'(q,\omega)$，$P\subseteq Q$。

NFA 可接受的语言为

$$L(M)=\{\omega\mid\delta'(q_0,\omega)\text{含 }F\text{ 中的一个状态}\}$$

例 1　设 NFA $M=(Q,T,\delta,q_0,F)$，其中

$$Q=\{q_0,q_1,q_2,q_3,q_4,q_5,q_6\},$$
$$T=\{a,b,c\},$$
$$F=\{q_2,q_4,q_6\}$$

转换函数如表 3.2.1 所示，状态转换图如图 3.2.3 所示。

表 3.2.1　转换函数表

状态＼输入	a	b	c
q_0	$\{q_0,q_1\}$	$\{q_0,q_3\}$	$\{q_0,q_5\}$
q_1	$\{q_2\}$	$\varnothing$	$\varnothing$
q_2	$\{q_2\}$	$\{q_2\}$	$\{q_2\}$
q_3	$\varnothing$	$\{q_4\}$	$\varnothing$
q_4	$\{q_4\}$	$\{q_4\}$	$\{q_4\}$
q_5	$\varnothing$	$\varnothing$	$\{q_6\}$
q_6	$\{q_6\}$	$\{q_6\}$	$\{q_6\}$

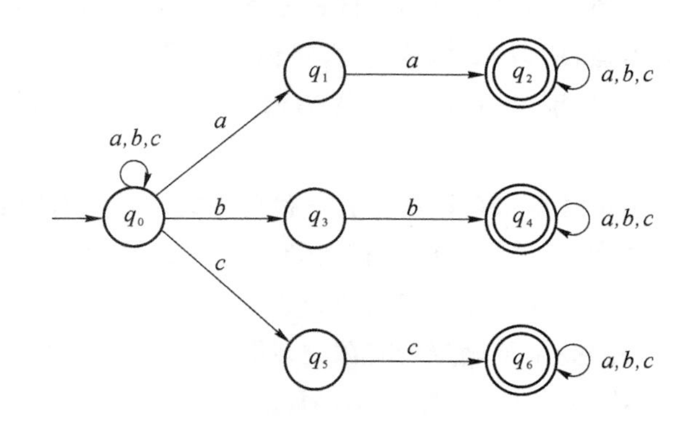

图 3.2.3　NFA M

由表 3.2.1 中转换函数 δ 可知，当在 q_0 状态，输入字符分别为 a,b,c 时，各自对应的转换的后继状态为$\{q_0,q_1\}$，$\{q_0,q_3\}$和$\{q_0,q_5\}$，表明 q_0 的后继状态不是唯一的。当在 q_1 状态输入字符 b 或 c 时，没有后继状态，即 $\delta(q_1,b)=\varnothing$，$\delta(q_1,c)=\varnothing$，表示在状态 q_1 输入 b 或 c

时,δ没有定义。

当输入字符串是 $abcca$ 时,对于转换函数 δ 分析如下:

$\delta(q_0, a)=\{q_0, q_1\}$,

$\delta(\{q_0, q_1\}, b)=\delta(q_0, b)\cup\delta(q_1, b)=\{q_0, q_3\}\cup\varnothing=\{q_0, q_3\}$,

$\delta(\{q_0, q_3\}, c)=\delta(q_0, c)\cup\delta(q_3, c)=\{q_0, q_5\}\cup\varnothing=\{q_0, q_5\}$,

$\delta(\{q_0, q_5\}, c)=\delta(q_0, c)\cup\delta(q_5, c)=\{q_0, q_5\}\cup\{q_6\}=\{q_0, q_5, q_6\}$,

$\delta(\{q_0, q_5, q_6\}, a)=\delta(q_0, a)\cup\delta(q_5, a)\cup\delta(q_6, a)=\{q_0, q_1\}\cup\varnothing\cup\{q_6\}=\{q_0, q_1, q_6\}$

因 $q_6\in F=\{q_2, q_4, q_6\}$是终止状态,所以 $abcca$ 被 NFA M 接受。

与 DFA 一样,可用格局序列描述 M 的工作过程,当输入字符串是 $abcca$ 时,则有

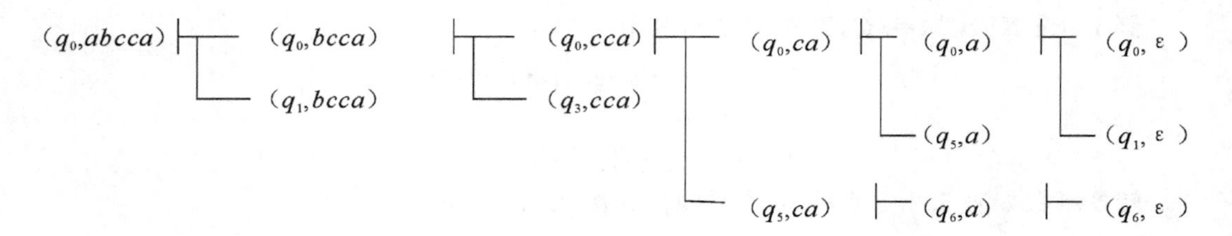

可见,(q_6, ε)是终止格局。

从不确定的有限自动机的转换函数 δ 可以得出,如果 NFA 的任意状态 $q\in Q$ 和任意字符 $a\in T$,使 $\delta(q, a)$只含有一个状态的子集时,这便是确定的有限自动机,所以说 DFA 是 NFA 的特例。

3.3 DFA 与 NFA 的等效

如果两台机器识别相同的语言,则称它们是等价的。

确定型和不确定型有限自动机能识别相同的语言类。这个等价性有些出人意料,因为 NFA 似乎比 DFA 的能力强,所以 NFA 似乎能够识别更多的语言。这个等价性也是有用的。对于给定的语言,定义识别该语言的 NFA 有时比定义识别该语言的 DFA 要简洁、容易得多。

下面证明每一台不确定型有限自动机都有一台等价的确定型有限自动机。

由于 DFA 是 NFA 的特例,所以 DFA 能接受的语言必能为 NFA 所接受;相反,NFA 接受的语言,则能找到一个等效的 DFA 接受该语言。

定理 3.3.1 设 $L(M_N)$是由不确定的有限自动机 M_N 接受的语言,则存在一台确定的有限自动机 M_D 接受 $L(M_D)$,满足 $L(M_D)=L(M_N)$。

证明思路:设一个语言被一台 NFA 识别,必须证明存在一台 DFA 也识别这个语言。基本想法是把 NFA 转换成模拟它的 DFA。

回想设计有限自动机的“读者即自动机”的策略。如果你自己就是一台 DFA,你会怎样模拟这台 NFA?在处理输入串的过程中,你需要记住什么?在 NFA 的例子中,我们看到,

在任何时刻，状态控制器都可能有多个处于活动的状态(相当于有多个过程在并行计算)，因此模拟 NFA 的办法是，当读入同样的输入串以后，让 DFA 的状态对应于 NFA 此时可能到达的状态集合。这样，所构造的 DFA 需要记住的信息是任何时刻可能处于活动状态的状态集合。

设 k 是 NFA 的状态数，它有 2^k 个状态子集。每一个子集对应于模拟这台 NFA 的 DFA 必须记住的一种可能性，所以这台 DFA 将会有 2^k 个状态。这种从 NFA 出发构造 DFA 的方法称为子集构造法。构造了状态后，还需要指出这台 DFA 的起始状态和接受状态以及它的转移函数。在引入幂集符号之后讨论这一切要容易得多。

证明　设 NFA $M_N=(Q,T,\delta,q_0,F)$，接受 $L(M_N)$，对应 M_N 构造一个 DFA $M_D=(Q_D,T,\delta_D,q_{0D},F_D)$，其中

$Q_D=2^Q$　Q_D 中元素的形式为$[q_1,q_2,\cdots,q_n]$，$\{q_1,q_2,\cdots,q_n\}\subseteq Q$；

$q_{0D}=[q_0]$；

$F_D\subseteq Q_D$　F_D 的每个状态包含 M_N 的一个终止状态；

δ_D 的定义为

$$\delta_D([q_1,q_2,\cdots,q_n],a)=[p_1,p_2,\cdots,p_m]$$

当且仅当

$$\delta(\{q_1,q_2,\cdots,q_n\},a)=\{p_1,p_2,\cdots,p_m\}$$

说明 δ_D 的值是通过求 δ 而得出，即求

$$\bigcup_{i=1}^{n}\delta(q_i,a)=\{p_1,p_2,\cdots,p_m\},\{p_1,p_2,\cdots,p_m\}\subseteq Q$$

并将子集$\{p_1,p_2,\cdots,p_m\}$表示为$[p_1,p_2,\cdots,p_m]$，即 $\delta_D([q_1,q_2,\cdots,q_n],a)$的值。

可见，$[q_1,q_2,\cdots,q_n]$是 DFA M_D 的一个状态。

对字符串 ω 的长度归纳证明：

$$\delta'_D(q_{0D},\omega)=[q_1,q_2,\cdots,q_n]\Leftrightarrow\delta'(q_0,\omega)=\{q_1,q_2,\cdots,q_n\}$$

当$|\omega|=0$ 时，即 $\omega=\varepsilon$，有 $\delta'_D(q_{0D},\varepsilon)=q_{0D}$，$\delta'(q_0,\varepsilon)=\{q_0\}$，因为 $q_{0D}=[q_0]$，所以结论成立。

当$|\omega|\leqslant k$ 时，设 $\delta'_D(q_{0D},\omega)=[q_1,q_2,\cdots,q_i]\Leftrightarrow\delta'(q_0,\omega)=\{q_1,q_2,\cdots,q_i\}$成立。那么$|\omega|=k+1$ 时，即 $\omega=\omega_1 a$，$\omega_1\in T^*$，$a\in T$，则

$$\delta'_D(q_{0D},\omega_1 a)=\delta_D(\delta'_D(q_{0D},\omega_1),a)$$

由归纳假设

$$\delta'_D(q_{0D},\omega_1)=[p_1,p_2,\cdots,p_i]\Leftrightarrow\delta'(q_0,\omega_1)=\{p_1,p_2,\cdots,p_i\}$$

由 δ_D 的定义

$$\delta_D([p_1,p_2,\cdots,p_i],a)=[r_1,r_2,\cdots,r_j]$$

当且仅当

$$\delta(\{p_1,p_2,\cdots,p_i\},a)=\{r_1,r_2,\cdots,r_j\}$$

因此

$$\delta'_D(q_{0D},\omega_1 a)=[r_1,r_2,\cdots,r_j]\Leftrightarrow\delta'(q_0,\omega_1 a)=\{r_1,r_2,\cdots,r_j\}$$

最后,只要 $\delta'(q_0,\omega)$ 在 F 中,必有 $\delta'_D(q_{0D},\omega)$ 在 F_D 中,因此证明了 $L(M_D)=L(M_N)$。

例 1 设 NFA $M=(Q,T,\delta,q_0,F)$,其中 $Q=\{q_0,q\}$,$T=\{a,b\}$,$F=\{q\}$,δ 如表 3.3.1 所示,图3.3.1是 M 的状态转换图。找出等效的 DFA M_D。

表 3.3.1 δ 的转换函数表

状态 \ 输入	a	b
q_0	$\{q_0,q\}$	$\{q\}$
q	$\varnothing$	$\{q_0,q\}$

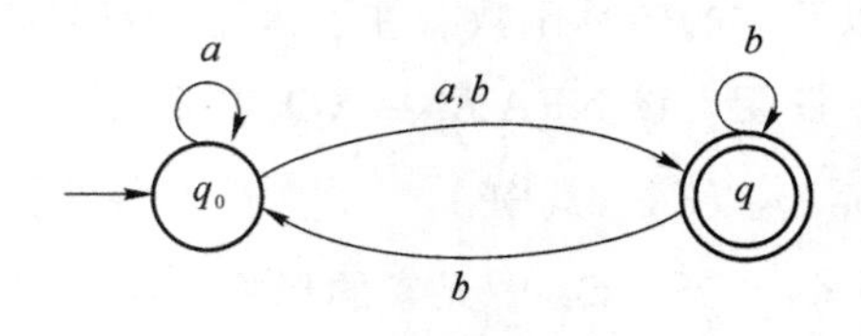

图 3.3.1 M 的状态转换图

构造一个接受 $L(M)$ 的 DFA $M_D=(Q_D,T,\delta_D,q_{0D},F_D)$,其中

$$Q_D=\{[q_0],[q],[q_0,q],\varnothing\}$$

$$q_{0D}=[q_0]$$

$$F_D=\{[q],[q_0,q]\}$$

δ_D 的定义如下:

由于 $\delta(q_0,a)=\{q_0,q\}$,则有 $\delta_D([q_0],a)=[q_0,q]$;

由于 $\delta(q_0,b)=\{q\}$,则有 $\delta_D([q_0],b)=[q]$;

由于 $\delta(q,a)=\varnothing$,则有 $\delta_D([q],a)=\varnothing$;

由于 $\delta(q,b)=\{q_0,q\}$,则有 $\delta_D([q],b)=[q_0,q]$;

由于$\delta(\{q_0,q\},a)=\delta(q_0,a)\cup\delta(q,a)=\{q_0,q\}\cup\varnothing=\{q_0,q\}$,则有 $\delta_D([q_0,q],a)=[q_0,q]$;

由于 $\delta(\{q_0,q\},b)=\delta(q_0,b)\cup\delta(q,b)=\{q\}\cup\{q_0,q\}=\{q_0,q\}$,则有 $\delta_D([q_0,q],b)=[q_0,q]$。

因此,DFA M_D 的状态转换图如图 3.3.2 所示。

例 2 设 NFA $M=(\{q_0,q_1,q_2\},\{a,b\},\delta,q_0,\{q_2\})$

δ 的定义如下:

$$\delta(q_0,a)=\{q_1\},\qquad \delta(q_0,b)=\varnothing,$$

$$\delta(q_1,a)=\{q_1,q_2\},\qquad \delta(q_1,b)=\varnothing,$$

$$\delta(q_2,a)=\varnothing,\qquad \delta(q_2,b)=\{q_1\}$$

图 3.3.3 是 NFA M 的状态转换图。NFA M 接受的语言是$L(M)$,找出等效的 DFA M_1,使 $L(M_1)=L(M)$。

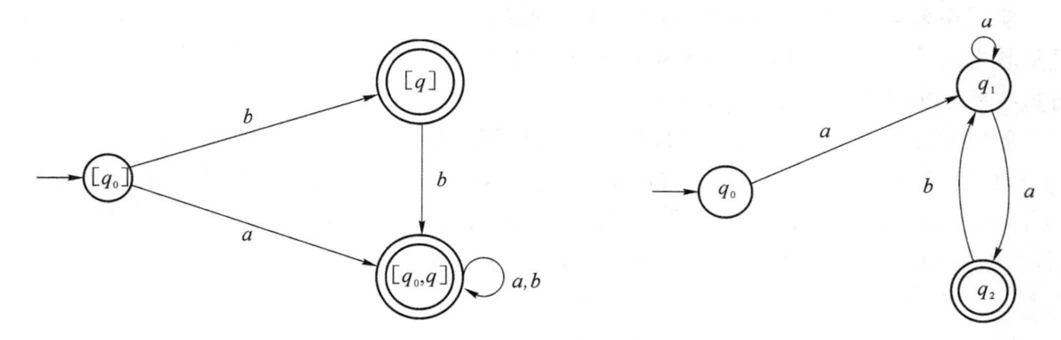

图 3.3.2　M_D 的状态转换图　　　　图 3.3.3　M 的状态转换图

对应 NFA M 构造一个 DFA $M_1=(Q_1,T,\delta_1,q_{10},F_1)$，其中

$$Q_1=\{[q_0],[q_1],[q_2],[q_0,q_1],[q_0,q_2],[q_1,q_2],[q_0,q_1,q_2],\varnothing\}$$

$$q_{10}=[q_0]$$

$$F_1=\{[q_2],[q_0,q_2],[q_1,q_2],[q_0,q_1,q_2]\}$$

δ_1 的定义如表 3.3.2 所示，图 3.3.4 是 DFA M_1 的状态转换图。

表 3.3.2　δ_1 的转换函数表

输入 / 状态	a	b
$[q_0]$	$[q_1]$	$\varnothing$
$[q_1]$	$[q_1,q_2]$	$\varnothing$
$[q_2]$	$\varnothing$	$[q_1]$
$[q_0,q_1]$	$[q_1,q_2]$	$\varnothing$
$[q_0,q_2]$	$[q_1]$	$[q_1]$
$[q_1,q_2]$	$[q_1,q_2]$	$[q_1]$
$[q_0,q_1,q_2]$	$[q_1,q_2]$	$[q_1]$

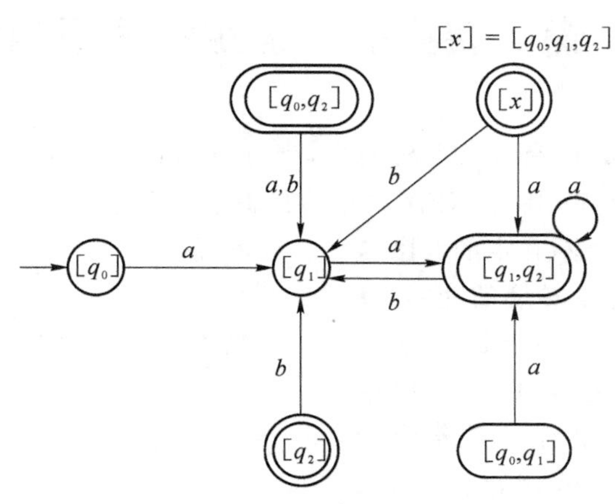

图 3.3.4　DFA M_1 的状态转换图

注：图 3.3.4 中的 DFA M_1 的状态转换图尚可化简，待以后详细讨论。

实践中常常发现,NFA 的许多状态是不能从初始状态$[q_0]$到达的。因此,最好的办法是从状态$[q_0]$出发,仅当某些状态是从先前已加入的状态经过一个转移能够到达的时候,才将这些状态加到相应的 DFA 中去。

如对应图 3.3.3 所示 NFA M,构造一个 DFA $M_2=(Q_2,T,\delta_2,q_{20},F_2)$,可从初始状态$[q_0]$出发,$\delta_2([q_0],a)=[q_1]$,再求 $\delta_2([q_1],a)=[q_1,q_2]$,再由 $\delta(\{q_1,q_2\},a)=\delta(q_1,a)\cup\delta(q_2,a)=\{q_1,q_2\}\cup\varnothing=\{q_1,q_2\}$得 $\delta_2([q_1,q_2],a)=[q_1,q_2]$,同理可得,$\delta_2([q_1,q_2],b)=[q_1]$。因此,$Q_2=\{[q_0],[q_1],[q_1,q_2]\}$

$$q_{20}=[q_0]$$

$$F_2=\{[q_1,q_2]\}$$

δ_2 的定义如表 3.3.3 所示,图 3.3.5 是 DFA M_2 的状态转换图。

表 3.3.3　$\boldsymbol{\delta_2}$ 的转换函数表

状态 \ 输入	a	b
$[q_0]$	$[q_1]$	$\varnothing$
$[q_1]$	$[q_1,q_2]$	$\varnothing$
$[q_1,q_2]$	$[q_1,q_2]$	$[q_1]$

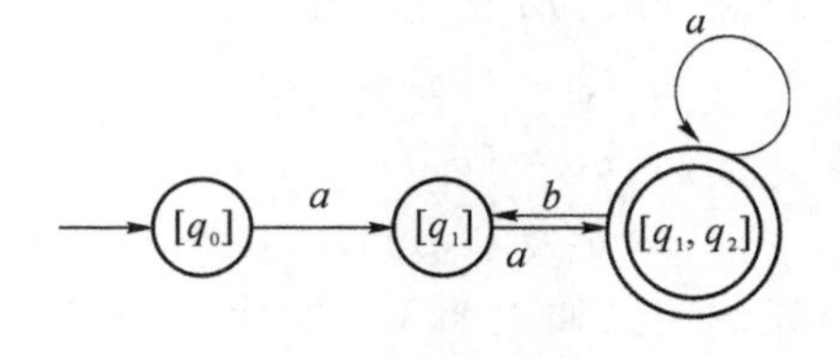

图 3.3.5　DFA M_2 的状态转换图

实践中,通过子集构造法得到的 DFA 的状态数目与原 NFA 的状态数目大体相当。在较坏的情况下,上述 DFA 的状态数目接近于所有子集的数目。例如,由图 3.3.6 所示的 NFA 构造的 DFA 的状态数目至少为 2^n。

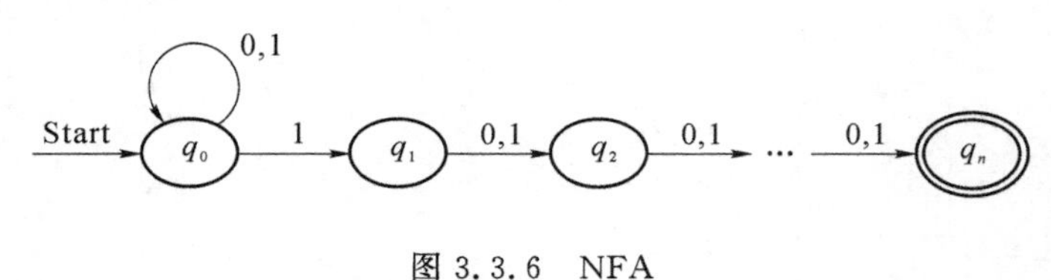

图 3.3.6　NFA

3.4　有 ε 转换的不确定的有限自动机

对前面定义的不确定的有限自动机而言,当有空串 ε 输入时,并不能进行状态的转换,而且 NFA 也不能接受空串,除非 NFA 的初始状态也是终止状态。

在此要讨论的是一个不确定的有限自动机,可以使其具有空串 ε 转换的功能,就是说在某一个状态,当输入空串 ε 时,也能引起状态的转换。如图 3.4.1 所示的 NFA,它所接受的字符串可以是若干个(或 0 个)a,接着若干个 b,接着若干个 c 等,例如字符串 $aaacc$ 可由图 3.4.1 所示的 NFA M 接受,其转换的过程可由一条路径表示为

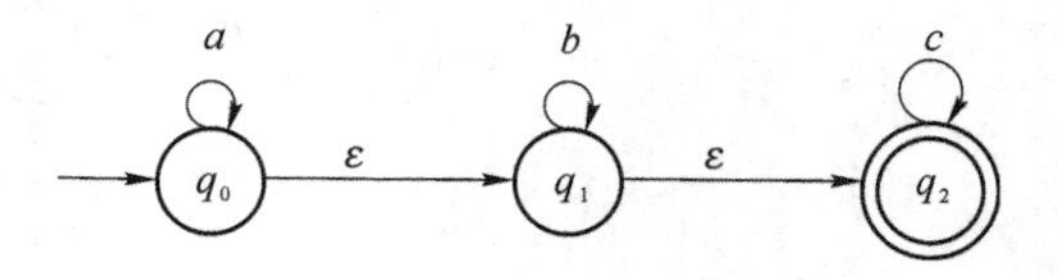

图 3.4.1　有 ε 转换的 NFA

$$q_0 \xrightarrow{a} q_0 \xrightarrow{a} q_0 \xrightarrow{a} q_0 \xrightarrow{\varepsilon} q_1 \xrightarrow{\varepsilon} q_2 \xrightarrow{c} q_2 \xrightarrow{c} q_2$$

显然，从 q_0 到 q_1 和从 q_1 到 q_2 的转换，都属 ε 转换。

有 ε 转换的 NFA $M=(Q,T,\delta,q_0,F)$ 与无 ε 转换的 NFA 的区别，仅在于转换函数 δ 的不同。对有 ε 转换的 NFA，其 δ 是从 $Q\times(T\cup\{\varepsilon\})$ 到 2^Q 的映射，这样，对 $\delta(q,a)$ 含有状态 p，其中 a 可以是 ε，也可以是字母表 T 上的一个字符。

例如，对于图 3.4.1 所示的 NFA，转换函数 δ 是

$$\delta(q_0,a)=\{q_0\},\delta(q_0,b)=\varnothing,$$
$$\delta(q_0,c)=\varnothing,\delta(q_0,\varepsilon)=\{q_1\},$$
$$\delta(q_1,a)=\varnothing,\delta(q_1,b)=\{q_1\},$$
$$\delta(q_1,c)=\varnothing,\delta(q_1,\varepsilon)=\{q_2\},$$
$$\delta(q_2,a)=\varnothing,\delta(q_2,b)=\varnothing,$$
$$\delta(q_2,c)=\{q_2\},\delta(q_2,\varepsilon)=\varnothing$$

关于有 ε 转换的 NFA，在输入字符串时，它的转换函数 δ' 应是从 $Q\times T^*$ 到 2^Q 的映射。对于 $\delta'(q,\omega)$ 包含所有状态 p，在从 q 到 p 标有 ω 的路径中，必然存在着标有 ε 的边。因此在构造 δ' 时，如何找出从已给状态 q，仅用 ε 转换便可到达的状态集合 P，便成了一个首先要解决的问题。用 ε-closure(q)表示所有状态 P，称为是 q 的 ε-闭包。

例 1　设 NFA 的状态转换图如图 3.4.2 所示。

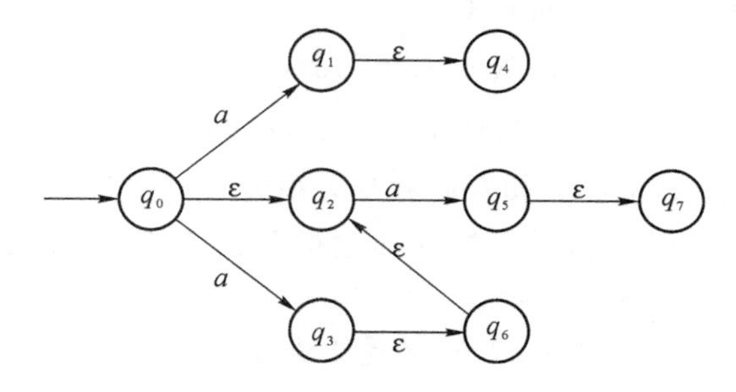

图 3.4.2　有 ε 转换的 NFA

对状态 q_0，有 ε-closure$(q_0)=\{q_0,q_2\}$，表示从 q_0 出发有两条路径，即 $q_0\to q_0$ 和 $q_0\to q_2$，它们的边都标有 ε，其中 $q_0\to q_0$ 没有边，显然可以认为是标 ε。

对状态 q_3，有 ε-closure$(q_3)=\{q_3,q_6,q_2\}$，表示从 q_3 出发有 3 条路径，即 $q_3\to q_3$，$q_3\to q_6$，$q_3\to q_6\to q_2$，它们的边都标有 ε。

显然，对一个状态子集 I，亦存在 I 的 ε-闭包，即

$$\varepsilon\text{-closure}(I)=\bigcup_{q\in I}\varepsilon\text{-closure}(q)$$

例如在例 1 中，对状态子集 $I=\{q_0,q_5\}$，有

$$\begin{aligned}\varepsilon\text{-closure}(I)&=\{q_0,q_2\}\cup\{q_5,q_7\}\\&=\{q_0,q_2,q_5,q_7\}\end{aligned}$$

在此，对状态子集 I，任意 $a\in T$，定义 I_a 如下：

$$I_a=\varepsilon\text{-closure}(P)$$

其中，P 是从 I 中的状态经一条标 a 的边可到达的状态集合。例如在例 1 中，对状态子集

$I=\{q_0,q_5\}$求I_a,先找出从I中的状态经一条标a的边可到达的状态集合$P=\{q_1,q_3\}$,则

$$I_a=\varepsilon\text{-closure}(P)=\varepsilon\text{-closure}(\{q_1,q_3\})$$
$$=\{q_1,q_4\}\cup\{q_3,q_6,q_2\}=\{q_1,q_4,q_3,q_6,q_2\}$$

现在定义δ'如下:

(1) $\delta'(q,\varepsilon)=\varepsilon\text{-closure}(q)$;

(2) 对于$\omega\in T^*$,$a\in T$,有

$$\delta'(q,\omega a)=\varepsilon\text{-closure}(P)$$

其中,$P=\{p\mid$对某些$r\in\delta'(q,\omega)$且$p\in\delta(r,a)\}$,如图3.4.3所示;

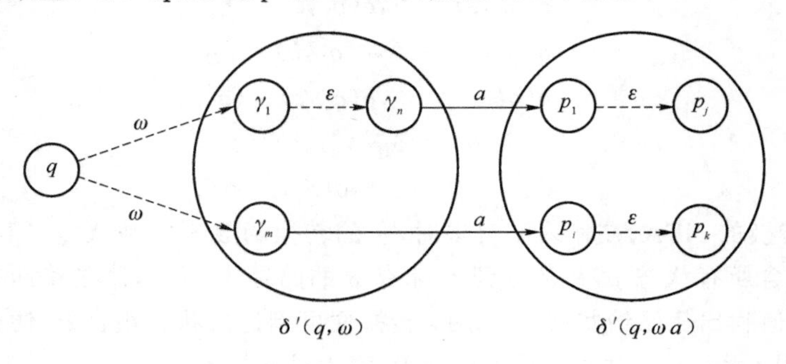

图3.4.3　$\delta'(q,\omega a)$示意图

(3) 对状态集合R,可扩展δ和δ'为

$$\delta(R,a)=\bigcup_{q\in R}\delta(q,a)$$

和

$$\delta'(R,\omega)=\bigcup_{q\in R}\delta'(q,\omega)$$

在这种情况下,由于$\delta'(q,a)$是包含所有从q出发,沿着标a或者标ε的边可到达的状态,而$\delta(q,a)$只是包含从q出发,沿着标a的边可到达的状态。因此$\delta'(q,a)$不一定等于$\delta(q,a)$,同样$\delta'(q,\varepsilon)$未必等于$\delta(q,\varepsilon)$。

有ε转换的NFA $M=(Q,T,\delta,q_0,F)$接受的语言$L(M)$是$\{\omega\mid\delta'(q_0,\omega)$含有$F$的一个状态$\}$。

例2　对于图3.4.2的NFA,分析其转换函数δ'。

$$\delta'(q_0,\varepsilon)=\varepsilon\text{-closure}(q_0)=\{q_0,q_2\}$$
$$\delta'(q_0,a)=\varepsilon\text{-closure}(\delta(\delta'(q_0,\varepsilon),a))$$
$$=\varepsilon\text{-closure}(\delta(\{q_0,q_2\},a))$$
$$=\varepsilon\text{-closure}(\delta(q_0,a)\cup\delta(q_2,a))$$
$$=\varepsilon\text{-closure}(\{q_1,q_3\}\cup\{q_5\})$$
$$=\varepsilon\text{-closure}(\{q_1,q_3,q_5\})$$
$$=\{q_1,q_4,q_3,q_6,q_2,q_5,q_7\}$$

1. 有ε转换NFA和无ε转换NFA的等效

定理3.4.1　如果有ε转换的NFA M接受语言$L(M)$,则存在无ε转换的NFA M_1使$L(M_1)=L(M)$。

证明　首先对应有ε转换的NFA $M=(Q,T,\delta,q_0,F)$,构造无ε转换的NFA $M_1=(Q,T,\delta_1,q_0,F_1)$,其中

$$F_1=\begin{cases}F\cup\{q_0\} & \text{当 } \varepsilon\text{-closure}(q_0)\text{ 含 } F \text{ 的一个状态}\\ F & \text{否则}\end{cases}$$

定义 δ_1：对任意 $q\in Q,a\in T$，则

$$\delta_1(q,a)=\delta'(q,a)$$

对字符串 ω 的长度进行归纳证明：

$$\delta_1'(q_0,\omega)=\delta'(q_0,\omega)$$

当 $|\omega|=0$，即 $\omega=\varepsilon$ 时，不一定成立，因为

$$\delta_1'(q_0,\varepsilon)=\{q_0\}$$

而

$$\delta'(q_0,\varepsilon)=\varepsilon\text{-closure}(q_0)$$

以下从 1 开始归纳：

当 $|\omega|=1$，即 ω 是单字符，由 δ_1 的定义，有

$$\delta_1(q_0,a)=\delta'(q_0,a)$$

当 $|\omega|\leqslant k$，假设 $\delta_1'(q_0,\omega)=\delta'(q_0,\omega)$ 成立，当 $|\omega a|=k+1,a\in T$，需证明

$$\delta_1'(q_0,\omega a)=\delta'(q_0,\omega a)$$

由于

$$\delta_1'(q_0,\omega a)=\delta_1(\delta_1'(q_0,\omega),a)$$

由归纳假设

$$\delta_1'(q_0,\omega)=\delta'(q_0,\omega)$$

又设

$$\delta'(q_0,\omega)=R$$

以下变为证明

$$\delta_1(R,a)=\delta'(q_0,\omega a)$$

由 δ_1 的定义，则

$$\delta_1(R,a)=\bigcup_{q\in R}\delta_1(q,a)=\bigcup_{q\in R}\delta'(q,a)$$

因为

$$R=\delta'(q_0,\omega)$$

由 δ' 的定义，则有

$$\bigcup_{q\in R}\delta'(q,a)=\delta'(q_0,\omega a)$$

所以可得到

$$\delta_1'(q_0,\omega a)=\delta'(q_0,\omega a)$$

再证明 $\delta_1'(q_0,\omega)$ 含 F_1 的一个状态当且仅当 $\delta'(q_0,\omega)$ 含 F 的一个状态。

首先证明充分条件，即 $\delta'(q_0,\omega)$ 含 F 的一个状态时，$\delta'_1(q_0,\omega)$ 含 F_1 的一个状态。

分情况讨论：

(1) 当 $\omega=\varepsilon$ 时，若 $\delta'(q_0,\varepsilon)=\varepsilon\text{-closure}(q_0)$ 包含一个在 F 中的状态(可能为 q_0)，由 F_1 定义可知，$\delta'_1(q_0,\varepsilon)=\{q_0\}$ 且 $q_0\in F_1$。

(2) 当为 ωa 时，某字符 $a\in T$，如有 $\delta'(q_0,\omega a)$ 含 F 的一个状态，由 δ'_1 和 F_1 定义，$\delta'_1(q_0,\omega a)$ 必含同样的状态在 F_1 中。

接下来证明必要条件,即$\delta'_1(q_0,\omega)$含F_1的一个状态,仅当$\delta'(q_0,\omega)$含F的一个状态。

分情况讨论:

(1) 若$\delta'_1(q_0,\omega a)$含F_1的一个状态,且不是q_0,由F_1定义,那么$\delta'(q_0,\omega a)$必含F中的一个状态。

(2) 若$\delta'_1(q_0,\omega a)$含F_1的一个状态,且为q_0,$q_0\notin F$,由于

$$\begin{aligned}\delta'(q_0,\omega a)&=\varepsilon\text{-closure}(\delta(\delta'(q_0,\omega),a))\\&=\varepsilon\text{-closure}(\delta(\delta'_1(q_0,\omega),a))\\&=\varepsilon\text{-closure}(\delta'_1(q_0,\omega a))\end{aligned}$$

又因为$q_0\in\delta'_1(q_0,\omega a)$,那么在$\varepsilon$-closure($q_0$)中且在$F$中的状态必在$\delta'(q_0,\omega a)$中。

由以上的证明可得出$L(M_1)=L(M)$。

例 3 对于图3.4.1的 NFA M,找出其等效的无ε转换的 NFA M_1。

设$M=(Q,T,\delta,q_0,F)$,根据定理 3.4.1 构造$M_1=(Q,T,\delta_1,q_0,F_1)$,则

F_1:因为ε-closure$(q_0)=\{q_0,q_1,q_2\}$,其中$q_2\in F_2$,所以$F_1=\{q_0,q_2\}$。

δ_1:因为δ_1是由δ'定义,所以有

$$\begin{aligned}\delta_1(q_0,a)&=\delta'(q_0,a)=\varepsilon\text{-closure}(\delta(\delta'(q_0,\varepsilon),a))\\&=\{q_0,q_1,q_2\}\\\delta_1(q_0,b)&=\delta'(q_0,b)=\varepsilon\text{-closure}(\delta(\delta'(q_0,\varepsilon),b))\\&=\{q_1,q_2\}\\\delta_1(q_0,c)&=\delta'(q_0,c)=\varepsilon\text{-closure}(\delta(\delta'(q_0,\varepsilon),c))\\&=\{q_2\}\end{aligned}$$

同样可得

$$\begin{aligned}&\delta_1(q_1,a)=\varnothing,\quad &&\delta_1(q_1,b)=\{q_1,q_2\},\\&\delta_1(q_1,c)=\{q_2\},\quad &&\delta_1(q_2,a)=\varnothing,\\&\delta_1(q_2,b)=\varnothing,\quad &&\delta_1(q_2,c)=\{q_2\}\end{aligned}$$

图 3.4.4 是无ε转换的 NFA M_1的状态转换图。

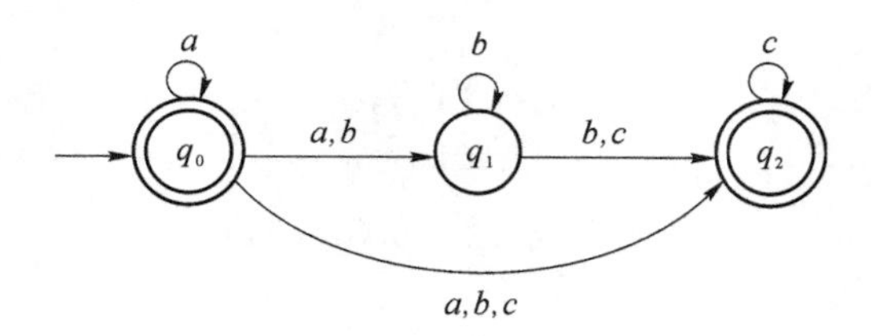

图 3.4.4 M_1的状态转换图

例 4 考虑图3.4.5中的 NFA M,它的输入字母表是{0}。这个 NFA 显示了ε转换的方便之处。它接受所有形如0^k的字符串,其中k是 2 或 3 的倍数(记住上标表示重复次数,不是指数)。

该自动机在开始运行时猜想是要验证 2 的倍数还是要验证 3 的倍数,从而分支到上面的循环或下面的循环,然后验证猜想是否正确。当然,我们能够用一台没有ε箭头的 NFA,乃至完全确定的 DFA 来代替这个自动机。然而,对于这个语言来说,这个自动机是最容易理解的。

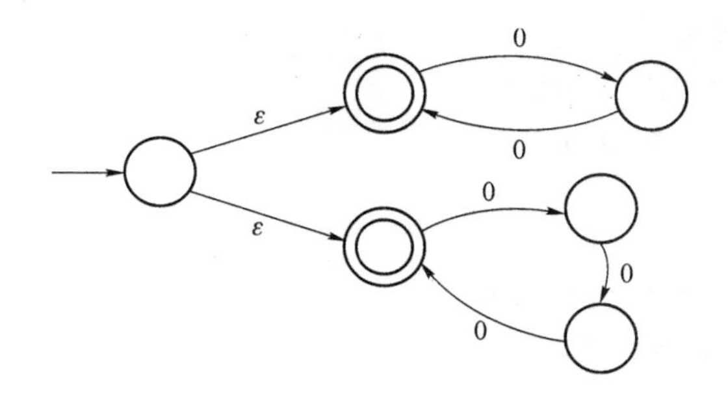

图 3.4.5　识别$\{0^k \mid k$是 2 或 3 的倍数$\}$的有 ε 的 NFA

3.5　正则集与正则式

这一节主要介绍字母表上的一些特殊的字符串集合，称为正则集，表示正则集可以用正则式。

在算术中可以用运算符＋和×构造表达式，如(5＋3)×4。语言也可以用类似代数表达式的方法来描述，这就是正则表达式，简称正则式。正则表达式的值是一个语言。

正则表达式在计算机科学应用中起着重要的作用。在涉及文本的应用中，用户可能要搜索满足某种模式的字符串。正则表达式提供了描述这种模式的有力方法。应用程序(如 UNIX 中的 GREP)、文本编辑程序、网上文本搜索等都采用了用正则表达式描述模式的手段。

以下定义正则式和它表示的正则集，并给出正则式的性质。

定义 3.5.1　字母表 T 上的一个正则式和它表示的正则集，可递归定义如下：

(1) ε 和∅都是正则式，分别表示的正则集是{ε}和空集∅；

(2) 任意 $a \in T$ 是正则式，它表示的正则集是$\{a\}$；

(3) 如果 A 和 B 是正则式，分别表示的正则集是 $L(A)$和$L(B)$，则$(A+B)$、$(A \cdot B)$、(A^*)也都是正则式，分别表示的正则集是 $L(A) \cup L(B)$、$L(A)L(B)$、$L(A)^*$。

仅由有限次使用以上三步所定义的表达式，才是字母表 T 上的正则式，且这些正则式表示的字符串集合才是 T 上的正则集。

例 1　设字母表 $T=\{a,b\}$，T 上的正则式和相应的正则集如下：

正则式	正则集
(1) $(a+b)^*$	T 上所有 a 和 b 组成的字符串集合
(2) ab^*	T 上所有以 a 为首后跟任意个 b 的字符串集合
(3) $b(a+b)^*$	T 上所有以 b 为首后跟由 a 和 b 组成的字符串集合
(4) $(a+b)^*(aa+bb)(a+b)^*$	T 上所有含有两个连续 a 或两个连续 b 的字符串集合

每个正则集至少对应一个正则式，而每个正则式则只对应一个正则集。如果有两个正则式表示相同的正则集，则称这两个正则式相等。

正则式具有以下性质：

设 α,β,γ 都是正则式,则

(1) $(\alpha+\beta)+\gamma=\alpha+(\beta+\gamma)$;

(2) $(\alpha\cdot\beta)\cdot\gamma=\alpha\cdot(\beta\cdot\gamma)$;

(3) $\alpha+\beta=\beta+\alpha$;

(4) $\alpha+\alpha=\alpha$;

(5) $\alpha\cdot(\beta+\gamma)=(\alpha\cdot\beta)+(\alpha\cdot\gamma)$;

(6) $(\beta+\gamma)\cdot\alpha=(\beta\cdot\alpha)+(\gamma\cdot\alpha)$;

(7) $\alpha+\varnothing=\alpha$;

(8) $\alpha\cdot\varnothing=\varnothing\cdot\alpha=\varnothing$;

(9) $\alpha\cdot\varepsilon=\varepsilon\cdot\alpha=\alpha$;

(10) $(\alpha^*)^*=\alpha^*$;

(11) $\alpha^*=\varepsilon+\alpha^+$

现在考虑已给右线性文法(正则文法)G,如何找出一个正则式,由它表示右线性文法 G 产生的语言 $L(G)$。这样的问题,是将已给的右线性文法的生成式写成一组联立方程,并求联立方程的解,而得到正则式。在讨论求解之前,先给出如下一条求解的规则 R。

设 $x=\alpha x+\beta,\alpha\in T^*,\beta\in(N\cup T)^*,x\in N$,其解 $x=\alpha^*\beta$。

证明 由 $x=\alpha x+\beta$ 表明 x 有两个生成式,$x\to\alpha x,x\to\beta$,这两个生成式生成的语言是 $\{\beta,\alpha\beta,\alpha\alpha\beta,\cdots,\alpha^n\beta\cdots\}$。显然,这个语言可用正则式 $\alpha^*\beta$ 表示。

下面介绍求解方法。

设文法 G 的生成式是

$$S\to aS,S\to bA,S\to\varepsilon$$
$$A\to aS$$

对以上 4 个生成式,可按 S 和 A 写成两个联立方程,即

$$S=aS+bA+\varepsilon \tag{1}$$
$$A=aS \tag{2}$$

将式(2)代入式(1)中的 A,得

$$S=aS+baS+\varepsilon \tag{3}$$

对式(3)利用分配律,可得

$$S=(a+ba)S+\varepsilon$$

使用规则 R,则有

$$S=(a+ba)^*\varepsilon=(a+ba)^*$$

另外,还可以对式(3)使用两次规则 R,即

$$S=a^*(baS+\varepsilon)=a^*baS+a^*$$
$$S=(a^*ba)^*a^*$$

由上可知,正则式 $(a+ba)^*$ 和 $(a^*ba)^*a^*$ 所表示的正则集是相同的。

总之,当给定一个右线性文法,要找出正则式,可分两步,首先根据文法的生成式写出联立方程,再利用规则 R 和正则式的性质,求解联立方程。

例 2 设右线性文法 $G=(\{S,A,B\},\{a,b\},P,S)$

生成式 P 如下:

$$S \to aA, S \to bB, S \to b$$
$$A \to bA, A \to \varepsilon$$
$$B \to bS$$

以上生成式写成联立方程为

$$S = aA + bB + b \quad (1)$$
$$A = bA + \varepsilon \quad (2)$$
$$B = bS \quad (3)$$

对式(2)利用规则 R 和性质 $\alpha \cdot \varepsilon = \alpha$，得

$$A = b^* \quad (4)$$

将式(4)和式(3)代入式(1)中的 A、B，得

$$S = ab^* + bbS + b = bbS + ab^* + b$$
$$= (bb)^*(ab^* + b)$$

所以由 G 产生的语言，用正则式表示为 $(bb)^*(ab^*+b)$。

例3 设右线性文法 $G=(\{A,S\},\{a\},P,S)$ 生成式 P 如下：

$$S \to a, S \to aA, A \to aS$$

以上生成式写成联立方程为

$$S = aA + a \quad (1)$$
$$A = aS \quad (2)$$

将式(2)代入式(1)中的 A，得

$$S = aaS + a = (aa)^* a$$

表示的正则集是任意一对(包括0对)aa 后跟一个 a，即 $\{a^{2n+1} \mid n \geqslant 0\}$。

3.6 右线性文法和正则集

本节要讨论的内容是正则集是由右线性文法所产生的语言，而且两者是等同的。在作为一个定理证明之前，先证明在定义3.5.1中所定义的正则集都是由右线性文法所产生的语言，可分两步进行。

1. 设字母表是 T。$\varnothing$、$\{\varepsilon\}$ 和 $\{a\}$(任意 $a \in T$)都是正则集，则 $\varnothing$、$\{\varepsilon\}$ 和 $\{a\}$ 都是右线性语言。证明的方法很简单，只要分别找出相应的右线性文法，由它们所产生的语言分别是这些正则集即可。

对正则集 $\varnothing$，存在右线性文法 $G=(\{S\},T,\varnothing,S)$，由 G 所产生的语言 $L(G)$ 是 $\varnothing$。

对正则集 $\{\varepsilon\}$，存在右线性文法 $G=(\{S\},T,\{S \to \varepsilon\},S)$，由 G 所产生的语言 $L(G)$ 是 $\{\varepsilon\}$。

对正则集 $\{a\}$，存在右线性文法 $G=(\{S\},\{a\},\{S \to a\},S)$，由 G 所产生的语言 $L(G)$ 是 $\{a\}$。

2. 在前一步的基础上，对于由并、积和闭包所形成的这类正则集的证明，可以改为对右线性语言的证明。设字母表 T 上，有右线性语言 L_1 和 L_2，那么 $L_1 \cup L_2$，L_1L_2 和 L_1^* 都是右线性语言。

设右线性语言 L_1 和 L_2 分别由右线性文法 G_1 和 G_2 产生,$G_1=(N_1,T,P_1,S_1)$,$G_2=(N_2,T,P_2,S_2)$,其中 $N_1\cap N_2=\varnothing$,则

(1) 证明 $L_1\cup L_2$ 为右线性语言

设右线性文法 $G=(N,T,P,S)$,其中 $N=N_1\cup N_2\cup\{S\}$

$S\notin N_1\cup N_2$ 是一个新非终结符,

$P=P_1\cup P_2\cup\{S\to S_1,S\to S_2\}$

在文法 G 中,对于每个推导 $S\overset{+}{\underset{G}{\Rightarrow}}\omega$,或是存在 $S_1\overset{+}{\underset{G_1}{\Rightarrow}}\omega$,或是存在 $S_2\overset{+}{\underset{G_2}{\Rightarrow}}\omega$。说明由文法 G 的每个推导产生的句子,不是由文法 G_1 产生的,就是由文法 G_2 产生的;相反,如果存在推导 $S_1\overset{+}{\underset{G_1}{\Rightarrow}}\omega$ 或 $S_2\overset{+}{\underset{G_2}{\Rightarrow}}\omega$,那么必有 $S\overset{+}{\underset{G}{\Rightarrow}}\omega$。

由此可以证明,由右线性文法 G 产生的语言 $L=L_1\cup L_2$ 也为右线性语言。

(2) 证明 L_1L_2 为右线性语言

设右线性文法 $G=(N,T,P,S)$,其中

$$N=N_1\cup N_2$$

$$S=S_1$$

生成式 P 如下:

① 如果 $A\to\alpha B\in P_1$,则 $A\to\alpha B\in P$;

② 如果 $A\to\alpha\in P_1$,则 $A\to\alpha S_2\in P$;

③ $P_2\subseteq P$。

为了证明由 G 产生的语言 L 是 L_1L_2,可分别证明 $L_1L_2\subseteq L$ 和 $L\subseteq L_1L_2$。

先证 $L_1L_2\subseteq L$,设任意 $\omega_1\omega_2\in L_1L_2$ 且 $\omega_1\in L_1$,$\omega_2\in L_2$ 由此可知,在文法 G_1 中,有推导 $S_1\overset{*}{\Rightarrow}\omega_1$,在文法 G_2 中,有推导 $S_2\overset{*}{\Rightarrow}\omega_2$。由 P 的生成式可知,如果在文法 G_1 中,有推导 $S_1\overset{+}{\underset{G_1}{\Rightarrow}}\omega_1$,则在文法 G 中有推导 $S_1\overset{+}{\underset{G}{\Rightarrow}}\omega_1S_2$,而在文法 G_2 中如果有推导 $S_2\overset{+}{\underset{G_2}{\Rightarrow}}\omega_2$,则在文法 G 中有推导 $S_2\overset{+}{\underset{G}{\Rightarrow}}\omega_2$。

这样,在文法 G 中,有推导 $S_1\overset{+}{\underset{G}{\Rightarrow}}\omega_1\omega_2$,因此 $\omega_1\omega_2\in L$,$L_1L_2\subseteq L$。

再证 $L\subseteq L_1L_2$,设任意 $\omega\in L$,即在文法 G 中,有推导 $S_1\overset{+}{\underset{G}{\Rightarrow}}\omega$,因 P 中不存在生成式 $A\to\alpha$,$A\to\alpha$ 是在 P_1 中,所以在文法 G 中,可写出推导的形式为

$$S_1\overset{+}{\underset{G}{\Rightarrow}}\omega_1S_2\overset{+}{\underset{G}{\Rightarrow}}\omega_1\omega_2=\omega$$

其中,推导 $S_1\overset{+}{\underset{G}{\Rightarrow}}\omega_1S_2$ 用的生成式均属于 P 中的①和②。

这样,必有推导 $S_1\overset{+}{\underset{G_1}{\Rightarrow}}\omega_1$ 和 $S_2\overset{+}{\underset{G_2}{\Rightarrow}}\omega_2$,因此 $\omega\in L_1L_2$,又得 $L\subseteq L_1L_2$。

最后得出,由文法 G 产生的语言 $L=L_1L_2$,因为文法 G 是右线性文法,所以 L_1L_2 是右线性语言。

(3) 证明 L_1^* 为右线性语言

设右线性文法 $G=(N,T,P,S)$,其中

$N=N_1\cup\{S\}$,$S\notin N_1$,S 是一个新非终结符,生成式 P 如下:

① 如果 $A\to\alpha B\in P_1$,则 $A\to\alpha B\in P$;

② 如果 $A \to \alpha \in P_1$，则 $A \to \alpha S \in P$ 且 $A \to \alpha \in P$；

③ $S \to S_1, S \to \varepsilon \in P$。

需要证明

$$S \overset{+}{\underset{G}{\Rightarrow}} \omega_1 S \overset{+}{\underset{G}{\Rightarrow}} \omega_1 \omega_2 S \overset{+}{\underset{G}{\Rightarrow}} \cdots \overset{+}{\underset{G}{\Rightarrow}} \omega_1 \omega_2 \cdots \omega_{n-1} S \overset{+}{\underset{G}{\Rightarrow}} \omega_1 \omega_2 \cdots \omega_{n-1} \omega_n$$

当且仅当

$$S_1 \overset{+}{\underset{G_1}{\Rightarrow}} \omega_1, S_1 \overset{+}{\underset{G_1}{\Rightarrow}} \omega_2, \cdots, S_1 \overset{+}{\underset{G_1}{\Rightarrow}} \omega_n$$

其结果可以得出 $L = L_1^*$ 也为右线性语言(证明从略)。

定理 3.6.1　一个语言是正则集，当且仅当该语言为右线性语言。

证明　当一个语言是正则集，则该语言是一个右线性语言。这部分无须再证，因为前面已经证明了任何一个正则集都是一个右线性语言。

反之，当一个语言是右线性语言，则该语言是一个正则集。由 3.5 节已经知道，当给定一个右线性文法，可找出相应的正则式，该正则式表示的语言正是一个正则集。

例如，文法 $G=(\{S,A\},\{a,b\},\{S \to aS|bA|\varepsilon, A \to aS\},S)$ 是右线性文法，由 G 产生的语言 $L(G)$ 是一个正则集，表示这个正则集的正则式为 $(a+ba)^*$。

3.7　正则表达式和有限自动机

正则语言是有限自动机识别的语言。正则表达式和有限自动机就它们的描述能力而言是等价的。任何正则表达式都能够转换成识别它所描述的语言的有限自动机，反之亦然。

定理 3.7.1　设 L 是正则表达式 R 表示的语言，则存在一个具有 ε 转换的有限自动机接受语言 L。

由正则式到确定的有限自动机的变换过程是：先由正则式构造出不确定的有限自动机，然后找出等效的、确定的有限自动机，最后进行简化，从而得到一个状态最少的、确定的有限自动机。

为了在使用正则式描述某些问题时方便，特给出扩充正则式的定义。

扩充正则式与它表示的正则集，递归定义如下：

(1) 如果 R 为正则式，则 R 即为扩充正则式。

(2) 如果 R 为扩充正则式，则

- R^+ 为扩充正则式，且表示为 RR^*；
- R^{+k} 为扩充正则式，且表示为 $R \cup RR \cup \cdots \cup R^k$；
- R^{*k} 为扩充正则式，且表示为 $\{\varepsilon\} \cup R \cup RR \cup \cdots \cup R^k$。

(3) 如果 R_1, R_2 为扩充正则式，则 R_1R_2 和 R_1+R_2 为扩充正则式。

(4) 除(1)、(2)、(3)外，再无其他的扩充正则式。

注意：今后在使用正则式或扩充正则式时，其中符号“+”可改用“|”。例如对于 R_1+R_2，可改写为 $R_1|R_2$。

以下讨论由正则式构造不确定的有限自动机的算法。

给定:在字母表 T 上的正则式 R。

要求:构造有 ε 转换的不确定的有限自动机。该具有 ε 转换的有限自动机满足如下条件:①恰好一个终态;②没有弧进入初态;③没有弧离开终态。

方法:

1. 当 $R=\varepsilon$,$R=\varnothing$ 和 $R=a$,$a\in T$ 时,各自对应的 NFA 如图3.7.1所示。

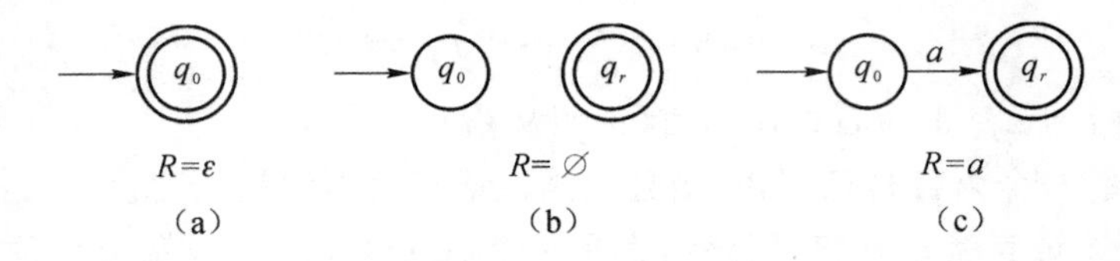

图 3.7.1 NFA

2. 当 $R=R_1+R_2$ 时,R_1 和 R_2 分别对应 NFA M_1 和 NFA M_2,R 对应 M。

设 $M_1=(Q_1,T_1,\delta_1,q_1,\{q_{f1}\})$,$M_2=(Q_2,T_2,\delta_2,q_2,\{q_{f2}\})$且 $Q_1\cap Q_2=\varnothing$。

构造 $M=(Q_1\cup Q_2\cup\{q_0,q_f\},T_1\cup T_2,\delta,q_0,\{q_f\})$,其中 δ 定义如下:

(1) $\delta(q_0,\varepsilon)=\{q_1,q_2\}$

(2) 对于 $q\in Q_1-\{q_{f1}\}$,$a\in T_1\cup\{\varepsilon\}$,有

$$\delta(q,a)=\delta_1(q,a)$$

(3) 对于 $q\in Q_2-\{q_{f2}\}$,$a\in T_2\cup\{\varepsilon\}$,有

$$\delta(q,a)=\delta_2(q,a)$$

(4) $\delta(q_{f1},\varepsilon)=\delta(q_{f2},\varepsilon)=\{q_f\}$

M 的构造如图 3.7.2 所示。

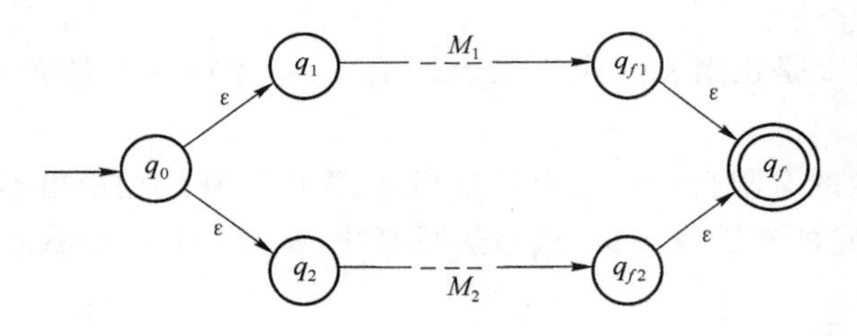

图 3.7.2 $R=R_1+R_2$

3. 当 $R=R_1R_2$ 时,设 M_1、M_2 与(2)中的相同,R 对应 M。构造 $M=(Q_1\cup Q_2,T_1\cup T_2,\delta,\{q_1\},\{q_{f2}\})$,其中 δ 定义如下:

(1) 对于 $q\in Q_1-\{q_{f1}\}$,$a\in T_1\cup\{\varepsilon\}$,有

$$\delta(q,a)=\delta_1(q,a)$$

(2) $\delta(q_{f1},\varepsilon)=\{q_2\}$

(3) 对于 $q\in Q_2$,$a\in T_2\cup\{\varepsilon\}$,有

$$\delta(q,a)=\delta_2(q,a)$$

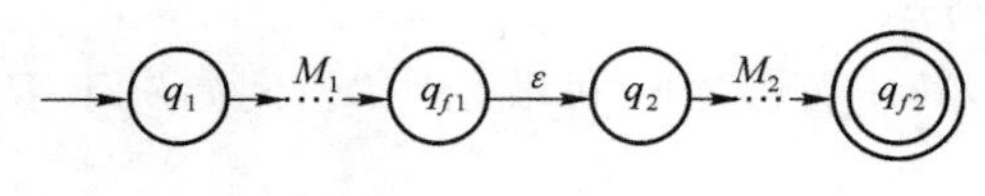

图 3.7.3 $R=R_1R_2$

M 的构造如图 3.7.3 所示。

4. 当 $R=R_1^*$ 时,设 $M_1=(Q_1,T_1,\delta_1,q_1,\{q_{f1}\})$,构造 $M=(Q_1\cup\{q_0,q_f\},T_1,\delta,$

$q_0,\{q_f\})$，其中 δ 定义如下：

(1) $\delta(q_0,\varepsilon)=\delta(q_{f1},\varepsilon)=\{q_1,q_f\}$；

(2) 对于 $q\in Q_1-\{q_{f1}\},a\in T_1\cup\{\varepsilon\}$，有

$$\delta(q,a)=\delta_1(q,a)$$

M 的构造如图 3.7.4 所示。

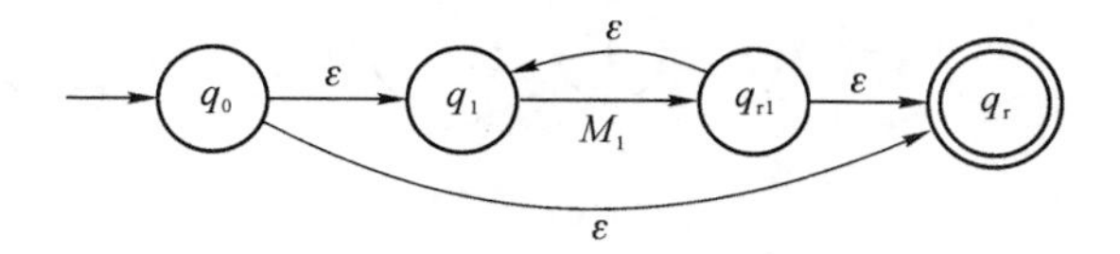

图 3.7.4　$R=R_1^*$

例 1　对于正则式 ab^*+b，构造出不确定的有限自动机。

ab^*+b 可表示为 R_1+R_2，其中 $R_1=ab^*$，$R_2=b$。首先找出容易构造的 $R_2=b$，如图 3.7.5(a)所示。

对 R_1 可表示为 R_3R_4，其中 $R_3=a$，$R_4=b^*$。对于 $R_3=a$，构造的 NFA 如图 3.7.5(b)所示。

对 R_4 可表示为 R_5^*，$R_5=b$，对于 R_5 构造 NFA 如图 3.7.5(c)所示。

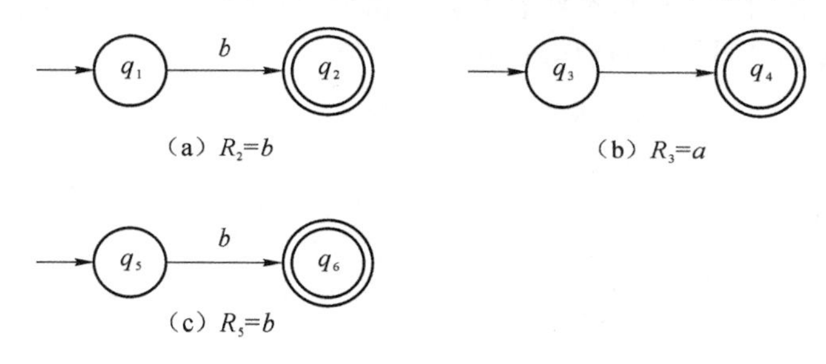

图 3.7.5　正则式及其对应的有限自动机

对于 $R_4=R_5^*$，构造 NFA，使用图 3.7.4 的结构，则有图 3.7.6(a)。

再对 $R_1=R_3R_4$，使用图 3.7.3 的结构，则有图 3.7.6(b)。

最后对 R_1+R_2，使用图 3.7.2 的结构，得图 3.7.6(c)，它是代表正则式 ab^*+b 的 NFA。

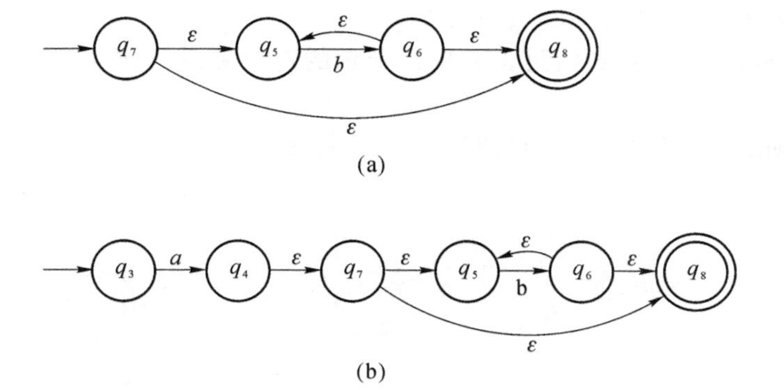

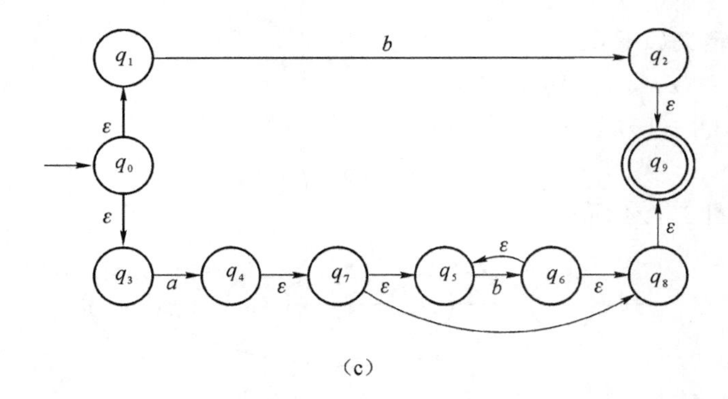

(c)

图 3.7.6　$ab^{*}+b$ 对应的有限自动机

定理 3.7.2　设 L 是被确定的有限自动机接受的语言,则 L 可用一个正则表达式表示。

以下讨论从确定的有限自动机构造等价的正则表达式的方法。

从 DFA 构造等价的正则表达式可采用状态消去法,其思路是:

(1) 扩展自动机的概念,允许正则表达式作为转移弧的标记。这样,就有可能在消去某一中间状态时,保证自动机能够接受的字符串集合保持不变。

(2) 在消去某一中间状态时,与其相关的转移弧也将同时消去,所造成的影响将通过修改从每一个前趋状态到每一个后继状态的转移弧标记来弥补。

图 3.7.7 说明了中间状态的消去过程。

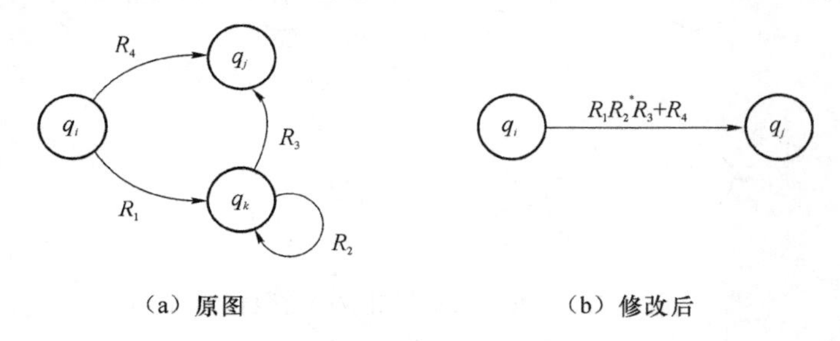

(a) 原图　　(b) 修改后

图 3.7.7　构造等价的自动机

下面介绍正则表达式的构造步骤:

(1) 对每一终结状态 q,依次消去除 q 和初态 q_0 之外的其他状态;

(2) 若 $q \neq q_0$,最终可得到一般形式(如图 3.7.8(a)所示)的状态自动机,该自动机对应的正则表达式可表示为$(R^{*}+SU^{*}T)^{*}SU^{*}$。

(3) 若 $q=q_0$,最终可得到如图 3.7.8(b)所示的自动机,它对应的正则表达式可以表示为 R^{*}。

最终的正则表达式为每一终结状态对应的正则表达式之和(并)。

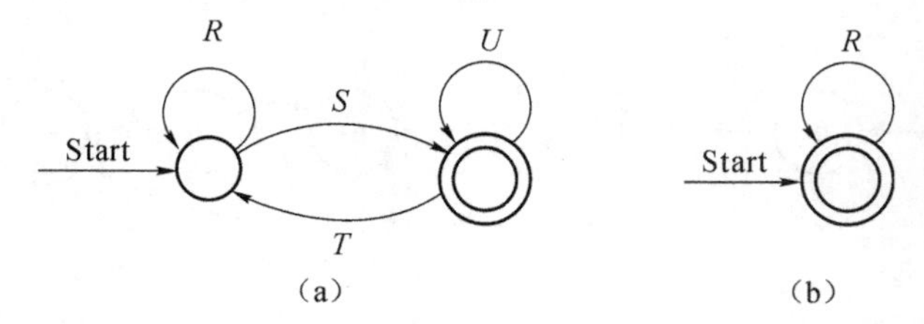

(a)　　(b)

图 3.7.8　正则表达式的构造

例 2　对于图3.7.9(a)所示的自动机构造其正则表达式。

解

对于终结状态 C 有图 3.7.9(b)；

对于终结状态 D 有图 3.7.9(c)；

故求得等价的正则表达式为：$(0+1)^*1(0+1)+(0+1)^*1(0+1)(0+1)$

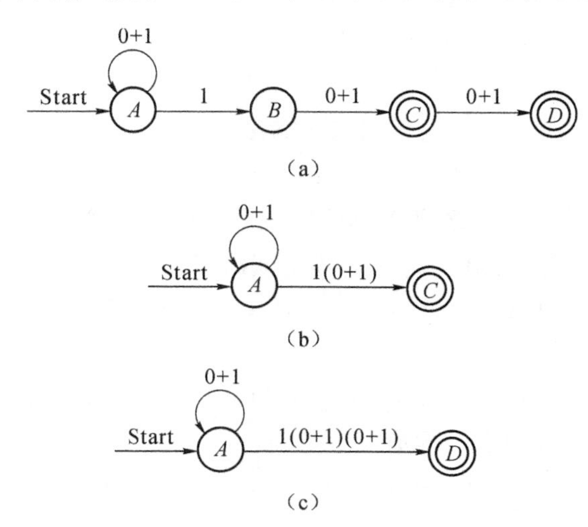

图 3.7.9　对自动机构造其正则表达式

3.8　右线性语言与有限自动机

现在转向讨论右线性文法产生的语言与有限自动机所接受的语言之间的关系。

定理 3.8.1　设右线性文法 $G=(N,T,P,S)$，产生的语言为 $L(G)$，则存在一个有限自动机 M 接受的语言 $L(M)=L(G)$。

在证明定理之前，需要用到这样一个结论：任何右线性文法，都可找到一个与其等价的，产生式形式为 $A\to aB$，$A\to a$ 的右线性文法（若该右线性文法能够产生空句子，则在文法中可包含形式为 $S\to\varepsilon$ 的产生式），其中 $A,B\in N$，S 为起始符，$a\in T$（读者可自行证明）。后续定理的证明，是基于这样的右线性文法。

证明　构造一个不确定的有限自动机 $M=(Q,T,\delta,q_0,F)$，其中

$Q=N\cup\{H\}$　H 为一个新状态，

$q_0=S$，

$$F=\begin{cases}\{H,S\} & \text{当 } S\to\varepsilon\in P\\ \{H\} & \text{否则}\end{cases}$$

δ 定义如下：对 $A,B\in N$，$a\in T$

当 $A\to aB\in P$，则有 $B\in\delta(A,a)$；

当 $A\to a\in P$，则有 $H\in\delta(A,a)$；

且 $\delta(H,a)=\varnothing$。

先证明由文法 G 产生的语言 $L(G)$,能被 NFA M 接受。

设 $\omega=a_1a_2\cdots a_n\in L(G)$ 且 $n\geqslant 1$,则有推导序列

$$S\Rightarrow a_1A_1\Rightarrow a_1a_2A_2\Rightarrow\cdots\Rightarrow a_1a_2\cdots a_{n-1}A_{n-1}\Rightarrow a_1a_2\cdots a_n$$

其中,$S,A_1,A_2,\cdots,A_{n-1}$ 为非终结符。

由 δ 定义,则有

$$A_1\in\delta(S,a_1),A_2\in\delta(A_1,a_2),\cdots,H\in\delta(A_{n-1},a_n)$$

且有

$$H\in\delta(S,\omega)$$

因为 $H\in F$,所以 ω 被 NFA M 接受,即 $\omega\in L(M)$。

如果 $\varepsilon\in L(G)$,表明 $S\rightarrow\varepsilon\in P$,则有 $S\in F$,因此 ε 也被NFA M接受。

再证明由 NFA M 接受的语言 $L(M)$,可由文法 G 产生。

设 $\omega=a_1a_2\cdots a_n$ 被 NFA M 接受,$\omega\in L(M)$,必存在状态序列 $S,A_1,A_2,\cdots,A_{n-1},H$。对 M 有转换函数为

$$A_1\in\delta(S,a_1),A_2\in\delta(A_1,a_2),\cdots,H\in\delta(A_{n-1},a_n)$$

对文法 G 的生成式集合 P,则相应含有

$$S\rightarrow a_1A_1,A_1\rightarrow a_2A_2,\cdots,A_{n-1}\rightarrow a_n$$

于是存在推导

$$S\Rightarrow a_1A_1\Rightarrow a_1a_2A_2\Rightarrow\cdots\Rightarrow a_1a_2\cdots a_{n-1}A_{n-1}\Rightarrow a_1a_2\cdots a_n$$

故 $a_1a_2\cdots a_n$ 是文法 G 生成的一个句子,即

$$a_1a_2\cdots a_n=\omega\in L(G)$$

如果 ε 被 NFA M 接受,必有 $S\rightarrow\varepsilon\in P$,所以有 $\varepsilon\in L(G)$。

由以上证明可以得出 $L(M)=L(G)$。

例 1 设有线性文法 $G=(N,T,P,S)$,其中

$$N=\{S,B\},$$
$$T=\{a,b\}$$

生成式 P 如下:

$$S\rightarrow aB,\quad B\rightarrow aB,$$
$$B\rightarrow bS,\quad B\rightarrow a$$

构造 NFA $M=(Q,T,\delta,q_0,F)$,其中

$$Q=\{S,A,B\},$$
$$F=\{A\},$$
$$q_0=S$$

δ 定义如下:

当 $S\rightarrow aB\in P$, 则有 $\delta(S,a)=\{B\}$;

当 $B\rightarrow aB,B\rightarrow a\in P$, 则有 $\delta(B,a)=\{A,B\}$;

当 $B\rightarrow bS\in P$, 则有 $\delta(B,b)=\{S\}$;

且 $\delta(A,a)=\delta(A,b)=\varnothing$。

图 3.8.1 是 NFA M 的状态转换图。

定理 3.8.2　设有限自动机 M 接受的语言为 $L(M)$，则存在右线性文法 G，它产生的语言 $L(G)=L(M)$。

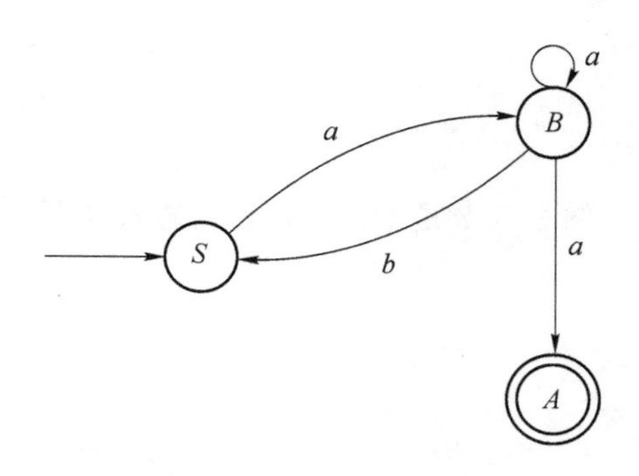

图 3.8.1　NFA M 的状态转换图

证明　设确定的有限自动机 $M=(Q,T,\delta,q_0,F)$。构造右线性文法 $G=(N,T,P,S)$，其中

$$N=Q,$$
$$S=q_0$$

生成式 P 如下：

当 $\delta(A,a)=B$，则有 $A\to aB\in P$；

当 $\delta(A,a)=B$ 且 $B\in F$，则有 $A\to a\in P$。

先证明被 DFA M 接受的语言能由文法 G 产生。

设 $\omega=a_1a_2\cdots a_n$ 且 $n\geqslant 1$ 是被 DFA M 接受的字符串，即 $\omega\in L(M)$，则存在状态序列 $q_0,q_1,q_2,\cdots,q_{n-1},q$ 且 $q\in F$，有转换函数为

$$q_1=\delta(q_0,a_1),q_2=\delta(q_1,a_2),\cdots,q=\delta(q_{n-1},a_n)$$

因此 G 中的生成式有

$$q_0\to a_1q_1,q_1\to a_2q_2,\cdots,q_{n-2}\to a_{n-1}q_{n-1},q_{n-1}\to a_n$$

于是有推导序列

$$q_0\Rightarrow a_1q_1\Rightarrow a_1a_2q_2\Rightarrow\cdots\Rightarrow a_1a_2\cdots a_{n-1}q_{n-1}\Rightarrow a_1a_2\cdots a_n$$

其中，$a_1a_2\cdots a_n$ 是文法 G 生成的一个句子，即 $\omega\in L(G)$。

再证明，由文法 G 产生语言的句子 $\omega\in L(G)$，能被 DFA M 接受。

由于 ω 是文法 G 所产生，必存在推导序列

$$q_0\Rightarrow a_1q_1\Rightarrow a_1a_2q_2\Rightarrow\cdots\Rightarrow a_1a_2\cdots a_{n-1}q_{n-1}\Rightarrow a_1a_2\cdots a_n$$

其中，$q_0,q_1,\cdots,q_{n-1}$ 为非终结符。对 DFA M 则有

$$q_1=\delta(q_0,a_1),q_2=\delta(q_1,a_2),\cdots,q=\delta(q_{n-1},a_n)$$

且有

$$q=\delta(q_0,\omega),\quad q\in F$$

所以 ω 被 DFA M 接受，即 $\omega\in L(M)$。

当 $\omega=\varepsilon$，如果 $q_0\in F$，则有 $\varepsilon\in L(M)$，此时 $L(G)=L(M)-\{\varepsilon\}$，能得到一个右线性文法 G'，满足 $L(G')=L(G)\cup\{\varepsilon\}=L(M)$。

如果 $q_0\notin F$，则 $\varepsilon\notin L(M)$，因此 $L(G)=L(M)$。

例 2　设 DFA $M=(Q,T,\delta,q_0,F)$，其中

$$Q=\{q_0,q_1,q_2,q_3\},$$
$$T=\{a,b\},$$
$$F=\{q_3\}$$

δ 定义如下：

$$\delta(q_0,a)=q_1,\qquad \delta(q_0,b)=q_2,$$
$$\delta(q_1,a)=q_3,\qquad \delta(q_1,b)=q_1,$$
$$\delta(q_2,a)=q_2,\qquad \delta(q_2,b)=q_3,$$
$$\delta(q_3,a)=\varnothing,\qquad \delta(q_3,b)=q_1$$

图 3.8.2 是 DFA M 的状态转换图。

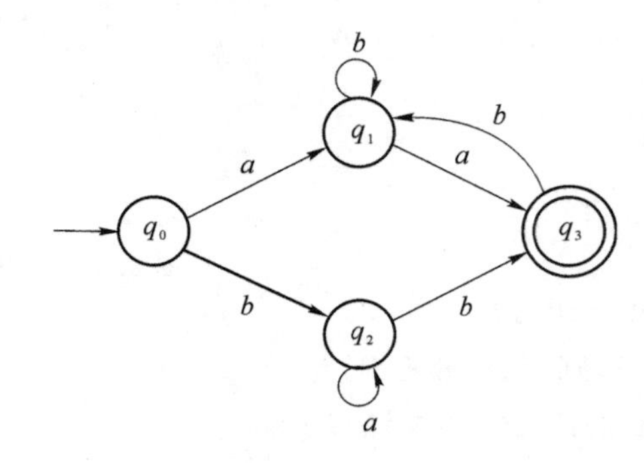

图 3.8.2 DFA M 的状态转换图

构造右线性文法 $G=(N,T,P,S)$,其中

$$N=\{q_0,q_1,q_2,q_3\},$$
$$S=q_0$$

生成式 P 如下:

因为 $\delta(q_0,a)=q_1$, 则有 $q_0\to aq_1\in P$;

因为 $\delta(q_0,b)=q_2$, 则有 $q_0\to bq_2\in P$;

因为 $\delta(q_1,a)=q_3$ 且 $q_3\in F$,则有 $q_1\to a\in P,q_1\to aq_3\in P$;

因为 $\delta(q_1,b)=q_1$, 则有 $q_1\to bq_1\in P$;

因为 $\delta(q_2,a)=q_2$, 则有 $q_2\to aq_2\in P$;

因为 $\delta(q_2,b)=q_3$ 且 $q_3\in F$,则有 $q_2\to b\in P,q_2\to bq_3\in P$;

因为 $\delta(q_3,b)=q_1$, 则有 $q_3\to bq_1\in P$。

再将文法 G 的生成式,写成联立方程式为

$$q_0=aq_1+bq_2$$
$$q_1=bq_1+aq_3+a$$
$$q_2=aq_2+bq_3+b$$
$$q_3=bq_1$$

求解联立方程,得正则式为

$$q_1=(b+ab)^*a$$
$$q_2=a^*bb(b+ab)^*a+a^*b$$

最后有

$$q_0=a(b+ab)^*a+b(a^*bb(b+ab)^*a+a^*b)$$

其中,$q_0=S$,表示 DFA M 接受的语言和文法 G 产生的语言是相同的。

至此,已证明了正则文法、有限自动机和正则表达式是 3 个等价的计算模型。还可证

明，右线性文法与左线性文法也是等价的。因此，下述命题是等价的：

(1) 语言 L 由右线性文法生成。

(2) 语言 L 由左线性文法生成。

(3) 语言 L 被 DFA 接受。

(4) 语言 L 被 NFA 接受。

(5) 语言 L 可以用正则表达式表示。

3.9　右线性语言的性质

右线性语言的性质有：有限自动机的化简，泵浦引理和右线性语言对并、交、补、连接、闭包等运算的封闭性。这些都是常用而重要的性质。

3.9.1　确定的有限自动机的化简

确定的有限自动机 M 的化简是找出一个状态数比 M 少的 DFA M_1，满足 $L(M)=L(M_1)$，通常将此称为确定的有限自动机的最小化。为便于以后讨论，首先定义状态之间等价和可区分的概念。

定义 3.9.1　设有限自动机 $M=\{Q,T,\delta,q_0,F\}$，对不同的状态 $q_1,q_2\in Q$，和每个 $\omega\in T^*$，如果有

$$(q_1,\omega)\overset{*}{\vdash}(q,\varepsilon)$$

和

$$(q_2,\omega)\overset{*}{\vdash}(q,\varepsilon)$$

且 $q\in F$，则称 q_1 和 q_2 是等价的，记为 $q_1\equiv q_2$。

如果 q_1 和 q_2 不是等价的，则称 q_1 和 q_2 是可区分的。

如果不存在任何 $\omega\in T^*$，使

$$(q_0,\omega)\overset{*}{\vdash}(q,\varepsilon)$$

称状态 $q\in Q$ 是不可达状态。

由定义可知，如果有限自动机 M，不存在不可达状态和没有互为等价状态，则这个有限自动机便是最小化的，或者说是经过化简的。

一个 DFA M 的最小化，是把 M 的状态集 Q 构成一个划分，即任何两个子集(两个划分块)的状态都是可区分的，同一子集(即同一划分块)中的任何两个状态都是等价的。最后每一个子集代表一个状态，并取一个状态名。构成划分的步骤如下：

(1) 将 M 的状态集 Q，按终止状态和非终止状态，构成含有两个子集的划分，表示为

$$\sqcap=\{\pi,\pi'\}$$

称$\sqcap$为基本划分。显然，属于不同子集的状态是可区分的。

(2) 将基本划分再不断细分，可得划分为

$$\sqcap'=\{\pi^1,\pi^2,\pi^3,\cdots,\pi^n\}$$

每次得到一个新的划分,便检查每个 $\pi^i \in \sqcap'$ 能否再细分。设某个 $\pi^i = \{q_1, q_2, \cdots, q_m\}$,当输入一个字符 a 时,如果到达的状态包含在两个不同的子集中,则将 π^i 细分为两个子集。

例如 $q_1, q_2 \in \pi^i$,经标 a 的边分别到达状态 r_1, r_2,且 r_1, r_2 属于两个不同的子集,则将 π^i 分为两个子集,一个子集含有 q_1,是

$$\pi^{i1} = \{q \mid q \in \pi^i \text{ 且经标 } a \text{ 的边到达 } r_1\}$$

另一子集含 q_2,是

$$\pi^{i2} = \pi^i - \pi^{i1}$$

由于 r_1, r_2 是可区分的,可知 π^{i1} 中的状态和 π^{i2} 中的状态是可区分的。至此又形成了新的划分 $\sqcap''$。

重复步骤(2),直至划分不可再细分为止。这样划分的每个子集中的状态是互相等价的,而不同子集中的状态则是可区分的。

经过以上简化之后的 DFA M_1 和原来的 DFA M 是等价的,即 $L(M_1) = L(M)$。

如 M_1 中存在有不可达状态,则将其删除,M_1 便是最小化的。

例 1 将图 3.9.1 所示的 DFA M 化简。

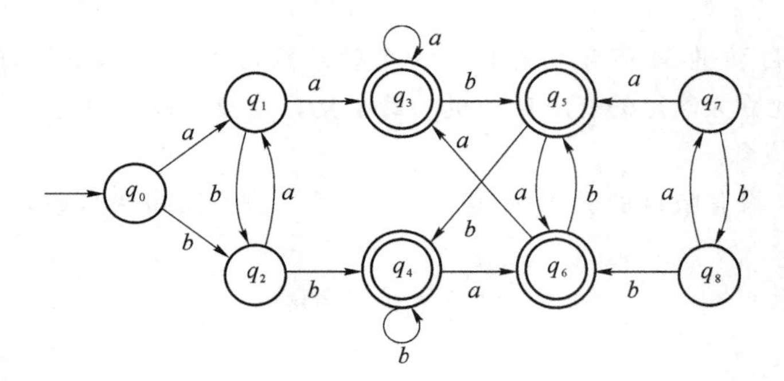

图 3.9.1 DFA M

由图可见,q_7 和 q_8 是不可达状态,可以删除,余下的状态构成状态集 $\{q_0, q_1, q_2, q_3, q_4, q_5, q_6\}$,对该状态集划分为终止状态集 π^1 和非终止状态集 π^2,而

$$\pi^1 = \{q_3, q_4, q_5, q_6\}$$
$$\pi^2 = \{q_0, q_1, q_2\}$$

则有划分

$$\sqcap = \{\pi^1, \pi^2\}$$

对 $\pi^1 = \{q_3, q_4, q_5, q_6\}$ 经标 a 的边可达集是 $\{q_3, q_6\}$,经标 b 的边可达集是 $\{q_4, q_5\}$,可得 $\{q_3, q_6\} \subset \pi^1$,同理得 $\{q_4, q_5\} \subset \pi^1$,因此 π^1 不能再细分。

对 $\pi^2 = \{q_0, q_1, q_2\}$ 经标 a 的边,可达集是 $\{q_1, q_3\}$,由于 q_1, q_3 分别属于 π^1 和 π^2,故将 π^2 细分为 $\pi^{21} = \{q_0, q_2\}$ 和 $\pi^{22} = \{q_1\}$。

又因 $\pi^{21} = \{q_0, q_2\}$ 经标 b 的边,可达集是 $\{q_2, q_4\}$,q_2, q_4 分别属于 π^{21} 和 π^1,再将 π^{21} 细分为 $\{q_0\}$,$\{q_2\}$。这样,最后得划分

$$\sqcap' = \{\{q_0\}, \{q_1\}, \{q_2\}, \{q_3, q_4, q_5, q_6\}\}$$

其中,$\{q_3, q_4, q_5, q_6\}$ 用 q_3 表示,可得化简了的 M_1,如图 3.9.2 所示。

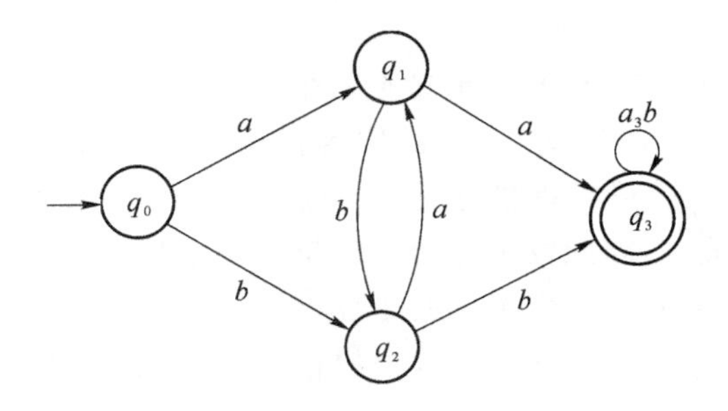

图 3.9.2　化简了的 DFA M_1

计算状态集划分的算法——填表法

有一个简单的方法，通过计算等价类可以找到自动机的最少状态。

给不等价状态对作标记的算法可递归地定义如下，算法实际上标出了所有的不等价状态对。

填表算法是基于如下步骤递归地标记可区分的状态对：

- 基础　如果 p 为终结状态，而 q 为非终结状态，则 p 和 q 标记为可区分的；
- 归纳　设 p 和 q 已标记为可区分的，如果状态 r 和 s 通过某个输入符号 a 可分别转移到 p 和 q，即 $\delta(r,a)=p$，$\delta(s,a)=q$，则 r 和 s 也标记为可区分的。

通过一步步地弄清一个例子来解释这个算法。

例 2　设 M 是图 3.9.3 所示的有限自动机。在图 3.9.4 中，我们构造了一张表格，对每一对状态，有一个格子与之对应。每当发现一对状态不能等价时，就放一个 X 到相应的格子中。开始时，如果一对状态中，一个是终结状态，而另一个是非终结状态，则它们显然不等价，我们就在相应的格子中放上 X。在本例中，我们把 X 放在下列格子中：(a,c)，(b,c)，(c,d)，(c,e)，(c,f)，(c,g)，(c,h)。

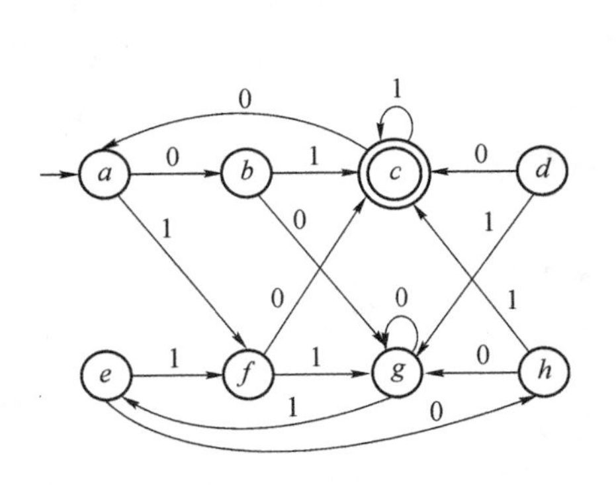

图 3.9.3　有限自动机

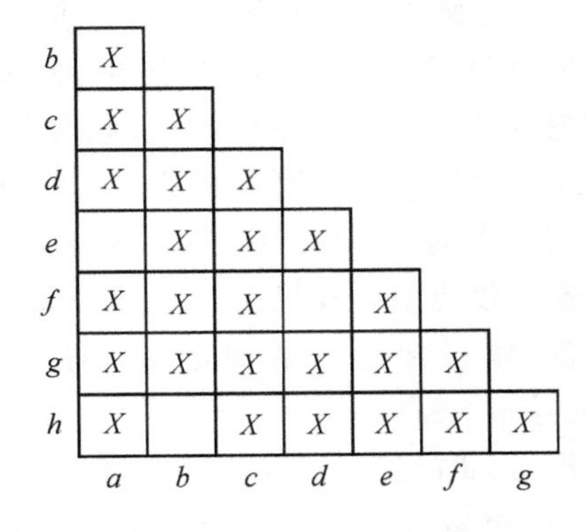

	a	b	c	d	e	f	g
b	X						
c	X	X					
d	X	X	X				
e		X	X	X			
f	X	X	X		X		
g	X	X	X	X	X	X	
h	X		X	X	X	X	X

图 3.9.4　等价状态的计算

其次，对于每一对状态 p 和 q，假定还不知道它们是否可区分，这时，对每一个输入符号，考虑状态对 $r=\delta(p,a)$ 和 $s=\delta(q,a)$。如果通过输入某个字符串 x，已经证实状态 r 和 s 是可区分的，那么通过字符串 ax，p 和 q 也是可区分的。因此，如果在表中，格子 (r,s) 有 X，那么 X 也可以放入格子 (p,q) 中。如果格子 (r,s) 还没有 X，那么将状态对 (p,q) 放入 (r,s) 格子的相关表中。如果在将来某个时刻，(r,s) 格子获得一个 X，那么在 (r,s) 格的相关表中的每个状态对也将得到一个 X。

继续考虑我们的例子。在格子(a,b)中放一个X,因为格子$(\delta(b,1),\delta(a,1))=(c,f)$已经有一个 X。类似地,格子(a,d)有一个 X,因为格子$(\delta(a,0),\delta(d,0))=(b,c)$有一个 X。对输入 0,考虑格子(a,e),这导致将状态对(a,e)放入(b,h)的相关表中。可以看到,在输入 1 上,a 和 e 进入同一状态 f,因此以 1 开始的字符串不能区分 a 和 e。由于 0 输入,状态对(a,g)被置入(b,g)的相关表中。当考虑格子(b,g)时,由于 1 输入,它获得一个 X,因此状态对(a,g)也获得一个 X,因为(a,g)在(b,g)的相关表中,字符串 01 区分开了 a 和 g。

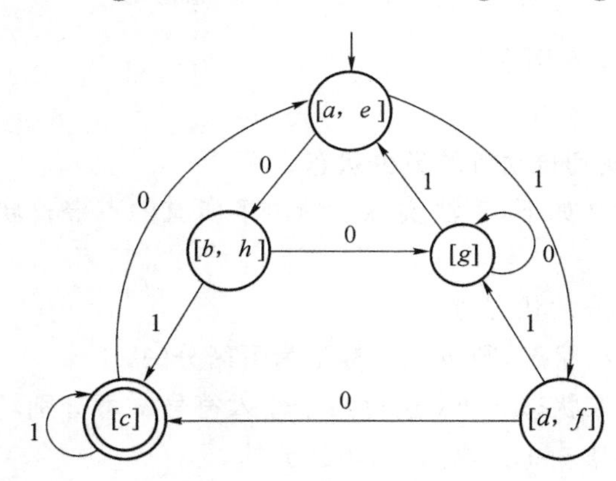

图 3.9.5 最少状态有限自动机

当图 3.9.4 中的表完成之时,我们得出,等价的状态是 $a\equiv e$,$b\equiv h$ 和 $d\equiv f$。根据该结果计算当前状态集合的划分块,每一划分块中的状态相互之间等价,而不同划分块中的状态之间都是可区分的。包含状态 q 的划分块用$[q]$表示。可得到新的状态集合为$\{[a],[b],[d],[e],[g]\}$。

构造与 M 等价的有限自动机 $M_1=(Q_1,T,\delta_1,[q_0],F_1)$,其中 $Q_1=\{[q]\mid q\in Q\}$,$F_1=\{[q]\mid q\in F\}$,$\delta_1([q],a)=[\delta(q,a)]$。最少状态有限自动机如图 3.9.5 所示。

注意:在本例中,如图 3.9.3 所示,d 是不可达状态,在构造表格之前,可将 d 状态删除。

3.9.2 泵浦引理

泵浦引理给出了正则集的一个重要性质,利用它可以证明某个语言不是正则集。它表明,当给出一个正则集和该集合上一个足够长的字符串时,在该字符串中能找出一个非空的子串,并使子串重复,从而组成新的字符串,也必在同一个正则集内。下面的定理即为泵浦引理。

定理 3.9.1 设 L 是正则集,存在常数 k,对字符串$\omega\in L$且$|\omega|\geqslant k$,则 ω 可写成$\omega_1\omega_0\omega_2$,其中$0<|\omega_0|$,$|\omega_1\omega_0|\leqslant k$,并对所有 $i\geqslant 0$ 有 $\omega_1\omega_0^i\omega_2\in L$。

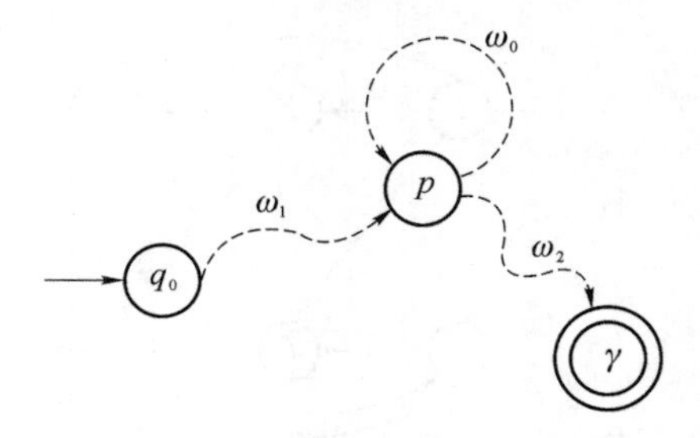

图 3.9.6 泵浦引理示意图

证明 设有限自动机 $M=(Q,T,\delta,q_0,F)$,Q 中有 n 个状态,M 可接受的语言是 L。对字符串 $\omega\in L$,$|\omega|\geqslant n$ 且 $n=k$。

分析由 M 接受字符串 ω 时的格局序列,它至少包含有 $n+1$ 个格局。但状态数为 n。这样,在前 $n+1$ 个格局当中,必存在两个相同的状态,如图 3.9.6 所示。因此可以写出如下的格局序列:

$(q_0,\omega_1\omega_0\omega_2)\overset{*}{\vdash}(p,\omega_0\omega_2)\overset{m}{\vdash}(p,\omega_2)\overset{n}{\vdash}(r,\varepsilon)$对于某个 p,有 $0<m\leqslant n$,满足$0<|\omega_0|$,$|\omega_1\omega_0|\leqslant n$。

与此同时,必有以下格局序列成立,即

$$
\begin{aligned}
(q_0, \omega_1\omega_0^i\omega_2) &\overset{*}{\vdash} (p, \omega_0^i\omega_2) \\
&\overset{+}{\vdash} (p, \omega_0^{i-1}\omega_2) \\
&\overset{+}{\vdash} (p, \omega_0^{i-2}\omega_2) \\
&\quad\vdots \\
&\overset{+}{\vdash} (p, \omega_0\omega_2) \\
&\overset{+}{\vdash} (p, \omega_2) \\
&\overset{*}{\vdash} (r, \varepsilon)
\end{aligned}
$$

其中，$i \geqslant 0$。因为 $\omega=\omega_1\omega_0\omega_2 \in L$，所以也有 $\omega_1\omega_0^i\omega_2 \in L$。

例 3　集合 $L=\{a^nb^n \mid n \geqslant 1\}$不是正则集。

假设 L 是正则集，对足够大的 n，则 a^nb^n 可写成 $\omega_1\omega_0\omega_2$，其中 $0<|\omega_0|$，$|\omega_1\omega_0| \leqslant n$，$|\omega|=2n>n$。$\omega_0$ 中不可能含 b^+，否则不满足 $0<|\omega_1\omega_0| \leqslant n$。$\omega_0$ 只可能取 a^+，设 $|\omega_0|=k \geqslant 1$，k 为常数，取 $i=0$，有 $\omega_1\omega_0^0\omega_2=\omega_1\omega_2=a^{n-k}b^n$，此时，$a$，$b$ 字符个数不同，即新组成的串 $\omega_1\omega_2 \notin L$。与假设矛盾，故 L 不是正则集。

例 4　集合 $L=\{a^{i^2} \mid i \geqslant 1\text{的整数}\}$，$L$ 包括由 a 组成的字符串，其长度为 i 的平方，证明 L 不是正则集。

证明　假设 L 是正则集，且令 k 是定理 3.9.1 中所规定的常数，对 $\omega \in L$，$\omega=a^{k^2}$，按泵浦引理 a^{k^2} 可写成 $\omega_1\omega_0\omega_2$，其中 $0<|\omega_0|$，$|\omega_1\omega_0| \leqslant k$，且有 $\omega_1\omega_0^i\omega_2 \in L$。

当 $i=2$，$k^2<|\omega_1\omega_0^2\omega_2| \leqslant k^2+k<(k+1)^2$，这表明 $\omega_1\omega_0^2\omega_2$ 的长度介于 k^2 和$(k+1)^2$ 之间，因而不是平方关系，故 $\omega_1\omega_0^i\omega_2 \notin L$，与假设矛盾，证明 L 不是正则集。

需要指出的是，满足泵浦引理只是正则集的必要条件，而不是充分条件，即正则集一定满足泵浦引理，而满足泵浦引理并不一定就是正则集。换言之，只能用泵浦引理来证明一个集合“不是”正则集，而不能用来证明它“是”正则集。

在前面的例子中，很容易找到字符串 ω，因为 L 中任何长度为 k 或大于 k 的字符串都可以。但在下面的例子中，ω 的某些选择是行不通的，需要仔细选取。

例 5　利用泵浦引理证明 $L=\{\omega \mid \omega$ 中 0 的个数和 1 的个数相同$\}$不是正则集。

证明　采用反证法。

假设 L 是正则的。令 k 是由泵浦引理给出的泵长度。和例 3 一样，取 ω 为字符串 0^k1^k。由于 ω 是 L 的一个成员且长度大于 k，按照泵浦引理，ω 可写成 $\omega=\omega_1\omega_0\omega_2$，使得对于任意的 $i>0$，字符串 $\omega_1\omega_0^i\omega_2 \in L$。我们想证明这个结果是不可能的，然而，这却是可能的：如果令 ω_1 和 ω_2 是空串，ω_0 是字符串 0^m1^m（$m<k$），则 $\omega_1\omega_0^i\omega_2$ 中 0 和 1 的个数总是相等的，从而 $\omega_1\omega_0^i\omega_2 \in L$。推不出矛盾。

此时，必须用到泵浦引理中的条件$|\omega_1\omega_0| \leqslant k$。这样限制 ω 的划分方式，使我们能够比较容易地证明所选取的字符串 $\omega=0^k1^k$ 是不可能被抽取（pump）的。因为$|\omega_1\omega_0| \leqslant k$，故 ω_0 只能由 0 组成，从而当 $i>1$ 时，$\omega_1\omega_0^i\omega_2 \notin L$（0 的个数大于 1 的个数）。这就推出了矛盾。

字符串 ω 的选取需要小心。在本例中，如果改为选择 $\omega=(01)^k$，就无法推出矛盾了。

例 6　利用泵浦引理证明 $L=\{0^i1^j \mid i>j\}$不是正则集。

证明　采用反证法。

假设 L 是正则的，设 k 是泵浦引理给出的关于 L 的泵长度。令 $\omega=0^{k+1}1^k$。于是 ω 能够被划分成 $\omega_1\omega_0\omega_2$，且满足泵浦引理的条件。根据条件$|\omega_1\omega_0| \leqslant k$，$\omega_0$ 仅包含 0。检查字符

串 $\omega_1\omega_0\omega_0\omega_2$,发现增加 0 的数目仍给出了满足 L 的字符串,没有发现矛盾。因此需要试试别的办法。

泵浦引理指出,当 $i=0$ 时也有 $\omega_1\omega_0^i\omega_2\in L$,因此可以考虑字符串 $\omega_1\omega_0^0\omega_2=\omega_1\omega_2$。删去 ω_0 使 0 的数目减少,而在 ω 中 0 只比 1 多一个。因此,$\omega_1\omega_2$ 中的 0 不可能比 1 多,从而它不可能是 L 的一个成员。于是得到矛盾。故 $L=\{0^i1^j\mid i>j\}$不是正则集。

3.9.3 右线性语言的封闭性

在 3.6 节中讨论了右线性语言恰好是正则集,对右线性语言 L_1,L_2 进行并、积和闭包运算的结果仍是右线性语言,在那里,对这些问题是从文法产生的角度进行证明的。

现在证明右线性语言在并、交、补、连接和闭包等运算下的封闭性,采用有限自动机所接受的语言进行证明。

设 L_1 和 L_2 是右线性语言,则

1. 证明 $L_1\cup L_2$ 为右线性语言

设 L_1 和 L_2 分别为有限自动机 M_1 和 M_2 所接受的语言,$M_1=(Q_1,T,\delta_1,q_1,F_1)$,$M_2=(Q_2,T,\delta_2,q_2,F_2)$,且 $Q_1\cap Q_2=\varnothing$。

构造 NFA $M=(Q,T,\delta,q_0,F)$,其中

$$Q=Q_1\cup Q_2\cup\{q_0\}\qquad q_0\text{ 是一个新状态,}$$

$$F=\begin{cases}F_1\cup F_2 & \text{当 }\varepsilon\notin L_1\text{ 和 }\varepsilon\notin L_2\\ F_1\cup F_2\cup\{q_0\} & \text{当 }\varepsilon\in L_1\text{ 或 }\varepsilon\in L_2\end{cases}$$

δ 的定义如下:对任意 $a\in T$,有

$$\delta(q_0,a)=\delta_1(q_1,a)\text{ 或 }\delta(q_0,a)=\delta_2(q_2,a)$$

如果 $q\in Q_1$,则 $\delta(q,a)=\delta_1(q,a)$,如果 $q\in Q_2$,则 $\delta(q,a)=\delta_2(q,a)$。

因此,M 既可按 M_1 工作,又可按 M_2 工作,如图 3.9.7 所示。M 按 M_1 工作,可得出 $(q_0,\omega)\overset{k}{\underset{M}{\vdash}}(q,\varepsilon)$等价于$(q_1,\omega)\overset{k}{\underset{M_1}{\vdash}}(q,\varepsilon)$,其中 $q\in Q_1$,$k\geqslant1$。M 按 M_2 工作,可得出$(q_0,\omega)\overset{k}{\underset{M}{\vdash}}(q,\varepsilon)$等价于$(q_2,\omega)\overset{k}{\underset{M_2}{\vdash}}(q,\varepsilon)$,其中 $q\in Q_2$,$k\geqslant1$。

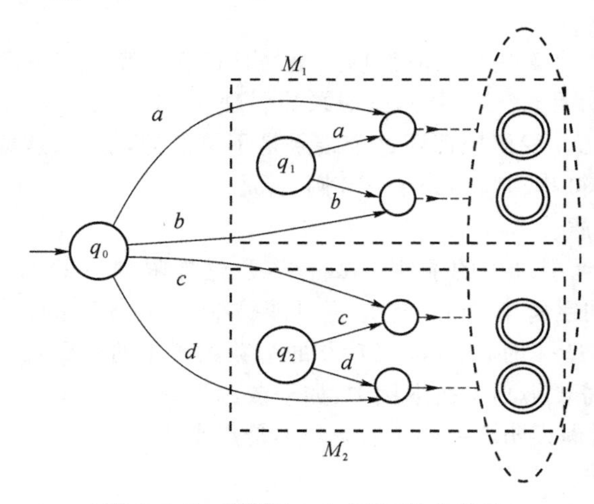

图 3.9.7 识别 $L=L_1\cup L_2$ 的自动机

根据 F 的定义，如上述 $q \in Q_1$，又有 $q \in F_1$，必有 $q \in F$。同样，$q \in Q_2$，又有 $q \in F_2$，必有 $q \in F$。

因此，可得出 M 可接受的语言 $L(M)=L_1 \cup L_2$ 为右线性语言。

2. 证明 L_1L_2 为右线性语言

设 L_1 和 L_2 分别为有限自动机 M_1 和 M_2 所接受的语言，$M_1=(Q_1, T, \delta_1, q_1, F_1)$，$M_2=(Q_2, T, \delta_2, q_2, F_2)$，且 $Q_1 \cap Q_2=\varnothing$。

构造 NFA $M=(Q, T, \delta, q_0, F)$，其中

$$Q = Q_1 \cup Q_2,$$

$$q_0 = q_1,$$

$$F=\begin{cases} F_2 & 当\ q_2 \notin F_2 \\ F_1 \cup F_2 & 当\ q_2 \in F_2 \end{cases}$$

δ 的定义如下：对任意 $a \in T$

当 $q \in Q_1 - F_1$，有 $\delta(q,a)=\delta_1(q,a)$；

当 $q \in F_1$，有 $\delta(q,a)=\delta_1(q,a) \cup \delta_2(q_2,a)$；

当 $q \in Q_2$，有 $\delta(q,a)=\delta_2(q,a)$。

M 的动作是先按 M_1 工作，如果到达 M_1 的终止状态，由 δ 的定义可知，这时 M 是处于 M_2 的初始状态，接下去按 M_2 工作。M 的工作方式如图 3.9.8 所示。

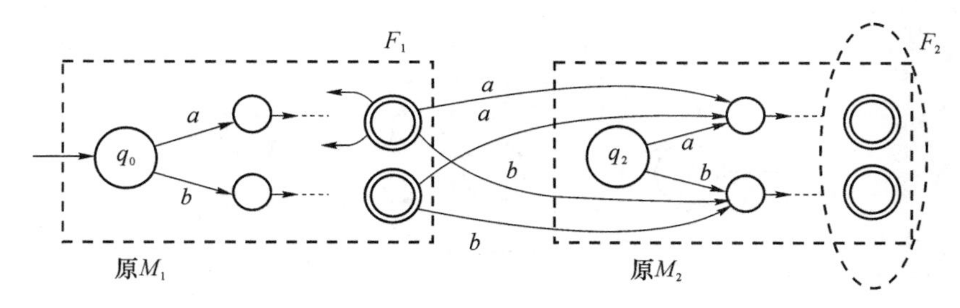

图 3.9.8　识别 $L=L_1L_2$ 的自动机

设 $\omega=\omega_1\omega_2 \in L_1L_2$，且 $\omega_1 \in L_1$，$\omega_2 \in L_2$。首先按 M_1 工作，由

$$\delta(q,a) = \delta_1(q,a)$$

则有

$$(q_1, \omega_1\omega_2) \overset{*}{\underset{M}{\vdash}} (q, \omega_2)$$

其中，$q \in F_1$。再由

$$\delta(q,a) = \delta_1(q,a) \cup \delta_2(q_2,a)$$

此时 M 进入 M_2 的初始状态，接下去按 M_2 工作，根据

$$\delta(q,a) = \delta_2(q,a)$$

则有

$$(q, \omega_2) \overset{*}{\underset{M}{\vdash}} (p, \varepsilon)$$

其中，$p \in F_2$。

可见，$\omega=\omega_1\omega_2$ 属于 M 所接受的语言 $L(M)$，即 $\omega \in L(M)$，因此有 $L_1L_2 \subseteq L(M)$。

反之，如果 $\omega \in L(M)$，则有 $(q_1, \omega) \overset{*}{\underset{M}{\vdash}} (q, \varepsilon)$，其中 $q \in F$。需分析 $q \in F_1$ 和 $q \in F_2$ 两种

情况,即

- 当 $q\in F_2$ 时,对某个 $a\in T$,可写出 $\omega=\omega_1a\omega_2$,使

$$(q_1,\omega_1a\omega_2)\ \overset{*}{\underset{M}{\vdash}}(p,a\omega_2)\ \underset{M}{\vdash}(r,\omega_2)\ \overset{*}{\underset{M}{\vdash}}(q,\varepsilon)$$

其中,$p\in F_1$,$r\in Q_2$ 及 $r\in\delta_2(q_2,a)$,则有 $\omega_1\in L_1$,$a\omega_2\in L_2$,即 $\omega\in L_1L_2$;

- 当 $q\in F_1$ 时,则 $q_2\in F_2$,且 $\varepsilon\in L_2$,所以有 $\omega\in L_1L_2$。

因此又得出 $L(M)\subseteq L_1L_2$,最后有 $L(M)=L_1L_2$。

3. 证明 L^* 是右线性语言

设 L 是有限自动机 M_1 接受的语言,$M_1=(Q_1,T,\delta_1,q_1,F_1)$。

构造 NFA $M=(Q,T,\delta,q_0,F)$,其中

$$Q=Q_1\cup\{q_0\}\qquad q_0\ 是一个新状态,$$
$$F=F_1\cup\{q_0\}$$

δ 定义如下:

- 如果 $q\in Q_1-F_1$ 和 $a\in T$,有 $\delta(q,a)=\delta_1(q,a)$;
- 如果 $q\in F_1$ 和 $a\in T$,有 $\delta(q,a)=\delta_1(q,a)\cup\delta_1(q_1,a)$;
- 对于 $a\in T$,有 $\delta(q_0,a)=\delta_1(q_1,a)$。

当 M 进入 M_1 的终止状态时,存在两种出路:一是继续模拟 M_1 的动作;二是重新从初始状态开始模拟 M_1 的动作,如图3.9.9所示。

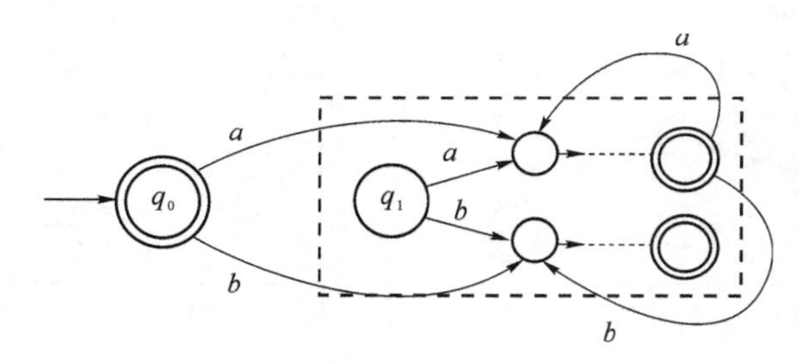

图 3.9.9 识别 L_1^* 的自动机

以下证明 $L(M)=L^*$。

首先证明 $L^*\subseteq L(M)$。

假设 $\omega\in L^*$,当 $\omega=\varepsilon$ 时,由于 q_0 是一个终止状态,所以 M 接受 ε,即 $\varepsilon\in L(M)$。

当 $\omega=\omega_1\omega_2\cdots\omega_i\cdots\omega_n$ 时,对任意 $i(1\leqslant i\leqslant n)$,$\omega_i\in L$ 且 $\omega_i\neq\varepsilon$,则可推出 $\delta_1'(q_1,\omega_i)\in F_1$。由定义可知 $\delta'(q_0,\omega_i)=\delta_1'(q_1,\omega_i)$都含某个 p_i,$p_i\in F_1$。

又由定义,$\delta(p_i,a)=\delta_1(p_i,a)\cup\delta_1(q_1,a)$可得 $\delta(p_i,\omega_{i+1})=\delta_1'(q_1,\omega_{i+1})\in F_1$,因此,

$$\begin{aligned}\delta'(q_0,\omega)&=\delta'(q_0,\omega_1\omega_2\omega_i\cdots\omega_n)=\delta'(p_1,\omega_2\omega_3\omega_i\cdots\omega_n)\\&=\delta'(p_2\omega_3\omega_4\omega_i\cdots\omega_n)\\&=\delta'(p_{n-1},\omega_n)=p_n\in F_1\end{aligned}$$

所以 $\delta'(q_0,\omega)\in F$,即 $\omega\in L(M)$,因此有 $L^*\subseteq L(M)$。

接着证明 $L(M)\subseteq L^*$。

假设 $\omega\in L(M)$,当 $\omega=\varepsilon$ 时,可知 $\omega\in L^*$,得证。当 $\omega\neq\varepsilon$ 时,设 $\omega=\omega_1\omega_2\cdots\omega_n\in L(M)$,则有某个状态的序列 $p_1,p_2,\cdots,p_n$,使得 $\delta'(q_0,\omega_1)$ 含有 p_1,$\delta'(p_1,\omega_2)$ 含有 p_2,$\cdots$,$\delta'(p_{n-1},$

ω_n)含有 p_n,且 $p_n \in F_1$。于是,对每个 i ($1 \leqslant i \leqslant n$),$\delta'(p_i, \omega_{i+1})$在 F_1 中,或者 $\delta'(p_i, \omega_{i+1})$不在 F_1 中。若 $\delta'(p_i, \omega_{i+1}) \in F_1$,则 $\delta'(p_{i+1}, \omega_{i+2}) = \delta_1'(q_1, \omega_{i+2})$ 。因而,可将 ω 写成 $\omega = \omega_1' \omega_2' \cdots \omega_n'$,使 $\delta_1'(q_1, \omega_i)$在 F_1 中,从而有 $\omega_i \in L$,且 $\omega \in L^*$。

因此 $L(M) \subseteq L^*$。

综上 $L(M) = L^*$。

4. 证明 $\overline{L}$ 为右线性语言

$\overline{L}$ 是对语言 L 求补的结果,L 是字母表 T_1 上的语言,且 $T_1 \subseteq T$,那么求语言 L 的补,应是在 T 上进行,即 $\overline{L} = T^* - L$。

设 L 是确定的有限自动机 $M_1 = (Q_1, T_1, \delta_1, q_1, F_1)$接受的语言。

构造接受 $\overline{L}$ 的有限自动机 $M = (Q, T, \delta, q_0, F)$,其中

$$Q = Q_1 \cup \{r\} \quad r \text{ 是一个新状态},$$
$$T \supseteq T_1,$$
$$q_0 = q_1,$$
$$F = (Q_1 - F_1) \cup \{r\}$$

δ 定义如下:

- 对任意 $q \in Q_1$:当 $a \in T_1$,则有 $\delta(q,a) = \delta_1(q,a)$;若 $\delta_1(q,a) = \varnothing$,则 $\delta(q,a) = r$;当 $a \in T - T_1$,则有 $\delta(q,a) = r$;
- 对任意 $a \in T$,有 $\delta(r,a) = r$。

显然,M 的终止状态是 M_1 的非终止状态,外加一个状态 r,而 M_1 的终止状态是 M 的非终止状态。这表示 M_1 接受的语言 L,并不被 M 接受,而 M 接受的语言则是 $T^* - L$。

例 7　设 DFA $M_1 = (\{q_0, q_1, q_2, q_3\}, \{a, b\}, \delta_1, q_0, \{q_3\})$,图 3.9.10(a)是 M_1 的状态转换图。对字母表 $T = \{a, b, c\}$求语言 $L(M_1)$的补,即求$\overline{L(M_1)}$。

构造 $M = (Q, T, \delta, q_0, F)$,其中

$$Q = \{q_0, q_1, q_2, q_3, q\} \quad q \text{ 是一个新状态},$$
$$T = \{a, b, c\},$$
$$F = \{q_0, q_1, q_2, q\}$$

δ 的定义如下:

$$\delta(q_0, a) = q_1, \delta(q_0, b) = q_2, \delta(q_0, c) = q$$
$$\delta(q_1, a) = q_3, \delta(q_1, b) = q_1, \delta(q_1, c) = q$$
$$\delta(q_2, a) = q_2, \delta(q_2, b) = q_3, \delta(q_2, c) = q$$
$$\delta(q_3, a) = q, \delta(q_3, b) = q, \delta(q_3, c) = q$$
$$\delta(q, a) = q, \delta(q, b) = q, \delta(q, c) = q$$

M 如图 3.9.10(b)所示。

M_1 接受的语言为

$$L(M_1) = \{aa, aba, abba, \cdots, ab^n a, \cdots, bb, bab, baab, \cdots, ba^n b, \cdots\}$$

而 M 接受的语言为

$$L(M) = T^* - L(M_1) = \overline{L(M_1)}$$

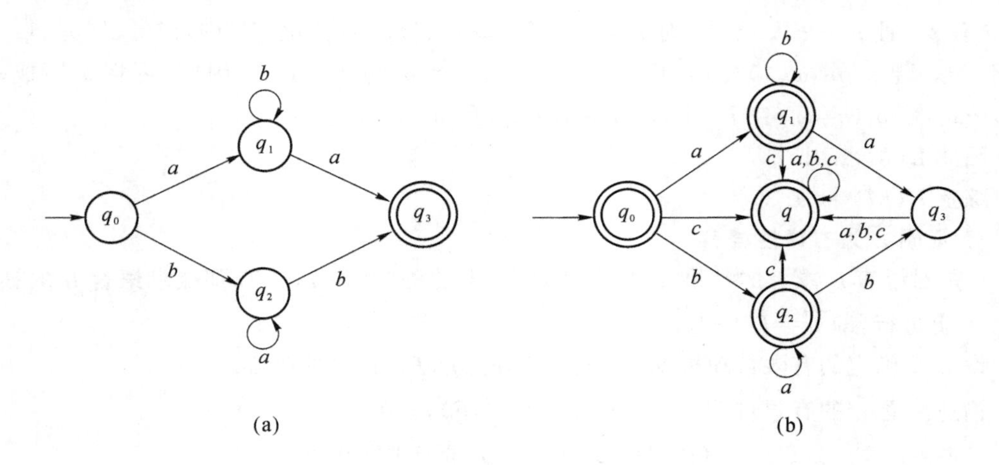

图 3.9.10 $L(M_1)$及$\overline{L(M_1)}$对应的 DFA

5. 右线性语言 L_1 和 L_2 对交运算封闭,即 $L_1\cap L_2$ 是右线性语言

证明 上面的 1 和 4 分别证明了 $L_1\cup L_2$ 和 $\overline{L}$ 是右线性语言,再根据 $L_1\cap L_2=\overline{\overline{L_1}\cup\overline{L_2}}$,可证明 $L_1\cap L_2$ 是右线性语言。

6. 右线性语言对置换是封闭的

设 L 是字母表 T 上的右线性语言,即 $L\subseteq T^*$,对于字母表 T 上的每个字符 a 存在一个可替代 a 的右线性语言 L_a。如果对 L 的每个句子(字符串)中的任意字符 a,用 L_a 中的任意句子替代,那么可得到 L 的置换语言 L',即 $L'=\{\omega_1\omega_2\cdots\omega_n\mid a_1a_2\cdots a_n\in L$ 且 $\omega_1\in L_{a_1},\omega_2\in L_{a_2},\cdots,\omega_n\in L_{a_n}\}$,如果 L'是右线性语言,则称右线性语言对置换是封闭的。

在此,对置换做进一步形式描述。设在字母表 T 和字母表 Σ 之间,有置换 f,f 是从 T 到 Σ^* 子集的映射,于是 f 便建立了 T 上的一个字符与 Σ 上的一个语言之间的关系。

如果对 T 上的一个句子(字符串),置换 f,定义为

$$f(\varepsilon)=\varepsilon$$

$$f(\omega a)=f(\omega)f(a)$$

而对 T 上的一个语言 L,置换 f,定义为

$$f(L)=\bigcup_{\omega\in L}f(\omega)$$

例 8 对于字母表 $T=\{a,b\}$和 $\Sigma=\{0,1\}$,f 是从 T 到 Σ^* 子集的映射。设

$$f(a)=0,f(b)=1^*$$

这说明字符 a 对应的语言是$\{0\}$,而字符 b 对应的语言则是所有由 1 组成的字符串的集合。

对字符串 bab,则有 $f(bab)$是 1^*01^*。

对语言 L 是 $a^*(a+b)b^*$,则有 $f(L)$是 $0^*(0+1^*)(1^*)^*$。

定理 3.9.2 右线性语言对置换是封闭的。

证明 设 $L\subseteq T^*$ 是右线性语言,对每个字符 $a\in T$,存在右线性语言 $L_a\subseteq\Sigma^*$,从 T 到 Σ^* 子集的映射 f 是由 $f(a)=L_a$ 定义的置换。用表示 La 的正则式代入表示 L 的正则式中的每个字符 a,所产生的正则式正是右线性语言 L 的置换 $f(L)$。

3.9.4　判定问题

前面已讨论过，正则集的表示形式有正则式、右线性文法和有限自动机，在这些表示形式中，涉及对以下几个问题的判定：

(1) 当给定一个表示形式之后，能否判定由该表示形式所定义的语言是否为空，称为空问题；

(2) 当给定一种表示形式之后，对一个字符串 ω，能否判定 ω 是否属于该表示形式所定义的语言之中，这种问题称为成员问题；

(3) 当给定同类型的两种表示形式后，能否判定它们定义的语言相同，称为等价问题。

对以上 3 个问题，不论采用哪一种表示形式，都是可以判定的，就是说，可以找到一种算法，对这些问题进行判定。由于正则式能够转换为有限自动机，右线性文法又能转换为正则式，因此，下面用有限自动机这种表示形式予以讨论。

1. 判定空问题

给定：有限自动机 $M=(Q,T,\delta,q_0,F)$。

要求：当 $L(M)=\varnothing$，输出“空”；否则输出“不空”。

步骤：从 q_0 开始，找出 q_0 可以到达的状态集合。如果该集合含有终止状态，输出“不空”；否则输出“空”。

可由如下步骤递归地计算可达状态集合：

- 基础：初态是可达的；
- 归纳：设状态 q 是可达的，若对于某个输入符号或 ε，q 可转移到 p，则 p 也是可达的。

算法复杂度：设有限自动机的状态数目为 n，则上述判定算法的复杂度为 $O(n^2)$。

2. 判定成员问题

给定：有限自动机 $M=(Q,T,\delta,q_0,F)$ 和字符串 $\omega\in T^*$。

要求：当 $\omega\in L(M)$，输出“是”；否则，输出“不是”。

步骤：设 $\omega=a_1a_2\cdots a_m$，能够找出相继的转换函数 $\delta(q_0,a_1)=q_1$，$\delta(q_1,a_2)=q_2$，…，$\delta(q_{m-1},a_m)=q_m$，如果 $q_m\in F$，输出“是”；如果 $q_m\notin F$，输出“不是”。

算法复杂度：设输入字符串 ω 的长度 $|\omega|=n$，若以 DFA 处理，则上述判定算法的复杂度为 $O(n)$。若以 NFA 处理，则可以将其转化为等价的 DFA，然后执行上述过程；判定算法的复杂度为 $O(n2^s)$，其中 n 为字符串的长度，s 为 NFA 的状态数。

3. 判定等价问题

给定：两个有限自动机

$$M_1=(Q_1,T_1,\delta_1,q_1,F_1)$$

$$M_2=(Q_2,T_2,\delta_2,q_2,F_2) \text{ 且 } Q_1\cap Q_2=\varnothing$$

要求：当 $L(M_1)=L(M_2)$，则输出“是”；否则输出“不是”。

步骤：由 M_1 和 M_2 构造 $M_3=(Q_1\cup Q_2,T_1\cup T_2,\delta_1\cup\delta_2,q_0,F_1\cup F_2)$，如果 q_1 等价于 q_2，输出“是”；否则输出“不是”。

算法复杂度：以上算法是将两个 DFA 合并，构造出一个新的 DFA，如果原来 DFA 的两个初态不可区分，则这两个正则语言相等，否则不相等。故其复杂度即是对新构造的 DFA

运用填表算法的复杂度,其上限为$O(n^4)$,其中n是新构造出的DFA的状态数。可以适当设计填表算法的数据结构,使其复杂度降为$O(n^2)$。

由于以上算法的存在,因此可以得出如下定理。

定理3.9.3 正则集的空问题、成员问题和等价问题是可以判定的。

3.10 双向和有输出的有限自动机

有限自动机的类型很多,在此仅介绍双向有限自动机和有输出的有限自动机。

3.10.1 双向有限自动机

在3.1节介绍的有限自动机,它的输入带上的读头仅限于从左向右移动,就是说当输入一个字符之后,读头便向右移动一格。如果将读头的移动扩展为既能向右移动又能向左移动,那么读入一个字符之后,读头既可右移一格也可左移一格,或者不移动,称这种有限自动机为**双向有限自动机**。讨论这类自动机,是为了引进双向移动的概念。在此仅讨论确定的双向有限自动机(2DFA),即每读入一个字符,必须向左或向右移动,不考虑不移动的情况。

确定的双向有限自动机M的形式定义为

$$M=(Q,T,\delta,q_0,F)$$

2DFA与DFA的区别,仅是转换函数δ,对2DFA的δ,是从$Q\times T$到$Q\times\{L,R\}$的映射,即

$$\delta: Q\times T\rightarrow Q\times\{L,R\}$$

$\delta(q_1,a)=\{q_2,L\}$表明当在状态q_1读入字符a时,2DFA进入状态q_2,同时读头左移一格;而$\delta(q_1,a)=(q_2,R)$则表明在状态q_1读入字符a时,2DFA进入状态q_2,同时读头右移一格。

当输入字符串时,用格局描述2DFA的瞬时状况是方便的。格局形式是

$$\omega_1 q\omega_2 \qquad \omega_1\omega_2\in T^*,q\in Q$$

$\omega_1\omega_2$是输入字符串,ω_1是已输入的字符串部分,ω_2是待输入的字符串,q是当前状态。当$\omega_2=\varepsilon$时,则说明读头已移动到最右边,已读完所有的字符。

以下用格局的变化说明2DFA的工作状况。

当格局为$b_1b_2\cdots b_mq_1b_{m+1}\cdots b_n$时,如果转换函数是$\delta(q_1,b_{m+1})=(q_2,R)$,则格局变化为

$$b_1b_2\cdots b_mq_1b_{m+1}\cdots b_n \vdash b_1b_2b_mb_{m+1}q_2b_{m+2}\cdots b_n$$

如果转换函数是$\delta(q_1,b_{m+1})=(q_2,L)$,则格局变化为

$$b_1b_2\cdots b_mq_1b_{m+1}\cdots b_n \vdash b_1b_2\cdots b_{m-1}q_2b_m\cdots b_n$$

对一个确定的双向有限自动机M,它接受字符串ω是在初始q_0时,从输入字符串ω的最左字符开始读入,中间经过读头的左右移动,逐个读入字符,最后读完ω的最后字符而进入终止状态,则称ω是由2DFA所接受。由2DFA M所接受的字符串集合是

$$L(M)=\{\omega\mid q_0\omega \overset{*}{\vdash} \omega q,q\in F\}$$

例1 设2DFA $M=(\{q_0,q_1,q_2\},\{a,b\},\delta,q_0,\{q_1\})$

转换函数δ如下:

$$\delta(q_0,a)=(q_0,R),\delta(q_0,b)=(q_1,R),$$
$$\delta(q_1,a)=(q_1,R),\delta(q_1,b)=(q_2,L),$$
$$\delta(q_2,a)=(q_0,R),\delta(q_2,b)=(q_2,L)$$

当输入字符串 $babaa$ 时，其格局序列为

$$q_0babaa \vdash bq_1abaa \vdash baq_1baa \vdash bq_2abaa \vdash baq_0baa$$
$$\vdash babq_1aa \vdash babaq_1a \vdash babaaq_1$$

因 q_1 是终止状态，所以字符串 $babaa$ 是可被 M 所接受的。

3.10.2 有输出的有限自动机

有输出的有限自动机是有限自动机的一个类型，这类自动机当有字符输入时，不仅存在状态转换，同时引起有字符的输出。

根据输出字符、自动机的状态和输入字符三者之间的关系，可分为两种自动机。其一，自动机的输出字符不仅与它所处的状态有关，而且与输入字符有关，这种自动机称为**米兰机**；其二，自动机的输出字符只与到达的状态有关，这种自动机称为**摩尔机**。

定义 3.10.1 设有限自动机 M 为六元组，$M=(Q,T,R,\delta,g,q_0)$，其中

Q 是有限状态集合；

T 是有限输入字母表；

R 是有限输出字母表；

δ 是转换函数，是从 $Q\times T$ 到 Q 的映射；

g 是输出函数，是从 $Q\times T$ 到 R 的映射；

q_0 是初始状态，$q_0\in Q$，

称 M 是米兰机。

描述米兰机的工作状况用两种函数，即转换函数 δ 和输出函数 g。

当转换函数为 $\delta(q,a)=p$，表明在状态 q，输入字符为 a 时，M 转换到状态 p，此时 $g(q,a)=b$ 表示输出字符 b，表现在状态图上，是从 q 到 p 有一条标 a/b 的弧，a 是输入字符，b 是输出字符，如图 3.10.1 所示。

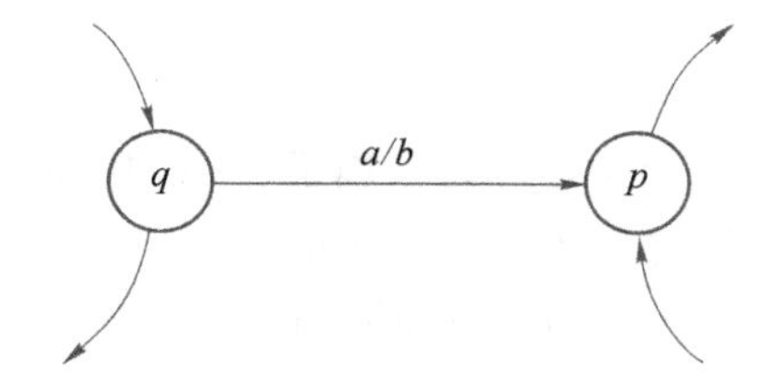

图 3.10.1 米兰机的状态转换图

当输入字符串为 $a_1,a_2\cdots a_m$ 时，其输出是

$$g(q_0,a_1)g(q_1,a_2)\cdots g(q_{m-1},a_m)$$

其中，$q_0,q_1,q_2,\cdots,q_{m-1}$ 是状态序列。

例 2 设计自动机 $M=(Q,T,R,\delta,g,q_0)$，它的输出是输入字符个数的模 3 数。

解 由于输出仅与输入字符个数有关，设输入字母表只有一个字符 a，表示为 $T=\{a\}$，

输出字母表 $R=\{0,1,2\}$。要求 M 的状态能记忆已输入的字符个数的模 3 数，所以应有 3 个状态，即

$$Q=\{q_0,q_1,q_2\}$$

其中，q_0,q_1,q_2 分别表示模 3 数为 0,1,2。

定义转换函数 δ 如下：

$$\delta(q_0,a)=q_1,\delta(q_1,a)=q_2,\delta(q_2,a)=q_0$$

而输出函数 g 是

$$g(q_0,a)=1,g(q_1,a)=2,g(q_2,a)=0$$

则有

$$M=(\{q_0,q_1,q_2\},\{a\},\{0,1,2\},\delta,g,q_0)$$

其转换图如图 3.10.2 所示。

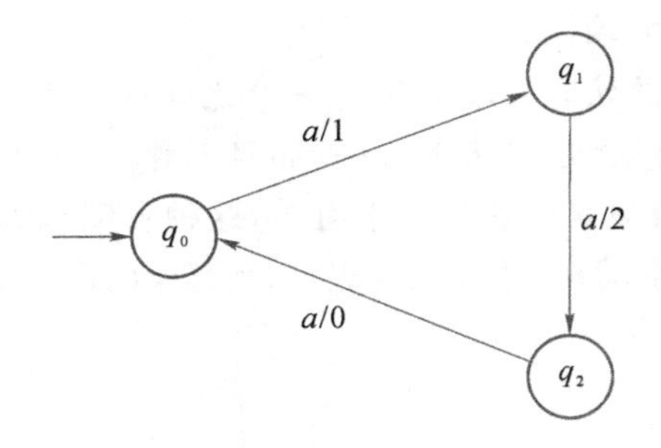

图 3.10.2　自动机 M

当输入字符串是 $aaaaa$，M 的动作如下：

$$q_0 \xrightarrow{a/1} q_1 \xrightarrow{a/2} q_2 \xrightarrow{a/0} q_0 \xrightarrow{a/1} q_1 \xrightarrow{a/2} q_2$$

有输出字符串是 12012，状态序列为 $q_0q_1q_2q_0q_1q_2$。

例 3　设计自动机 M，它的输入是 $\{0,1\}$ 上的字符串，当输入字符串有奇数个 1 时，输出 1，有偶数个 1 时，则输出 0。

解　设 $M=(Q,T,R,\delta,g,q_0)$

输入字母表 $T=\{0,1\}$

输出字母表 $R=\{0,1\}$

对状态作如下考虑：

当输入字符串 $\omega a,\omega\in\{0,1\}^*,a\in\{0,1\}$，如果 $a=0$，则 ωa 中含 1 的个数的奇偶性与 ω 相同；$a=1$，则 ωa 中含 1 的个数的奇偶性与 ω 相反。这样，M 只需两个状态：用 q_0 表示已输入的字符串中 1 的个数为偶数；用 q_1 表示已输入的字符串中 1 的个数为奇数，则 $Q=\{q_0,q_1\}$。

转换函数 δ 定义如下：

$$\delta(q_0,0)=q_0,\quad \delta(q_0,1)=q_1$$
$$\delta(q_1,0)=q_1,\quad \delta(q_1,1)=q_0$$

而输出函数 g 是

$$g(q_0,0)=0,\quad g(q_0,1)=1$$
$$g(q_1,0)=1,\quad g(q_1,1)=0$$

因此

$$M = (\{q_0, q_1\}, \{0,1\}, \{0,1\}, \delta, g, q_0)$$

其状态转换图如图 3.10.3 所示。

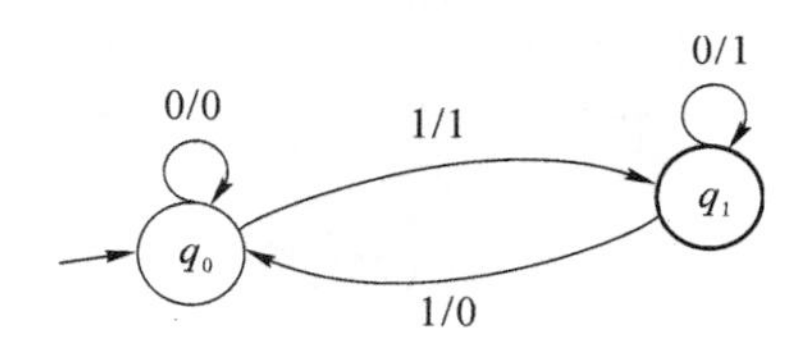

图 3.10.3　自动机 M

当输入字符串为 010011 时，M 的动作如下：

$$q_0 \xrightarrow{0/0} q_0 \xrightarrow{1/1} q_1 \xrightarrow{0/1} q_1 \xrightarrow{0/1} q_1 \xrightarrow{1/0} q_0 \xrightarrow{1/1} q_1$$

有输出字符串是 011101，状态序列为 $q_0q_0q_1q_1q_1q_0q_1$。

定义 3.10.2　设有限自动机 M 为六元组，$M=(Q,T,R,\delta,g,q_0)$称为摩尔机。

其中，Q,T,R,δ 和 q_0 均与米兰机相同，不同之处是输出函数 g，g 是从 Q 到 R 的映射，这表明了摩尔机的输出只与到达的状态有关。因此它的转换图也与米兰机有所不同，在转换图的节点上，标有状态 q 和它相应的输出字符 b，在表示从一状态 q 转换到另一状态 p 的弧上，则标输入字符 a，如图 3.10.4 所示。

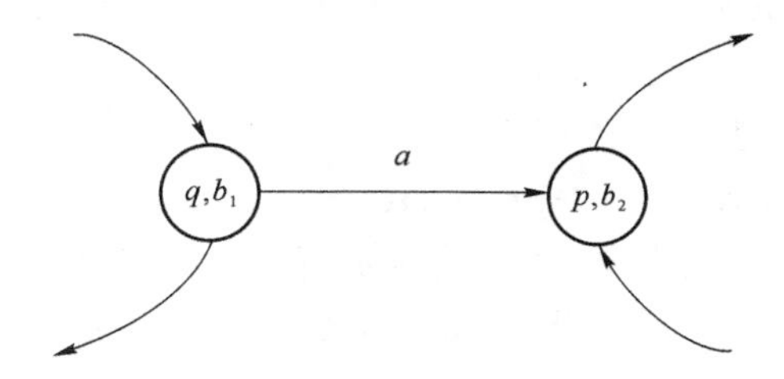

图 3.10.4　摩尔机的状态转换图

例 4　设计自动机 M，它的输入字符串 ω 是由 0,1 组成的，输出是$(n_1-n_0)(\mathrm{mod}\ 4)$，其中 n_0 是 ω 中含 0 的个数，n_1 是 ω 中含 1 的个数。

解　M 的输入字母表 $T=\{0,1\}$，由于输出是$(n_1-n_0)(\mathrm{mod}\ 4)$，可取输出字母表 $R=\{0,1,2,3\}$，与输出相对应可有 4 个状态 q_0,q_1,q_2,q_3 分别输出 0,1,2,3，即 $Q=\{q_0,q_1,q_2,q_3\}$。

转换函数 δ 定义如下：

$$\delta(q_0,0) = q_3, \delta(q_1,0) = q_0, \delta(q_2,0) = q_1, \delta(q_3,0) = q_2$$

$$\delta(q_0,1) = q_1, \delta(q_1,1) = q_2, \delta(q_2,1) = q_3, \delta(q_3,1) = q_0$$

而输出函数是

$$g(q_0) = 0, g(q_1) = 1, g(q_2) = 2, g(q_3) = 3$$

因此

$M=(\{q_0,q_1,q_2,q_3\},\{0,1\},\{0,1,2,3\},\delta,g,q_0)$，其状态转换图如图 3.10.5 所示。

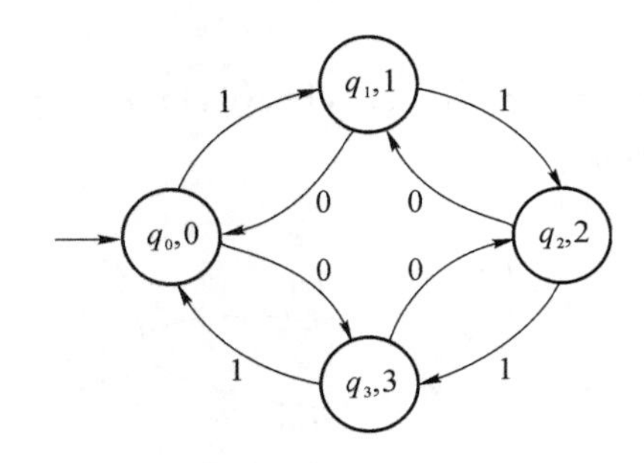

图 3.10.5 自动机 M

3.11 正则表达式和有限自动机的应用

正则表达式和有限自动机都有着广泛的应用，下面举例说明。

3.11.1 UNIX 中的正则表达式

UNIX 中使用扩展的正则表达式。UNIX 中的正则表达式允许书写字符类来尽可能紧凑地表示大的字符集。字符类的规则是：

(1) 符号“.”(dot)代表“任何字符”。

(2) 序列[$a_1a_2\cdots a_k$]代表 $a_1+a_2+\cdots+a_k$。

(3) 在[]内部表达字符范围，如[$A-Z$]表示所有大写字母，[$A-Za-z0-9$]表示所有字母和数字的集合，[$-+0-9$]表示要形成带符号的十进制整数所用的数字集合以及正号和负号。

(4) 为一些常用的字符类规定了特殊记号，如[:digit:]相当于[0−9]，[:alpha:]相当于[$A-Za-z$]，[:alnum:]相当于[$A-Za-z0-9$]等。

(5) 增加或重新定义了一些算符。

① 用|算符替代 + 表示并。

② R? 表示“R 的 0 或 1 次出现”，相当于 $\varepsilon+R$。

③ R+ 表示“R 的 1 或多次出现”，相当于 RR^*。

④ $R\{n\}$表示“R 的 n 次出现”，如 $R\{4\}$相当于 $RRRR$。

(6) 多个特殊字符。

如 " \ ^ ( ) [] <> % $ + − ? . * | / { } \b \n \t 等。

例如，由数字组成的长度为 1 到 20 的字符串可用正则表达式/^[0−9]{1,20}$/表示。其中 ^ 表示开头的字符要匹配紧跟 ^ 后面的规则，$ 表示结尾的字符要匹配紧靠 $ 前面的规则，[ ] 中的内容是可选字符集，[0—9] 表示要求字符范围在 0～9 之间，{1,20}表示数字字符串长度合法为 1 到 20，即[0—9]中的字符出现次数的范围是 1 到 20 次。/^ 和 $/成对使用，表示要求整个字符串完全匹配定义的规则，而不是只匹配字符串中的一个子串。

3.11.2 文本编辑程序

正则表达式是一种可以用于模式匹配和替换的强有力的工具。我们可以在几乎所有的基于 UNIX 系统的工具中找到正则表达式的身影，例如，vi 编辑器、Perl 或 PHP 脚本语言以及 awk 或 sed shell 程序等。

在文本编辑程序中，经常遇到用一个字符或一个串来代换另一个串的命令。例如，UNIX 文本编辑中就有一个这样的命令：S/BBB* /B/，在这个命令中 S 表示“替换”，S/后的 BBB* 是指原文中被替换的串(它是 B^2B^* 的另一种表示方法)，后面的/B/是用于替换前面的串的字符。这个命令的含义是把文中出现的多于两个空白符(B)的串换成一个空白符。可见，这个命令是使文本书写紧凑的一个命令。这里，BBB* 就是一个正则表达式，它表示长度大于等于 2 的空白串的集合。

此外，像 JavaScript 这种客户端的脚本语言也提供了对正则表达式的支持。由此可见，正则表达式已经超出了某种语言或某个系统的局限，成为人们广为接受的概念和功能。

正则表达式可以让用户通过使用一系列的特殊字符构建匹配模式，然后把匹配模式与数据文件、程序输入以及 Web 页面的表单输入等目标对象进行比较，再根据比较对象中是否包含匹配模式，执行相应的程序。

举例来说，正则表达式的一个最为普遍的应用就是用于验证用户在线输入的邮件地址的格式是否正确。如果通过正则表达式验证用户邮件地址的格式正确，用户所填写的表单信息将会被正常处理；反之，如果用户输入的邮件地址与正则表达的模式不匹配，将会弹出提示信息，要求用户重新输入正确的邮件地址。E-mail 地址合规性的正则检查语句可表示为：/^[\w-]+(\.[\w-]+)*@[\w-]+(\.[\w-]+)+$/。其中 ^ 表示开头的字符要匹配紧跟 ^ 后面的规则，$ 表示结尾的字符要匹配紧靠 $ 前面的规则，\是转义符，[ ]中的内容是可选字符集，[ ]+表示[ ]中的内容出现大于等于 1 次，w-表示字母、数字、下画线和符号-。整个正则式的含义是：邮件地址可由 w-表示的符号组成的长度大于等于 1 的字符串开始，后跟 0 个或多个由符号.及 w-表示的符号组成的字符串；之后跟@符号，@符号后面由 w-表示的符号组成的长度大于等于 1 的字符串开始，后跟 1 个或多个由符号.及 w-表示的符号组成的字符串。例如，zhang3-h.w3@163.com 就是一个正确的邮件地址。

由此可见正则表达式在 Web 应用的逻辑判断中具有举足轻重的作用。

3.11.3 词法分析

世界上存在着多种语言，人们为了通信方便，就需要建立多种语言之间的翻译。人与计算机之间的信息交流，同样存在一个翻译问题。翻译程序是一个把源程序翻译成等价的目标程序的程序。编译程序就是一种把高级语言(如高级程序设计语言)翻译成低级语言(如机器语言)的翻译程序。编译程序首先根据源语言的定义对源程序进行结构分析和语义分析，之后进行综合，从而得到与源程序等价的目标程序。词法分析是整个分析过程中的一个子任务，它把构成源程序的字符串转换成语义上关联的单词符号的序列。执行词法分析的程序称为词法分析程序或词法分析器或词法扫描器。正则表达式最早的一项应用就是编译中的“词法分析器”。

词法分析的任务是对字符串表示的源程序从左到右地进行扫描和分解,根据语言的词法规则识别出一个一个具有独立意义的单词符号(如标识符、关键字等)。大多数程序语言的单词符号都可用正则表达式表示,并可用有限自动机进行识别。

例如,假设某种程序设计语言规定:标识符是由英文字母开头,由英文字母和数字组成的长度不大于4的字符串。

在词法分析程序中,首先用一个正则表达式表示上述规定中定义的标识符,其中:字母 $\in \{a,b,\cdots,z,A,B,\cdots,Z\}$,数字 $\in \{0,1,2,\cdots,8,9\}$,标识符可表示为字母(字母+数字)^3。

然后根据正则表达式与有限自动机的等价性,构造出一个识别上述正则表达式所表示的语言的有限自动机,如图3.11.1所示。

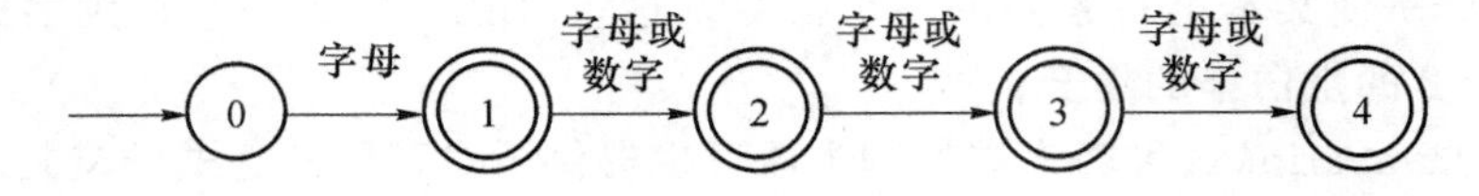

图3.11.1　识别标识符的自动机

一个词法分析程序其实就是用指令代码写成的一个个这样的有限自动机。

3.11.4 文本搜索与字符串匹配

字符串匹配是计算机科学中最古老、研究最广泛的问题之一。字符串匹配问题就是在一个大的字符串 T 中搜索某个字符串 P 在字符串中首次出现的位置或所有出现的位置。其中,T 称为文本,P 称为模式,T 和 P 都定义在同一个字母表 Σ 上。可利用有限自动机进行字符串匹配。

例如,假设字母表 $\Sigma=\{a,b,c,\cdots,z\}$,已知字符串模式 $P=abcdabd$,给定字符串 $T=abcabcdababcdabcdabde$,求 P 在 T 中出现的位置。

首先,根据字符串模式 P,构造识别该模式的确定的有限自动机 M,如图3.11.2所示。

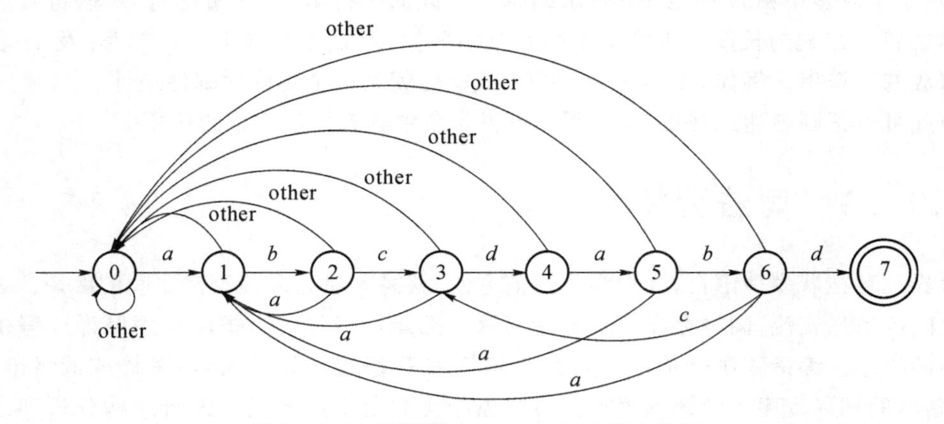

图3.11.2　识别模式 $P=abcdabd$ 的自动机

注意，这里构造的识别模式 P 的确定的有限自动机 M 同一般的 DFA 基本相同，不同之处是，在 M 中，一旦进入终止状态(匹配成功)，就不再继续读入字符。在图形表示中，从终止状态不引出有向边。

在构造上述自动机的过程中，状态可用从 0 到 $n=|P|$(模式中所包含的字符串的长度)的数字进行标记。状态对应的数值表示，到目前为止，已读入的字符串，匹配了模式中几个字符。为了方便起见，除了已标明的输入字符外，其他字符用 other 进行表示。注意，在失配后，前面读的若干个字符是有用的，即自动机尽可能利用已读入的字符，进行模式匹配。例如，在状态 c 读入字符 a 后，转入状态 1，表示目前为止，已识别了模式中的第一个字符 a。

接着，把 $T=abcabcdabcdabde$ 作为有限自动机 M 的输入。本例中，读入 T 的前缀 $T'=abcabcdab$后，到达状态 6，接着读入字符 c，根据状态转移图，转入状态 3。因为到达状态 6 时，T'的后缀 $abcdab$ 与模式 P 前 6 个字符匹配，且 $abcdab$ 的后缀 ab 与其前缀 ab 相同，可理解为已匹配了模式的前两个字符，再读入下一个字符 c 时，继续和模式的第三个字符完成匹配。当输入字符串 $abcabcdabcdabd$ 时，到达 M 的终态，可知，字符串 T 中含有模式 P。

由模式 P 的长度，可求得 P 在 T 中出现的位置。

在字符串的匹配算法 KMP 中，为减少比较次数，需要求出已读入字符串中最大长度的相同前缀和后缀，从而求出失配时，模式串向右移动的位数。可将上述有限自动机的设计思路应用到字符串的匹配算法 KMP 中。

3.11.5 单词拼写检查

单词拼写检查是文字录入、编辑、出版等工作中的一项重要任务。实现单词拼写检查的方法有很多，有人曾将有限自动机用于英语单词的拼写检查。在该方法中，用到了 Damerau 给出的两个相似字符串之间的编辑距离的定义，即两个字符串之间的编辑距离等于使一个字符串变成另一个字符串而进行的插入、删除、替换或相邻字符交换位置而进行操作的最少次数。

设 T 为字母表，可构造一个识别字母表 T 上的字母构成的所有合法单词的有限自动机。该自动机对应的状态转换图可看作是一个边上有字母标记的有向图。那么，字母表 T 上的字母构成的所有合法单词都对应着有限自动机中的一条从初始状态到终止状态的路径。字符串识别的过程就是对有向图从初始状态到终止状态遍历的过程，一条路径从初始状态到终止状态经过的所有弧上的字母连接起来构成一个字符串。给定一个字符串，对其进行拼写检查的过程实际上是在给定阈值 $t(t>0)$的范围内，寻找那些与输入串的编辑距离小于 t 的路径，这些路径从初始状态到终止状态经过的所有弧上的字母连接起来构成的字符串，就是要找的与输入串最相似的单词。

3.12 典型例题解析

例 1　设计识别在字母表{0,1}上的所有以 11 为首的字符串的有限自动机。

分析:

由题可知,该自动机输入字母表 $T=\{0,1\}$,由于自动机只需要判断字符串前两个字符是否为11。若是,则接受该串;否则,不接受。故需要3种状态(q_0,q_1,q_2),其中 q_0 为初始状态,q_1 表示第一个字符为1的状态,q_2 表示前两个字符为1的状态,即终止状态。

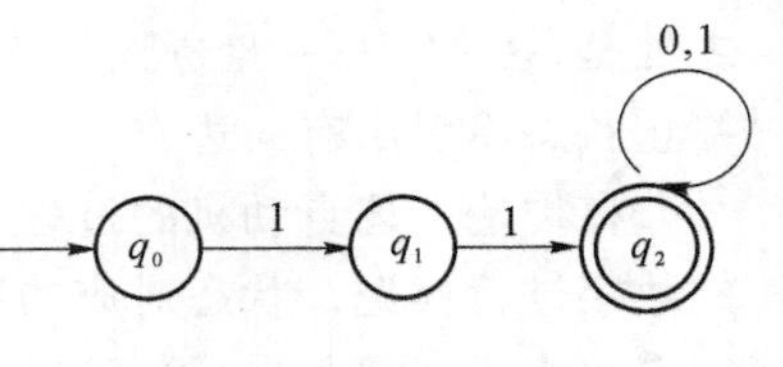

图 3.12.1 自动机 M

答案:

自动机 $M=(\{q_0,q_1,q_2\},\{0,1\},\delta,q_0,\{q_2\})$,其状态转换图如图 3.12.1 所示。

例2 将下面矩阵表示的ε-NFA转换为DFA,并给出右线性文法。

	ε	a	b
p(起始状态)	$\{r\}$	$\{q\}$	$\varnothing$
q	$\varnothing$	$\{r\}$	$\{q,r\}$
r(终止状态)	$\varnothing$	$\{p\}$	$\varnothing$

分析:

解题思路如下。

(1) 首先将ε-NFA转换为无ε转换的NFA。注意用到状态的ε-闭包的定义。

(2) 将无ε转换的NFA转换为DFA。

(3) 由DFA构造右线性文法。由于本自动机识别ε句子,故文法起始符应能推出ε。

(4) 注意,也可以由ε-NFA或NFA直接构造右线性文法。

答案:

(1) 将含ε转换的NFA转换为无ε转换的NFA:

设含ε转换的NFA为 $M=(Q,T,\delta,p,F)$,构造无ε转换的NFA $M_1=(Q,T,\delta_1,p,F_1)$:

$$\delta_1(p,a)=\delta'(p,a)=\varepsilon\text{-closure}(\delta(\delta'(p,\varepsilon),a))$$
$$=\varepsilon\text{-closure}(\delta(\{p,r\},a))=\varepsilon\text{-closure}(\{p,q\})=\{p,q,r\}$$
$$\delta_1(p,b)=\delta'(p,b)=\varepsilon\text{-closure}(\delta(\delta'(p,\varepsilon),b))$$
$$=\varepsilon\text{-closure}(\delta(\{p,r\},b))=\varepsilon\text{-closure}(\varnothing)=\varnothing$$
$$\delta_1(q,a)=\delta'(q,a)=\varepsilon\text{-closure}(\delta(\delta'(q,\varepsilon),a))$$
$$=\varepsilon\text{-closure}(\delta(\{q\},a))=\varepsilon\text{-closure}(\{r\})=\{r\}$$
$$\delta_1(q,b)=\delta'(q,b)=\varepsilon\text{-closure}(\delta(\delta'(q,\varepsilon),b))$$
$$=\varepsilon\text{-closure}(\delta(\{q\},b))=\varepsilon\text{-closure}(\{q,r\})=\{q,r\}$$
$$\delta_1(r,a)=\delta'(r,a)=\varepsilon\text{-closure}(\delta(\delta'(r,\varepsilon),a))$$
$$=\varepsilon\text{-closure}(\delta(\{r\},a))=\varepsilon\text{-closure}(\{p\})=\{p,r\}$$
$$\delta_1(r,b)=\delta'(r,b)=\varepsilon\text{-closure}(\delta(\delta'(r,\varepsilon),b))$$
$$=\varepsilon\text{-closure}(\delta(\{r\},b))=\varepsilon\text{-closure}(\varnothing)=\varnothing$$

因为 $\varepsilon\text{-closure}(p)=\{p,r\}$,其中 $r\in F$,所以 $F_1=\{p,r\}$。

（2）将 NFA 转换为 DFA：

构造等价的 DFA $M_2=(Q_D,T,\delta_D,[p],F_D)$：

$$\delta_D([p],a)=[p,q,r]$$
$$\delta_D([p],b)=\varnothing$$
$$\delta_D([p,q,r],a)=[p,q,r]$$
$$\delta_D([p,q,r],b)=[q,r]$$
$$\delta_D([q,r],a)=[p,r]$$
$$\delta_D([q,r],b)=[q,r]$$
$$\delta_D([p,r],a)=[p,q,r]$$
$$\delta_D([p,r],b)=\varnothing$$
$$Q_D=\{[p],[p,q,r],[q,r],[p,r]\}$$
$$F_D=\{[p],[p,q,r],[q,r],[p,r]\}$$

（3）本题目由 DFA 构造等价的右线性文法，由 ε-NFA 或 NFA 直接构造右线性文法由读者自行练习。

由 DFA 推出右线性文法 $G=(N,T,P,[p])$，其中

$$N=\{[p],[p,q,r],[q,r],[p,r]\}$$
$$T=\{a,b\}$$
$$P:$$
$$[p]\to\varepsilon|a|a[p,q,r]$$
$$[p,q,r]\to a|a[p,q,r]|b|b[q,r]$$
$$[q,r]\to a|a[p,r]|b|b[q,r]$$
$$[p,r]\to a|a[p,q,r]$$

例 3　下列集合是否为正则集，若是正则集写出其正则式。

（1）含有偶数个 a 和偶数个 b 的 $\{a,b\}^*$ 上的字符串集合。

（2）含有相同个数 a 和 b 的字符串集合。

（3）不含子串 aba 的 $\{a,b\}^*$ 上的字符串集合。

分析：

解题思路：若集合是正则集，可用正则式表示，可用右线性文法产生该语言，也可构造有限自动机识别该语言。若集合不是正则集，可考虑使用泵浦引理进行证明。

答案：

（1）是正则集，可构造如图 3.12.2 所示的自动机，识别该正则集。

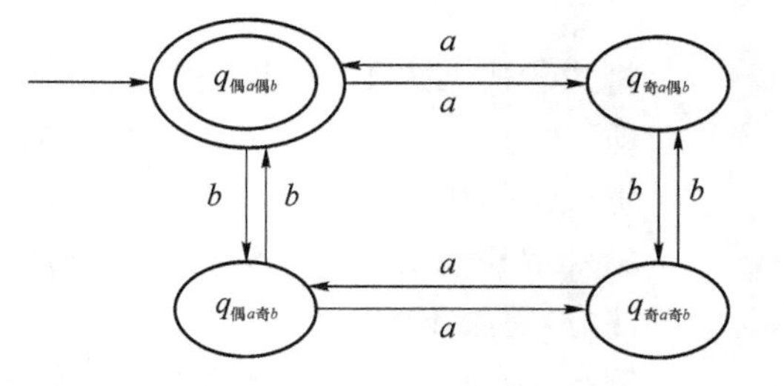

图 3.12.2　例 3(1)自动机

（2）不是正则集，可使用泵浦引理进行证明。

假设该集合 L 是正则集，对于足够大的 k，取 $\omega=a^kb^k$，$|\omega|=2k$ 且 $\omega\in L$。由泵浦引理，ω 可写成 $\omega_1\omega_0\omega_2$，其中 $|\omega_0|>0$ $|\omega_1\omega_0|\leqslant k$，存在 ω_0 使任意 i，$\omega_1\omega_0^i\omega_2\in L$。由于满足条件的

ω_0 只能取 $\omega_0=a^n$，$0\leqslant n\leqslant k$，则在 $i\neq 1$ 时(任取一值即可，如 $i=0$)，$\omega_1\omega_0^i\omega_2=a^{k-n}(a^n)^ib^k$ ($\omega_1\omega_0^i\omega_2=a^{k-n}b^k$)，其中 a 与 b 的个数不同，不属于该集合 L，与假设矛盾。所以该集合不是正则集。

(3) 是正则集。

设 L' 为包含子串 aba 的 $\{a,b\}^*$ 上的字符串集合。显然 L' 是正则集(L' 可用正则式 $(a+b)^*aba(a+b)^*$ 表示，或可构造识别 L' 的自动机)。

设 L 为 $\{a,b\}^*$ 上的字符串集合。显然 L 是正则集(L 可用正则式 $(a+b)^*$ 表示，或可构造识别 L 自动机)。

则不包含子串 aba 的 $\{a,b\}^*$ 上的字符串集合 L'' 是 L' 关于 L 的补。

根据正则集关于补运算的封闭性，L'' 也是正则集。

另外，本题也可以先构造识别 L' 的自动机，在此基础上，构造识别 L' 的补的自动机，从而证明该集合是正则集。

例 4 已知右线性文法 G，用正则式表示文法所产生的语言。

$G=(\{S,A,B,C,D\},\{a,b,c,d\},P,S)$，生成式 P 如下：

$$S\to aA \qquad S\to B$$
$$A\to abS \qquad A\to bB$$
$$B\to b \qquad B\to cC$$
$$C\to D \qquad D\to bB$$
$$D\to d$$

分析：

(1) 根据文法的生成式写出联立方程。

(2) 利用 R 规则和生成式的性质，求解联立方程。

答案：

由生成式得：

$$S=aA+B \qquad ①$$
$$A=abS+bB \qquad ②$$
$$B=b+cC \qquad ③$$
$$C=D \qquad ④$$
$$D=d+bB \qquad ⑤$$

将式⑤代入式④，再代入式③，得到 $B=b+c(d+bB)$

即 $B=cbB+cd+b\Rightarrow B=(cb)^*(cd+b)$ ⑥

将式②⑥代入式①

$S=aabS+ab(cb)^*(cd+b)+(cb)^*(cd+b)\Rightarrow S=(aab)^*(ab+\varepsilon)(cb)^*(cd+b)$

注意，答案不唯一。

例 5 设正则集 L 为含有两个相继 a 和两个相继 b 的由 a 和 b 组成的所有字符串集合，构造产生 L 的右线性文法。

分析：

(1) 字符串中需包含 aa 和 bb，分两种情况：aa 出现在 bb 前面，或 bb 出现在 aa 前面。aa，bb 之间(之前或之后)可存在任意由 a 和 b 组成的字符串。

(2) 可用正则式 $(a+b)^*aa(a+b)^*bb(a+b)^* + (a+b)^*bb(a+b)^*aa(a+b)^*$ 表示此正则集。

答案：

右线性文法 $G=(\{S,A,B,C\},\{a,b\},P,S)$，生成式 P 如下：

$$S\to aS|bS|aaA|bbB$$

$$A\to aA|bA|bbC$$

$$B\to aB|bB|aaC$$

$$C\to aC|bC|\varepsilon$$

例 6　已知右线性文法 $G=(\{S,A,B\},\{a,b\},P,S)$，其中 $P: S\to aA \mid baB \mid a,\ A\to aA \mid aS \mid bB,\ B\to bB \mid b \mid a$，构造与之等价的有限自动机。

分析：

(1) 引入新的非终结符 C，对文法 G 中 S 的产生式 $S\to baB$ 进行等价变换，$S\to bC, C\to aB$。

(2) 构造与右线性文法 G 等价的右线性文法 G'。$G'=(\{S,A,B,C\},\{a,b\},P,S)$，其中 $P: S\to aA \mid bC \mid a, C\to aB, A\to aA \mid aS \mid bB, B\to bB \mid b \mid a$。

(3) 构造与 G' 等价的有限自动机。

(4) 有限自动机可用五元组或状态转移图的方式描述。

答案：

构造不确定的有限自动机 $M=(Q,T,\delta,q_0,F)$，其中 $Q=\{S,A,B,C,H\}$，$T=\{a,b\}$，$F=\{H\}$，$q_0=S$。δ 定义如下：

由 $S\to aA \mid bC \mid a$，得 $\delta(S,a)=\{A,H\}$，$\delta(S,b)=\{C\}$；

由 $C\to aB$，得 $\delta(C,a)=\{B\}$；

由 $A\to aA \mid aS \mid bB$，得 $\delta(A,a)=\{A,S\}$，$\delta(A,b)=\{B\}$；

由 $B\to bB \mid b \mid a$，得 $\delta(B,b)=\{B,H\}$，$\delta(B,a)=\{H\}$。

例 7　已知确定的有限状态自动机，如图 3.12.3 所示，求与其等价的右线性文法。

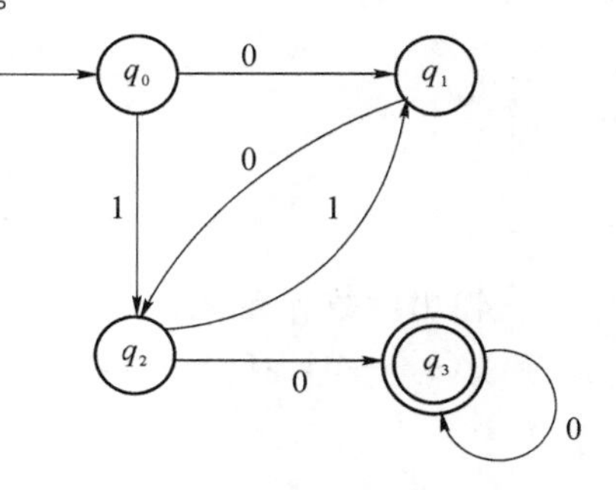

图 3.12.3　例 7 的有限状态自动机

分析：

(1) 按照定理 3.8.2 中的方法，构造等价的右线性文法。

(2) 若后继状态转移到有限自动机中的终态，在文法中应有 2 个生成式与之对应。

答案：

构造右线性文法 $G=(N,T,P,S)$，其中 $N=\{q_0,q_1,q_2,q_3\}$，$T=\{0,1\}$，$S=q_0$，生成式 P 如下：

由 $\delta(q_0,0)=q_1$，得 $q_0\to 0q_1$；

由 $\delta(q_0,1)=q_2$，得 $q_0\to 1q_2$；

由 $\delta(q_1,0)=q_2$，得 $q_1\to 0q_2$；

由 $\delta(q_2,1)=q_1$，得 $q_2\to 1q_1$；

由 $\delta(q_2,0)=q_3$，$q_3\in F$，得 $q_2\to 0|0q_3$；

由 $\delta(q_3,0)=q_3$，$q_3\in F$，得 $q_3\to 0|0q_3$。

例8 使用泵浦引理，证明集合 $L=\{a^nca^n|n\geqslant 1\}$不是正则集。

分析：

(1) 使用反证法。

(2) 集合中的字符串关于 c 对称。

(3) 为简化证明，取一个满足要求的特定的字符串，对于足够大的 k，取 $\omega=a^kca^k$。

答案：

假设集合 L 是正则集，对于足够大的 k，取 $\omega=a^kca^k$，$|\omega|=2k+1>k$ 且 $\omega\in L$。由泵浦引理，ω 可写成 $\omega_1\omega_0\omega_2$，其中 $|\omega_0|>0$ $|\omega_1\omega_0|\leqslant k$，存在 ω_0 使任意 i，$\omega_1\omega_0^i\omega_2\in L$。由于满足条件的 ω_0 只能取 c 前面的 a，设 $\omega_0=a^n$，$0<n\leqslant k$，则在 $i=0$ 时，$\omega_1\omega_0^i\omega_2=a^{k-n}ca^k$，$c$ 前后 a 的个数不同，不属于该集合，与假设矛盾。所以该集合不是正则集。

例9 构造摩尔机，输入为{0,1,2}上的字符串，当输入看作一个三进制数(基数为3，数字为0,1,2)时，输出为输入的模5余数。

分析：

(1) 由题目可知，$T=\{0,1,2\}$，$R=\{0,1,2,3,4\}$。

(2) 因模5余数有5种，故需要5个状态，$Q=\{q_0,q_1,q_2,q_3,q_4\}$，其中 q_0,q_1,q_2,q_3,q_4 分别代表模5余0,1,2,3,4的状态。

(3) 设字符串从高位到低位进行输入，每输入一个字符，相当于字符串左移一位。

(4) 在当前状态下，每输入一个字符，其后继状态等于当前状态对应的输出乘以3，再加上输入的字符之和，模5所得的余数所对应的状态。

答案：

所求摩尔机为 $M=(\{q_0,q_1,q_2,q_3,q_4\},\{0,1,2\},\{0,1,2,3,4\},\delta,g,q_0)$，其转换函数 δ 定义如下：

$$\delta(q_0,0)=q_0,\delta(q_0,1)=q_1,\delta(q_0,2)=q_2,$$
$$\delta(q_1,0)=q_3,\delta(q_1,1)=q_4,\delta(q_1,2)=q_0,$$
$$\delta(q_2,0)=q_1,\delta(q_2,1)=q_2,\delta(q_2,2)=q_3,$$
$$\delta(q_3,0)=q_4,\delta(q_3,1)=q_0,\delta(q_3,2)=q_1,$$
$$\delta(q_4,0)=q_2,\delta(q_4,1)=q_3,\delta(q_4,2)=q_4。$$

输出函数 g 定义：

$g(q_0)=0$，$g(q_1)=1$，$g(q_2)=2$，$g(q_3)=3$，$g(q_4)=4$。

习　题

1. 下列集合是否为正则集，若是正则集写出其文法或正则式：

(1) 含有奇数个0和偶数个1的$\{0,1\}^*$上的字符串集合；

(2) 含有 a 的个数是 b 的个数的2倍的 a 和 b 的字符串集合；

(3) 不含连续的0，也没有连续的1的$\{0,1\}^*$上的字符串集合。

2. 设 R 是正则集，证明 $\widetilde{R}$ 为正则集。

3．设 α,β,γ 为正则式，证明下列各性质：

(1) $\alpha+\beta=\beta+\alpha$

(2) $\alpha+(\beta+\gamma)=(\alpha+\beta)+\gamma$

(3) $\alpha(\beta+\gamma)=\alpha\beta+\alpha\gamma$

(4) $\alpha(\beta\gamma)=(\alpha\beta)\gamma$

(5) $\alpha^*+\alpha=\alpha^*$

(6) $\alpha+\alpha=\alpha$

(7) $(\alpha+\beta)^*=(\alpha^*\beta^*)^*$

4．对下列文法的生成式，找出其正则式：

(1) $G_1=(\{S,A,B,C\},\{a,b,c,d\},P,S)$，其中生成式如下：

$S\to baA$　　$S\to B$

$A\to aS$　　$A\to bB$

$B\to b$　　$B\to bC$

$C\to cB$

$C\to d$

(2) $G_2=(\{S,A,B,C,D\},\{a,b,c,d\},P,S)$，其中生成式 P 如下：

$S\to aA$　　$S\to B$

$A\to cC$　　$A\to bB$

$B\to bB$　　$B\to a$

$C\to D$　　$C\to abB$

$D\to d$

5．为下列正则集构造右线性文法：

(1) $\{a,b\}^*$；

(2) 以 abb 结尾的由 a 和 b 组成的所有字符串的集合；

(3) 以 b 为首后跟若干个 a 的字符串集合；

(4) 含有两个相继 a 或两个相继 b 的由 a 和 b 组成的所有字符串集合。

6．设左线性文法 $G=(N,T,P,S)$，生成式的形式为 $A\to B\omega$ 和 $A\to\omega$，证明 G 产生的语言是正则集，当且仅当 G 是左线性文法。

7．设正则集为 $a(ba)^*$

(1) 构造右线性文法；

(2) 找出(1)中文法的有限自动机。

8．说明下列正则式所表示的正则集的特征：

(1) $(bb+a)^*(aa+b)^*$

(2) $(b+ab+aab)^*(\varepsilon+a+aa)$

(3) $(aa+bb+(ab+ba)(aa+bb)^*(ab+ba))^*$

9．对应题图 3.1(a)和(b)的状态转换图写出正则式。

10．设字母表 $T=\{a,b\}$，找出接受下列语言的 DFA：

(1) 含有 3 个连续 b 的所有字符串的集合；

(2) 以 aa 为首的所有字符串集合；

(3) 以 aa 结尾的所有字符串集合;

(4) $L=\{a^n b^m a^k \mid n,m,k\geqslant 0\}$。

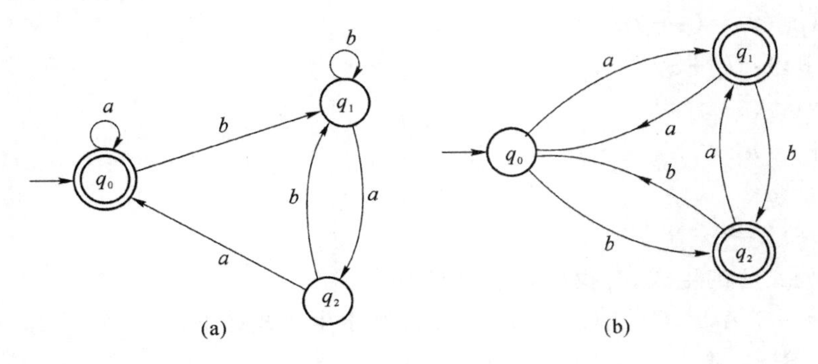

题图 3.1

11. 写出被题图 3.2(a)和(b)中有限自动机接受的字符串集合。

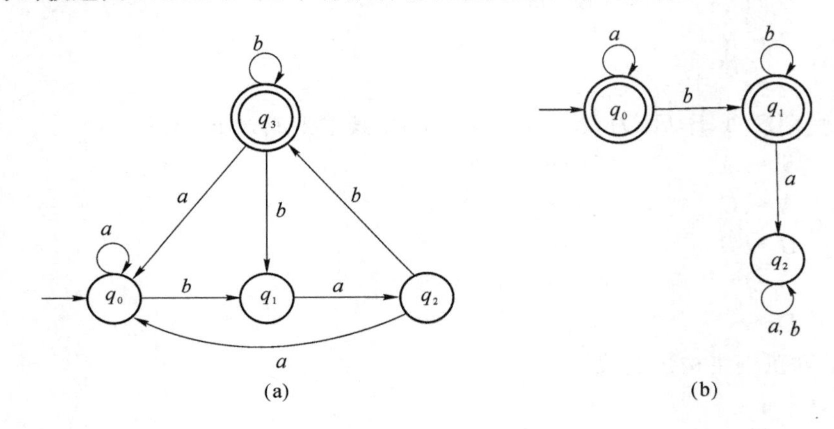

题图 3.2 有限自动机转换图

12. 设 δ 是 DFA 的转换函数,证明对于任意输入字符串 ω_1 和 ω_2,有

$$\delta'(q,\omega_1\omega_2)=\delta'(\delta'(q,\omega_1),\omega_2)$$

注:可对 ω_2 的长度作归纳。

13. 为第 4 题构造有限自动机。

14. 构造 DFA M_1 等效于 NFA M,NFA M 如下:

(1) $M=(\{q_0,q_1,q_2,q_3\},(a,b),\delta,q_0,\{q_3\})$,其中 δ 如下:

$$\delta(q_0,a)=\{q_0,q_1\} \qquad \delta(q_0,b)=\{q_0\}$$
$$\delta(q_1,a)=\{q_2\} \qquad \delta(q_1,b)=\{q_2\}$$
$$\delta(q_2,a)=\{q_3\} \qquad \delta(q_2,b)=\varnothing$$
$$\delta(q_3,a)=\{q_3\} \qquad \delta(q_3,b)=\{q_3\}$$

(2) $M=(\{q_0,q_1,q_2,q_3\},(a,b),\delta,q_0,\{q_1,q_3\})$,其中 δ 如下:

$$\delta(q_0,a)=\{q_1,q_3\} \qquad \delta(q_0,b)=\{q_1\}$$
$$\delta(q_1,a)=\{q_2\} \qquad \delta(q_1,b)=\{q_1,q_2\}$$
$$\delta(q_2,a)=\{q_3\} \qquad \delta(q_2,b)=\{q_0\}$$
$$\delta(q_3,a)=\varnothing \qquad \delta(q_3,b)=\{q_0\}$$

15. 对下面矩阵表示的 ε-NFA：

	ε	a	b	c
p（起始状态）	∅	$\{p\}$	$\{q\}$	$\{r\}$
q	$\{p\}$	$\{q\}$	$\{r\}$	∅
r（终止状态）	$\{q\}$	$\{r\}$	∅	$\{p\}$

（1）给出该自动机接受的所有长度等于 3 的串；

（2）将此 ε-NFA 转换为没有 ε 转换的 NFA。

16. 请对题图 3.3 给出的有限自动机进行化简。

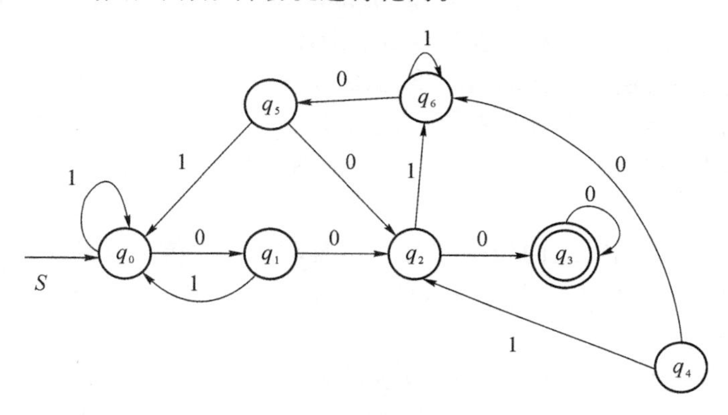

题图 3.3

17. 使用泵浦引理，证明下列集合不是正则集：

（1）由文法 G 的生成式 $S \to aSbS \mid c$ 产生的语言 $L(G)$；

（2）$\{\omega \mid \omega \in \{a,b\}$ 且 ω 有相同个数的 a 和 $b\}$；

（3）$\{0^n 1^m 2^{n+m} \mid n,m \geqslant 1\}$；

（4）$\{\omega\omega \mid \omega \in \{a,b\}^*\}$。

（5）$\{0^n \mid n$ 为素数$\}$。

18. 构造米兰机和摩尔机。

对于$\{a,b\}^*$的字符串，如果输入以 bab 结尾，则输出 1；如果输入以 bba 结尾，则输出 2；否则输出 3。

19. 构造一个米兰机，输入字母表 $T=\{0,1\}$，要求输出字符串只是对输入字符串延迟两个时间单位。

20. 已知 DFA 的状态转移表如下，构造最小状态的等价 DFA。

	0	1
→A	B	A
B	D	C
C	D	B
*D	D	A
E	D	F
F	G	E
G	F	G
H	G	D

第4章　上下文无关文法与下推自动机

上下文无关文法(CFG,context free grammar)和它所描述的上下文无关语言,在定义程序设计语言、语法分析、简化程序设计语言的翻译等方面具有重要意义。

由于上下文无关文法所定义的语法单元,完全独立于语法单元所出现的环境,所以称它是上下文无关文法。例如一个算术表达式,不必考虑它所处的上下文关系。这与一般的自然语言不同,在自然语言中,一个句子或一个词的语法性质,往往和它所处的上下文有密切关系。

与上下文无关文法相对应的识别器是下推自动机。下推自动机亦有确定与不确定之分,而确定的自动机只对应上下文无关语言的一个子集,不过,这个子集能够包括大多数程序设计语言的文法。

本章要讨论推导树和二义性、上下文无关文法的变换、Chomsky 范式和 Greibach 范式,然后引入下推自动机及它与上下文无关语言的关系,最后是上下文无关语言的性质。

4.1　推导树与二义性

可以用图的方法表示一个句型的推导,这种图称为**推导树**(或称语法树),它有助于理解一个句子语法结构的层次。推导树的根节点的标记是文法的起始符,其他枝和叶节点的标记,可以是非终结符、终结符或 ε。

如果树中的一个枝节点(或称内节点)A,有直接子孙 $X_1,X_2,\cdots,X_k$,那么文法中便有生成 $A\to X_1X_2\cdots X_k$。

以下给出上下文无关文法推导树的定义。

定义 4.1.1　设 D 是上下文无关文法 $G=(N,T,P,S)$ 的推导树,是有标记的有序树,且满足

(1) D 的根节点标记是 S;

(2) D 的枝节点标记是非终结符;

(3) D 的叶节点标记是终结符或 ε;

(4) 如果标记为 A 的节点,有直接子孙 $X_1X_2,\cdots,X_i$,那么

$$A\to X_1X_2\cdots X_i$$

是 P 的一个生成式。

例 1　上下文无关文法 $G=(N,T,P,S)$,其中

$$N=\{S\},T=\{(,),+,*,a\},$$

生成式 P 如下：

$S \to S+S \mid S*S \mid (S) \mid a$，则有推导树如图 4.1.1(a)和(b)所示。

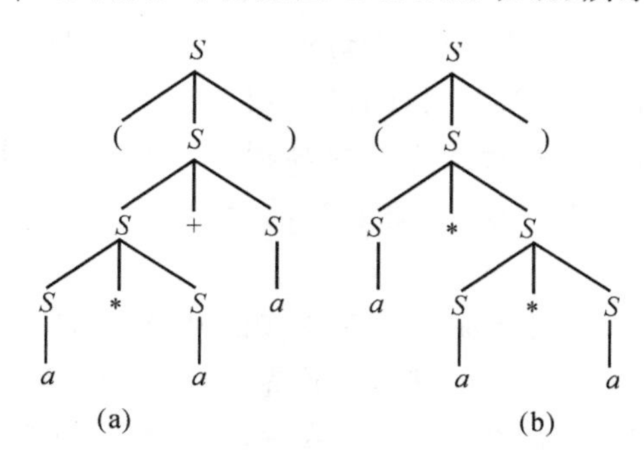

图 4.1.1　推导树

对一棵有序树节点的次序作如下规定：如果节点 A 有直接子孙 $X_1, X_2, \cdots, X_m$，当 $i<j$ 时，X_i 的所有子孙必须排列在 X_j 所有子孙的左边。

1. 边缘

连接推导树的叶子(次序按从左到右)标记组成的字符串称为推导树的边缘。

如图 4.1.1(a)所示的推导树，它的边缘是字符串$(a*a+a)$，图 4.1.1(b)所示的推导树边缘也是$(a*a+a)$。

定理 4.1.1　设上下文无关文法 $G=(N,T,P,S)$，如果存在 $S\overset{*}{\Rightarrow}\omega$ 当且仅当文法 G 中有一棵边缘为 ω 的推导树。

证明　要证明的是，对任意 $B\in N$，有 $B\overset{*}{\Rightarrow}\omega$ 当且仅当存在边缘为 ω 的 B 树(即树根为 B 的树)。

设 B 树的边缘是 ω，对树中的枝节点数目 m 进行归纳，证明 $B\overset{*}{\Rightarrow}\omega$。

当 $m=1$，即树中只有一个枝节点，如图 4.1.2 所示。在这种情况下，$X_1X_2X_3\cdots X_n$ 就是 ω，因此 $B\to\omega$ 必是 P 的生成式。

当 $m\leqslant k-1$ 且 $k>1$，即树中的枝节点数不大于 $k-1$个时，$B\overset{*}{\Rightarrow}\omega$ 成立。

下面证明当有 k 个枝节点时，B 树的边缘是 ω，有 $B\overset{*}{\Rightarrow}\omega$ 成立。

先考虑树根的直接子孙，它们不一定都是叶子，如果是 $X_1X_2\cdots X_n(n\geqslant 1)$，那么 $B\to X_1X_2\cdots X_n$ 必定是 P 的生成式。

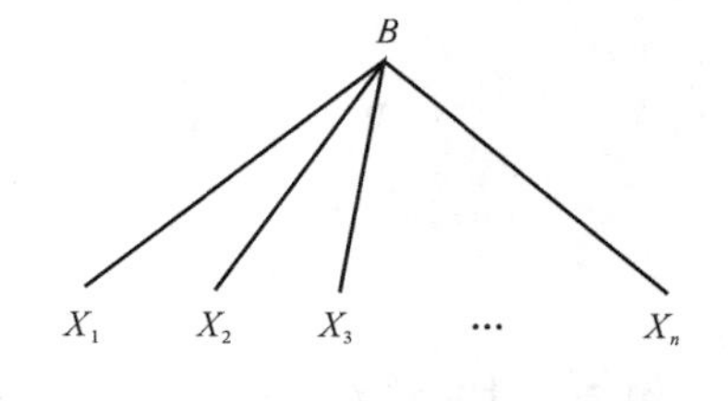

图 4.1.2　B 树

若第 i 个直接子孙不是叶子，那么必定存在以非终结符 X_i 为根的子树，即 X_i 树，它的边缘是 ω_i。

若第 i 个直接子孙是叶子，则 $X_i=\omega_i$ 根据树中节点的排列次序，可将 ω 写为 $\omega=\omega_1\omega_2\cdots\omega_n$。

另外，一棵子树的枝节点数必定要比全树的枝节点数少，否则子树就是全树。因此对每个节点 X_i，如果不是叶子，便有 $X_i\overset{*}{\Rightarrow}\omega_i$，存在一棵根为 X_i 的子树，而不是全树。如果 X_i 是叶子,便有 $X_i=\omega_i$,那么 $X_i\overset{*}{\Rightarrow}\omega_i$ 也成立。

将这些局部推导综合在一起便有

$$B\Rightarrow X_1X_2\cdots X_n\overset{*}{\Rightarrow}\omega_1X_2\cdots X_n\overset{*}{\Rightarrow}\omega_1\omega_2X_3\cdots X_n\overset{*}{\Rightarrow}\cdots\overset{*}{\Rightarrow}\omega_1\omega_2\cdots\omega_n=\omega$$

因此得出,如果存在 B 树的边缘是 ω,则有 $B\overset{*}{\Rightarrow}\omega$ 成立。

反之,设有 $B\overset{*}{\Rightarrow}\omega$,则存在一棵边缘为 ω 的 B 树。对推导步数归纳。

当 $B\overset{*}{\Rightarrow}\omega$ 只有一步推导,那么 $B\rightarrow\omega$ 便是 P 的生成式,存在一棵边缘为 ω 的 B 树,如图 4.1.2 所示。

假设对任意非终结符 B,有 $B\overset{*}{\Rightarrow}\omega$,是小于 k 步的推导,存在一棵边缘为 ω 的 B 树。

现在证明,当 $B\overset{*}{\Rightarrow}\omega$ 有 k 步推导的情况。设第一步为 $B\rightarrow X_1X_2\cdots X_n$,在此可以看出,$\omega$ 中的任何符号,或者是 $X_1X_2\cdots X_n$ 中的一个,或者是从 $X_1X_2\cdots X_n$ 中的一个所推导出的符号;而且在 ω 中,从 X_h 推导出的一部分符号,必定都在从 X_i 推导出的一部分符号的左边($h<i$)。

将 ω 写为 $\omega_1\omega_2\cdots\omega_n$,其中对每个 i,$1\leqslant i\leqslant n$,存在

$X_i=\omega_i$　　当 X_i 是终结符;

$X_i\overset{*}{\Rightarrow}\omega_i$　　当 X_i 是非终结符。

如果 X_i 是非终结符,那么从 X_i 推出 ω_i 应少于 k 步,这是因为 $B\overset{*}{\Rightarrow}\omega$ 的全部推导是 k 步,而且第一步并不是 $X_i\overset{*}{\Rightarrow}\omega_i$ 的推导,因此按归纳假设,对每个非终结符 X_i,存在一棵边缘为 ω_i 的 X_i 树。

最后可得结论,当 $X_1X_2\cdots X_n$ 都是叶子,那么便有一棵 B 树如图 4.1.3(a)所示。当 $X_1,X_2,\cdots,X_n$ 不都是叶子,如果其中 X_i 是非终结符,可由一棵 X_i 树取代,如果 X_i 是终结符,则不取代,图4.1.3(b)表示一例。

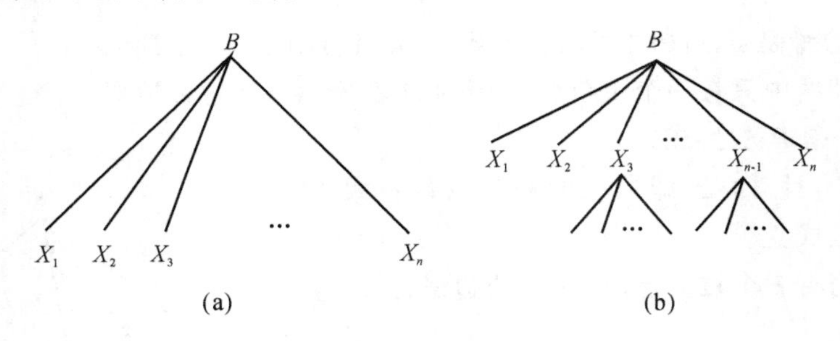

图 4.1.3　B 树

例 2　设文法 $G=(\{S,A\},\{a,b\},P,S)$,其中

$$S\rightarrow aAS\mid a$$
$$A\rightarrow SbA\mid ba$$

对于推导序列

$$S\Rightarrow aAS\Rightarrow aSbAS\Rightarrow aabAS\Rightarrow aabbaS\Rightarrow aabbaa$$

存在一棵推导树,如图 4.1.4 所示。

2. 最左推导和最右推导

推导是为了对句子的结构进行确定性的分析，可以有各种不同的推导，一般情况下，仅考虑最左推导或最右推导。

如果在推导过程中，在每一步对句型进行替换时，被替换的句型中的非终结符总是取最左(右)边的一个，称这种推导是最左(右)推导。

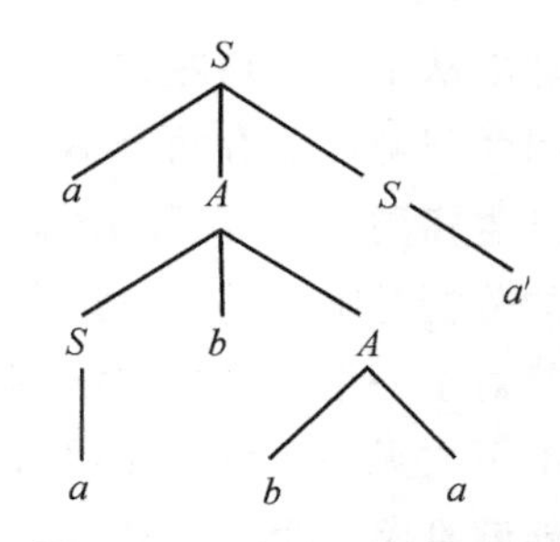

图 4.1.4　文法 G 的推导树

例 3　设上下文无关文法 $G=(N,T,P,S)$，其中

$$N=\{S\}$$
$$T=\{(,),+,*,a\}$$

生成式 P 如下：

$$S\rightarrow S*S\,|\,S+S\,|\,(S)\,|\,a$$

文法 G 产生的句子 $(a*a)$，最左推导是

$$S\Rightarrow(S)\Rightarrow(S*S)\Rightarrow(a*S)\Rightarrow(a*a)$$

最右推导是

$$S\Rightarrow(S)\Rightarrow(S*S)\Rightarrow(S*a)\Rightarrow(a*a)$$

由定理 4.1.1 可知，$(a*a)$ 是文法 G 的一个句子，那么便有一棵推导树的边缘是 $(a*a)$，如图 4.1.5 所示。

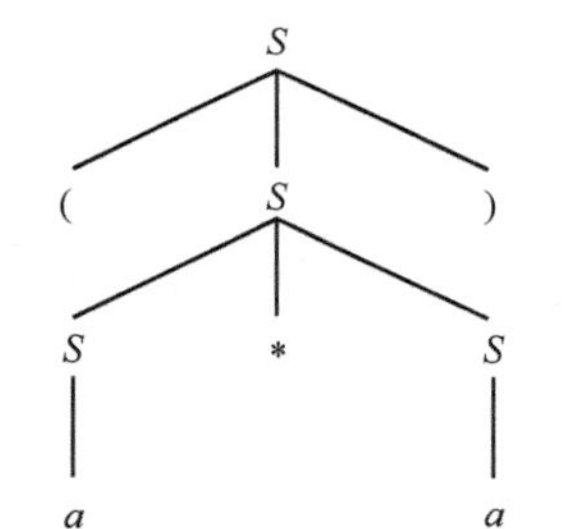

图 4.1.5　边缘是 $(a*a)$ 的树

例 4　上下文无关文法

$$S\rightarrow SAB\,|\,\varepsilon$$
$$A\rightarrow aA\,|\,a$$
$$B\rightarrow bB\,|\,\varepsilon$$

(1) 给了同 $abbaab$ 的最左推导；

(2) 给出 $abbaab$ 的最右推导。

答：(1) 最左派生：

$S\Rightarrow SAB\Rightarrow SABAB\Rightarrow ABAB\Rightarrow aBAB\Rightarrow abBAB\Rightarrow abbBAB\Rightarrow abbAB\Rightarrow abbaAB\Rightarrow abbaaB\Rightarrow abbaabB\Rightarrow abbaab$

(2) 最右派生：

$S\Rightarrow SAB\Rightarrow SAbB\Rightarrow SAb\Rightarrow SaAb\Rightarrow Saab\Rightarrow SABaab\Rightarrow SAbBaab\Rightarrow SAbbBaab\Rightarrow SAbbaab\Rightarrow Sabbaab\Rightarrow abbaab$

对上下文无关文法而言，文法产生的一个句子并非只对应唯一的一棵推导树。例如在例 1 中，由文法 G 产生的句子 $(a*a+a)$ 存在两棵不同的推导树，其边缘都是 $(a*a+a)$，这表现了文法的二义性。

定义 4.1.2　上下文无关文法 G 是二义的，当且仅当对于句子 $\omega\in L(G)$，存在两棵不同的具有边缘为 ω 的推导树。

上下文无关文法 G 的二义性，也表现在推导中。如果文法 G 是二义的，那么它产生的句子必然能从不同的最左(右)推导得出。但是应指出,文法的二义性和语言的二义性是不同的。因为完全可能有两个不同的文法 G_1 和 G_2,其中一个有二义性,另一个无二义性,它们却能产生相同的语言,即 $L(G_1)=L(G_2)$。一般对一种程序语言来说,总是希望对它的每个句子的分析是唯一的——这必然要求文法是无二义性的。

尽管对于一个二义性文法,有时能够找到一个产生相同语言的无二义性文法,然而,也有一些上下文无关语言只能用二义文法产生,这样的语言称为固有二义的。然而,没有一般的算法能够判断一个文法是否具有二义性,也没有一般的算法能够将二义性文法转化为无二义性文法。

3. 设计上下文无关文法

如同以前讨论的设计有限自动机一样,设计上下文无关文法(CFG)也需要创造力。设计上下文无关文法甚至比设计有限自动机更加棘手,因为我们不习惯用文法描述语言。当你面对一个构造上下文无关文法的问题时,下述技术是有用的,可以单独使用,也可以联合使用。

首先,许多 CFG 是由几个较简单的 CFG 合并成的,解决几个较简单的问题常常比解决一个复杂的问题容易。如果你要为一个上下文无关语言(CFL)构造文法,而这个 CFL 可以分成几个较简单的部分,那么就分别构造每一部分的文法,再将这几个文法合并在一起,构造出原来那个语言的文法。这只需把它们的规则都放在一起,再加入新的规则 $S\to S_1|S_2|\cdots|S_k$,其中 $S_1,S_2,\cdots,S_k$ 是各个文法的起始符。

例 5 定义语言 $\{0^n1^n|n\geqslant 0\}\cup\{1^n0^n|n\geqslant 0\}$ 的文法。

解 可分别构造语言 $\{0^n1^n|n\geqslant 0\}$ 的文法

$$S_1 \to 0S_11 \mid \varepsilon$$

和 $\{1^n0^n|n\geqslant 0\}$ 的文法

$$S_2 \to 1S_20 \mid \varepsilon$$

再加入规则 $S\to S_1|S_2$ 即得出所求语言的文法

$$S \to S_1 \mid S_2$$
$$S_1 \to 0S_11 \mid \varepsilon$$
$$S_2 \to 1S_20 \mid \varepsilon$$

其次,某些上下文无关语言中的字符串有两个"相互联系"的子串,需要检查这两个子串中的一个是否正好对应于另一个,例如,在语言 $\{0^n1^n|n\geqslant 0\}$ 中就是这种情况。对于这种情况,可以使用 $S\to uSv$ 形式的生成式,它产生的字符串中包含 u 的部分对应包含 v 的部分。

在更复杂的语言中,字符串可能包含一种结构,它递归地作为另一种(或者同一种)结构的一部分出现。例 1 生成算术表达式的文法中,生成式 $S\to(S)|a$ 就是这种情况,每个可出现符号 a 的位置,都可递归地将其替换为一个用括号括起来的完整的算术表达式。此时,我们把生成这种结构的非终结符放在生成式中递归出现这种结构的对应地方。

例 6 定义语言 $L=\{\omega|\omega$ 中 a 的个数和 b 的个数相同$\}$ 的文法。

解 可首先构造出基础情况的文法

$$S \to ab \mid ba \mid \varepsilon$$

再递归地构造出归纳情况的文法(新的生成式不能改变 a 和 b 的个数关系)

$$S \to SaSbS \mid SbSaS$$

上述规则共同构成了所求语言的文法。

4.2　上下文无关文法的变换

当给定一个上下文无关文法之后,有时要对生成式的形式给予一些限制,使生成式的形式满足某些要求,而又不改变上下文无关文法对语言的生成能力。

有时上下文无关文法可能含有无用的符号或生成式有待删除。例如,上下文无关文法 $G=(N,T,P,S)$,其中

$$N = \{S,A,B\}$$
$$T = \{0,1\}$$
$$P = \{S \to 0, A \to 1, B \to 0\}$$

可以看出,在文法 G 中,非终结符 A、B 和终结符 1 不可能出现在从 S 开始推导的句型中,且生成式 $A \to 1$,$B \to 0$ 也是无用的。这些都可以从文法 G 中删除,而不影响 G 所生成的语言。这样,就存在着一个对文法的变换问题。

本节要证明对给定的上下文无关文法可变换成为某种标准形式。

其一,如果每个生成式的形式均为 $A \to BC$ 和 $A \to a$,其中 $A,B,C \in N$,$a \in T$,称为 Chomsky 范式。

其二,如果每个生成式的形式均为 $A \to a\alpha$,其中 $\alpha \in N^*$,$a \in T$,称为 Greibach 范式。

以下首先讨论无用符号的删除及相关算法。

1. 删除无用符号

定义 4.2.1　设上下文无关文法 $G=(N,T,P,S)$,如果对某些 $\alpha,\beta,\omega \in T^*$,$X \in N \cup T$,当 X 出现在推导 $S \overset{*}{\Rightarrow} aX\beta \overset{*}{\Rightarrow} \omega$ 中,则 X 是有用符号,如果 X 不出现在 $S \overset{*}{\Rightarrow} \omega$ 中,则 X 是无用符号。

根据定义判定一个符号是否有用,需从两个方面进行分析:

其一,在给定一个上下文无关文法 G 中,对每一个非终结符 A,能否由 A 推导出某些终结符串。

其二,A 是否能出现在由起始符 S 开始的推导句型之中。

在此提出以下两个引理:

引理 4.2.1　已知上下文无关文法 $G=(N,T,P,S)$ 产生的语言是非空的,必能找到一个等效的文法 G_1,对 G_1 的每个非终结符 A,存在 $A \overset{*}{\Rightarrow} \omega$,$\omega \in T^*$。

证明　设 $G_1=(N_1,T,P_1,S)$,如果某些非终结符 $A \in N$ 有生成式为

$$A \to \omega \in P$$

则应有 $A \in N_1$。

如果生成式为

$$A \to X_1X_2\cdots X_n \in P$$

其中,X_i 是终结符或已放入 N_1 中的非终结符,那么从 A 沿 $A \Rightarrow X_1X_2 \cdots X_n$ 开始可推出终结符串,且应有 $A \in N_1$,非终结符集合 N_1 可由算法 1 得出。

对于 G_1 的生成式 P_1,它应该是符号在 $N_1 \cup T$ 中的生成式。

以下证明如果 $A \stackrel{*}{\Rightarrow} \omega, \omega \in T^*$,则 $A \in N_1$。

用归纳法,按 $A \stackrel{*}{\Rightarrow} \omega$ 的推导步数归纳证明。

当步数为 1,有生成式 $A \rightarrow \omega$,则有 $A \in N_1$。

当步数小于 k,有 $A \stackrel{*}{\Rightarrow} \omega$ 成立。

当步数为 k,推导 $A \Rightarrow X_1X_2 \cdots X_n \stackrel{*}{\Rightarrow} \omega$,$\omega$ 可写为 $\omega = \omega_1\omega_2 \cdots \omega_n$,其中,$X_i \stackrel{*}{\Rightarrow} \omega_i$,$1 \leqslant i \leqslant n$,而且它们都是少于 k 步推导出来的。

根据归纳假设,这些 X_i 将属于 N_1,因此文法 $G_1=(N_1, T, P_1, S)$ 满足 $A \in N_1$,则有 $A \stackrel{*}{\Rightarrow} \omega, \omega \in \boldsymbol{T}^*$。

算法 1 找出有用非终结符

当已给上下文无关文法 $G=(N, T, P, S)$,为删除无用非终结符及相关的生成式,从而产生一个等效的文法 $G_1=(N_1, T, P_1, S)$,可用以下算法:

(1) $N_0 := \varnothing$,N_0 为非终结符集合;

(2) $N' := \{A \mid A \rightarrow \omega$ 且 $\omega \in T^*\}$,N' 为非终结符集合;

(3) 如果 $N_0 \neq N'$,则转(4),否则转(6);

(4) $N_0 := N'$;

(5) $N' := N_0 \cup \{A \mid A \rightarrow \alpha$ 且 $\alpha \in (T \cup N_0)^*\}$,转(3);

(6) $N_1 := N'$。

算法 1 的工作过程如图 4.2.1 所示。通过逐层扩展集合,算法 1 找出了所有能直接或间接推出终结符串的非终结符作为有用符号。

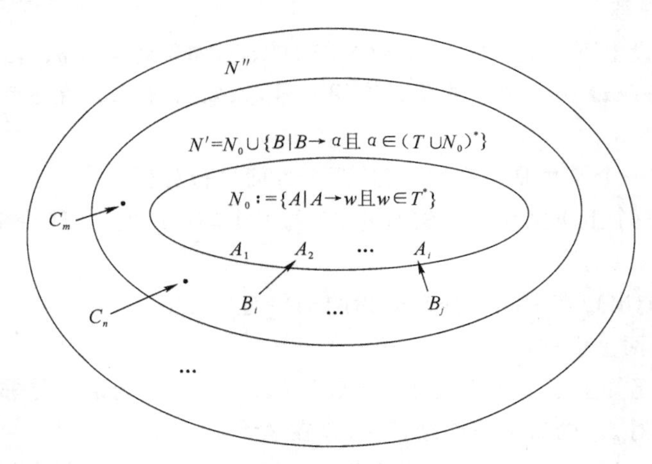

图 4.2.1 算法 1 的工作过程

引理 4.2.2 已知一个上下文无关文法 $G=(N, T, P, S)$,必能找到一个等效的文法 $G_1=(N_1, T_1, P_1, S)$,对每个符号 $X \in N_1 \cup T_1$,存在 $\alpha, \beta \in (N_1 \cup T_1)^*$,有 $S \stackrel{*}{\Rightarrow} \alpha X \beta$。

证明 在文法 G 的句型中出现的有用符号集合为 $N_1 \cup T_1$,可由算法 2 构成。

设 A 是 N_1 中的一个非终结符，且 $S\in N_1$，对 $A\rightarrow\alpha_1\,|\,\alpha_2\,|\cdots|\,\alpha_n$，则将 $\alpha_1,\alpha_2\cdots,\alpha_n$ 中所有非终结符号放到 N_1 中，所有终结符放到 T_1 中，而 P_1 则是只包含 $N_1\cup T_1$ 中符号的生成式集合。

算法 2　找出有用符号

当已给上下文无关文法 $G=(N,T,P,S)$，为删去不出现在从起始符 S 开始推导的句型中的符号及相关的生成式，从而产生一个等效的文法 $G_1=(N_1,T_1,P_1,S)$，其算法如下：

(1) $N_0:=\{S\}$；

(2) $N':=\{X\,|\,A\in N_0$ 且 $A\rightarrow\alpha X\beta\}\cup N_0$，$N'$为有用符号集合，$X\in N\cup T$；

(3) 如果 $N_0\neq N'$，则转(4)，否则转(5)；

(4) $N_0=N'$转(2)；

(5) $N_1:=N'\cap N$，$T_1:=N'\cap T$。

P_1 由 P 内只含 N'中符号的生成式组成。

与算法 1 类似，图 4.2.2 显示了算法 2 的工作过程。从最内层的 S 出发，通过逐层向外扩展集合，算法 2 找出了所有从 S 直接或间接可达的符号(包括终结符和非终结符)作为有用符号。

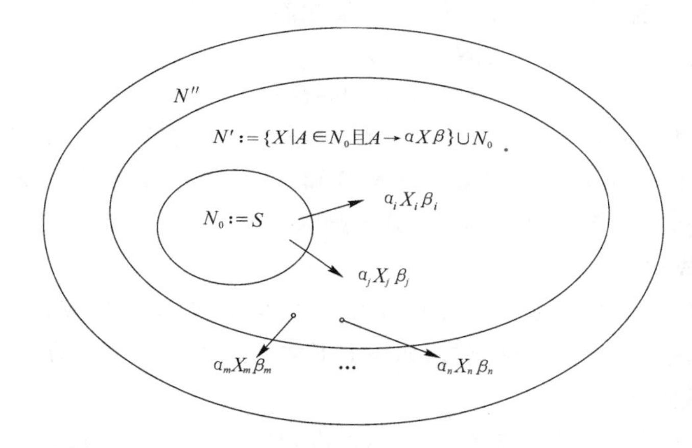

图 4.2.2　算法 2 的工作过程

由以上两个算法，便可得出删去上下文无关文法 G 中的所有无用符号的算法。它是由算法 1 和算法 2 结合而成，算法的步骤一，是执行算法 1，从 G 中删除那些不能生成终结符串的非终结符。步骤二，执行算法 2，继续删去不可到达的符号。必须指出，步骤一和步骤二不能颠倒，否则无用符号不会被完全删除，可见以后的例子。

定理 4.2.1　任何非空的上下文无关语言，可由不存在无用符号的上下文无关文法产生。

证明　设 $L(G)$是非空的上下文无关语言，由算法 1(引理4.2.1)将 G 变换为 G_1，再由算法 2(引理 4.2.2)将 G_1 变换为 G_2，即 G_2 中不存在无用符号。

假设 G_2 存在无用符号 A，根据引理 4.2.2，对文法 G_2 必存在推导 $S\overset{*}{\underset{G_2}{\Rightarrow}}\alpha A\beta$，可是 G_2 的所有符号都是 G_1 的符号，因此由引理4.2.1可得出

$$S \underset{G_2}{\overset{*}{\Rightarrow}} \alpha A \beta \underset{G_1}{\overset{*}{\Rightarrow}} \omega$$

其中,ω 是终结符串。

这样,根据引理 4.2.2,在推导 $\alpha A \beta \underset{G_1}{\overset{*}{\Rightarrow}} \omega$ 中没有符号被删除,这与假设 A 是无用符号矛盾。

例 1 设上下文无关文法 $G=(N,T,P,S)$,其中

$$N=\{S,A,B\},$$
$$T=\{a\}$$

生成式 P 如下:

$$S\to a,$$
$$S\to AB,$$
$$A\to a$$

由算法 1(引理 4.2.1)可得出,从非终结符 B 推导不出终结符串,故应删除 B。又,生成式 $S\to AB$ 含有 B,也同时删除。

对生成式 $S\to a$,$A\to a$,再使用算法 2(引理 4.2.2),只有 S 和 a 出现在从起始符 S 推导的句型中,而 A 不出现在从 S 推导的句型中,又删除了 A 和 $A\to a$。

最后得出不存在无用符号的等效文法为

$$G_1=(\{S\},\{a\},\{S\to a\},S)$$

在本例中,如果先使用算法 2(引理 4.2.2),可以发现所有符号都出现在从 S 开始推导的句型中,再由算法 1(引理 4.2.1)有无用符号 B 和 $S\to AB$ 应删除,所得文法 $G_2=(\{S,A\},\{a\},\{S\to a,A\to a\},S)$。其中 A 和 $A\to a$ 并未删除。

2. 删除 ε 生成式

对上下文无关文法来说,如果带有形如 $A\to\varepsilon$ 的生成式(即 ε 生成式),会给推导带来麻烦,一般情况下应删除。但有一个例外,如果上下文无关文法 G 生成的语言 $L(G)$ 中含有 ε,那就不能删除生成式 $S\to\varepsilon$。

定义 4.2.2 一个上下文无关文法 $G=(N,T,P,S)$,如果生成式 P 中无任何 ε 生成式,或只有一个生成式 $S\to\varepsilon$,且 S 不在任何生成式的右部,则称 G 为无 ε 文法。

如果给定一个上下文无关文法 $G=(N,T,P,S)$,它含有 ε 生成式,可将其变换为无 ε 生成式的等效文法 $G_1=(N_1,T,P_1,S_1)$,算法如下:

算法 3 消除 ε 生成式

(1) 利用算法 1 找出 $N'=\{A \mid A\in N$ 且 $A\overset{+}{\Rightarrow}\varepsilon\}$;

(2) 用以下两步组成 P_1:

① 如果生成式 $A\to\beta_0 C_1\beta_1 C_2\beta_2\cdots C_n\beta_n\in P$,$n\geqslant 0$,且每个 $C_k(1\leqslant k\leqslant n)$ 均在 N' 内,而对于 $0\leqslant j\leqslant n$ 时,没有 β_j 在 N' 内,则 P_1 应加入以下形式的生成式

$$A\to\beta_0 Y_1\beta_1 Y_2\beta_2\cdots Y_n\beta_n$$

其中,Y_k 或是 C_k 或是 ε,但 $A\to\varepsilon$ 不加入 P_1。

② 如果 $S\in N'$,则 P_1 应加入以下的生成式:

$S_1\to\varepsilon\mid S$ S_1 是一个新非终结符,

$N_1 := N \cup \{S_1\}$

如果 $S \notin N'$，则 $N_1 = N, S_1 = S$。

最后得出 $G_1 = (N_1, T, P_1, S_1)$。

例 2　设上下文无关文法 $G=(N,T,P,S)$，其中

$$N = \{S\},$$
$$T = \{a, b\}$$

生成式 P 如下：

$$S \rightarrow aSbS \mid bSaS \mid \varepsilon$$

G 是有 ε 生成的文法，除 $S \rightarrow \varepsilon$ 外，S 出现在生成式的右边用上述算法找出无 ε 生成的等效文法 $G_1 = (N_1, T, P_1, S_1)$。

解

(1) 因为 G 中只有一个非终结符，所以 $N' = \{S\}$ 和 $S \rightarrow \varepsilon$。

(2) 因为有 $S \rightarrow aSbS$ 和 $S \rightarrow bSaS$ 且 $S \in N'$，$a, b \notin N'$，因此 P_1 应加入的生成式是：

由 $S \rightarrow aSbS$，得出

$$S \rightarrow aSbS \mid aSb \mid abS \mid ab$$

由 $S \rightarrow bSaS$，得出

$$S \rightarrow bSaS \mid bSa \mid baS \mid ba$$

由 $S \in N'$，得出

$$S_1 \rightarrow \varepsilon \mid S$$

(3) 最后得出等效的无 ε 生成式文法 $G_1 = (\{S, S_1\}, \{a, b\}, P_1, S_1)$，其中生成式 P_1 如下：

$$S_1 \rightarrow \varepsilon \mid S,$$
$$S \rightarrow aSbS \mid aSb \mid abS \mid ab \mid bSaS \mid bSa \mid baS \mid ba$$

定理 4.2.2　含 ε 生成式的上下文无关文法 G，存在一个与 G 等效的无 ε 生成式的文法 G_1。

本定理的证明方法，类似于引理 4.2.1 和引理 4.2.2 的证明方法。

3. 消除单生成式

在生成式中，形式为 $A \rightarrow B$ 的生成式，A, B 为非终结符，生成式的右边仅是单个非终结符，称为单生成式。在文法的变换中，可将单生成式删除。如果文法 G 是无 ε 生成式的上下文无关文法，但存在单生成式，可利用以下算法构成一个无单生成式的等效文法 G_1。

算法 4　消除单生成式

(1) 对每个非终结符 $A \in N$，构造一个非终结符集合 $N_A = \{B \mid A \overset{*}{\Rightarrow} B\}$，按以下三步：

① $N_0 := \{A\}$；

② $N' := \{C \mid 如\ B \rightarrow C \in P\ 且\ B \in N_0\} \cup N_0$；

③ 如果 $N' \neq N_0$，则 $N_0 := N'$ 转向②，否则 $N_A := N'$ 转向(2)。

(2) 构造 P_1 如下：

如果 $B \rightarrow \alpha \in P$ 且不是单生成式，则对于 $B \in N_A$ 中的所有 A，把 $A \rightarrow \alpha$ 加入 P_1 中。

(3) 得出文法 $G_1 = (N_1, T_1, P_1, S)$。

定理 4.2.3 有单生成式的上下文无关文法 G,存在一个等效的无单生成式的文法 G_1。

读者自己证明。

例 3 设上下文无关文法 $G=(N,T,P,S)$,其中

$$N=\{S,A,B\},$$
$$T=\{(,),+,*,a\}$$

生成式 P 如下:

$$S\to S+A\,|\,A,$$
$$A\to A*B\,|\,B,$$
$$B\to(S)\,|\,a$$

显然,G 是无 ε 生成式的文法,但存在单生成式 $S\to A, A\to B$。

此文法的生成式及之间关系可以形象地用图 4.2.3 表示,其中实线表示单生成式,虚线表示非单生成式。

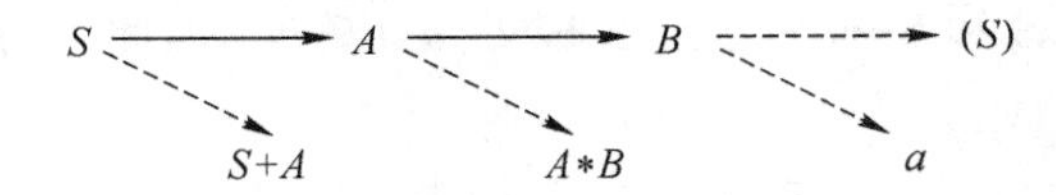

图 4.2.3 文法的生成式及其关系

由算法 4 可知,所求的 N_X 中存放的是以 X 为根形成的一叉树中的全部非终结符,如图所示:$N_S=\{S,A,B\}$,$N_A=\{A,B\}$,$N_B=\{B\}$。

算法 4 的物理意义就是要剪裁掉这些一叉树的中间分枝,对于每棵子树的根直接采用树中由虚线标出的非单生成式定义。例如,图 4.2.3 中,可重新定义 S 的生成式为

$$S\to S+A\mid A*B\mid (S)\mid a$$

根据算法 4,全部处理如下:

(1)

① $N_0=\{S\}$;

② 因 $S\to A\in P$ 和 $A\to B\in P$,则 $N'=\{S,A,B\}=N_S$;

③ 同理有 $N_A=\{A,B\}$,$N_B=\{B\}$。

(2) 构造生成式 P_1。由于 $S\to S+A\in P$ 且不是单生成式,故 P_1 中有

$$S\to S+A\,|\,A*B\,|\,(S)\,|\,a$$

同理有

$$A\to A*B\,|\,(S)\,|\,a,$$
$$B\to (S)\,|\,a$$

(3) 得出文法 G_1 的生成式如下:

$$S\to S+A\,|\,A*B\,|\,(S)\,|\,a,$$
$$A\to A*B\,|\,(S)\,|\,a,$$
$$B\to (S)\,|\,a$$

4. 消除递归

在上下文无关文法的变换中,还须消除循环、递归等,以便于语法分析。

定义 4.2.3　上下文无关文法 G 中，如存在 $A\overset{+}{\Rightarrow}\alpha A\beta, A\in N$，称 G 是递归的文法；如存在 $A\overset{+}{\Rightarrow}A\beta$，则称 G 是左递归的文法；如存在 $A\overset{+}{\Rightarrow}\alpha A$，则称 G 是右递归的文法；如存在 $A\overset{+}{\Rightarrow}A$，则称 G 是循环的文法。

定义 4.2.4　上下文无关文法 G 中，将所有形为 $A\rightarrow\alpha$ 的一组生成式，称为 A 生成式。

对于上下文无关文法来说，为要消除递归，需对某些形如 $A\rightarrow\alpha$ 的 A 生成式进行必要的变换。可用以下两个引理。

引理 4.2.3　设上下文无关文法 $G=(N,T,P,S)$，对于 $B\in N, \alpha,\beta\in(N\cup T)^*$，有 $A\rightarrow\alpha B\beta$ 是 P 中的生成式，又有 $B\rightarrow\gamma_1|\gamma_2|\cdots|\gamma_k$ 是 P 中的 B 生成式，可构成文法 $G_1=(N,T,P_1,S)$，P_1 的生成式是将 P 中的 $A\rightarrow\alpha B\beta$，用 $A\rightarrow\alpha\gamma_1\beta|\alpha\gamma_2\beta\cdots|\alpha\gamma_k\beta$ 取代。

本引理的证明类似下面的引理 4.2.4 的证明，以下仅证明引理 4.2.4。

引理 4.2.4　设上下文无关文法 $G=(N,T,P,S)$，P 中有 A 生成式 $A\rightarrow A\alpha_1|A\alpha_2|\cdots|A\alpha_m|\beta_1|\beta_2|\cdots|\beta_n$，其中 β_i 的第一个字符不再是非终结符 A，可构成文法 $G_1=(N\cup\{A'\}, T,P_1,S)$，$G_1$ 中 P_1 的生成式仅是将 P 中的 A 生成式用以下两组生成式取代，即

$$A\rightarrow\beta_1|\beta_2|\cdots|\beta_n|\beta_1A'|\beta_2A'|\cdots|\beta_nA'$$
$$A'\rightarrow\alpha_1|\alpha_2|\cdots|\alpha_m|\alpha_1A'|\alpha_2A'|\cdots|\alpha_mA'$$

其中 A' 是一个新非终结符，则有 $L(G_1)=L(G)$。

引理 4.2.4 中的变换对推导树的影响如图 4.2.4 所示。由图可见，若按文法 G 有一系列最左推导 $A\Rightarrow A\alpha_{i_1}\Rightarrow A\alpha_{i_2}\alpha_{i_1}\Rightarrow\cdots\Rightarrow A\alpha_{i_k}\alpha_{i_{k-1}}\cdots\alpha_{i_1}\Rightarrow\beta\alpha_{i_k}\cdots\alpha_{i_1}$，则按文法 G_1 的生成式，同样可以有一系列最右推导 $A\Rightarrow\beta A'\Rightarrow\beta\alpha_{i_k}A'\Rightarrow\beta\alpha_{i_k}\alpha_{i_{k-1}}A'\Rightarrow\cdots\Rightarrow\beta\alpha_{i_k}\cdots\alpha_{i_1}$，即按文法 G 和文法 G_1 可以导出同样的符号串。下面规范地证明文法 G 和 G_1 的等价性。

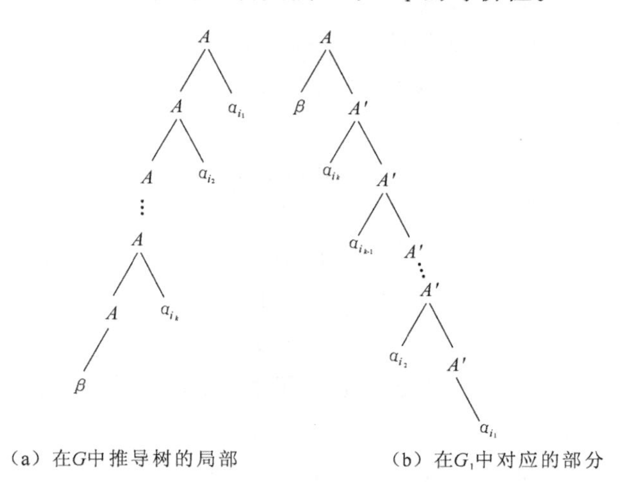

(a) 在G中推导树的局部　　(b) 在G_1中对应的部分

图 4.2.4　左递归变换为右递归

证明　在 G 中，除 A 生成式以外，其他的生成式未作任何改变，所以在 G_1 中同样存在这些生成式。因此，要证明 G 和 G_1 等效，主要考虑 G 中 A 生成式产生的语言和 G_1 中 A、A' 生成式产生的语言之间的关系。

在 G 中，A 生成式以最左推导能产生的句子是正则集 $(\beta_1+\beta_2+\cdots+\beta_n)(\alpha_1+\alpha_2+\cdots+\alpha_n)^*$ 的元素。在 G_1 中，A 生成式和 A' 生成式以最右推导能产生的句子也是 $(\beta_1+\beta_2+\cdots+$

$\beta_n)(\alpha_1+\alpha_2+\cdots+\alpha_n)^*$ 的元素。

因此,有 $L(G)\subseteq L(G_1)$。

反之,在 G_1 中,A 生成式和 A' 生成式以最右推导产生的句子,必是 G 中 A 生成式以最左推导产生的句子。

因此,又有 $L(G_1)\subseteq L(G)$。

所以有 $L(G)=L(G_1)$。

例 4 设上下文无关文法 $G=(N,T,P,S)$,其中

$N=\{S,A,B\}$,

$T=\{(,),+,*,a\}$

生成式 P 如下:

$S\to S+A\mid A$,

$A\to A*B\mid B$,

$B\to(S)\mid a$

对 S 生成式 $S\to S+A\mid A$,利用引理 4.2.4,作如下取代:

$S\to A\mid AS'$,

$S'\to +A\mid +AS'$ (其中 $\alpha_1=+A,\beta_1=A$)

对 A 生成式 $A\to A*B\mid B$,作如下取代:

$A\to B\mid BA'$,

$A'\to *B\mid *BA'$ (其中 $\alpha_1=*B,\beta_1=B$)

对 B 生成式 $B\to(S)\mid a$,不作改变。

以上取代中,增加了两个新非终结符 S' 和 A',最后可得文法 $G_1=(N_1,T,P_1,S)$,其中

$$N_1=\{S,A,B,S',A'\}$$

生成式 P_1 如下:

$$S\to A\mid AS',$$
$$S'\to +A\mid +AS',$$
$$A\to B\mid BA',$$
$$A'\to *B\mid *BA',$$
$$B\to(S)\mid a$$

在引理 4.2.3 和引理 4.2.4 中,已经提出了对生成式的变换方法,在这个基础上开始讨论消除左递归的算法。

如果给定一个上下文无关文法 $G=(N,T,P,S)$,它不存在无用符号、无循环且是无 ε 生成式的文法,为了消除 G 中可能存在的左递归,从而构成一个无左递归的等效文法 G_1,可用如下消除左递归的算法。

算法 5 消除左递归

(1) 将非终结符按一定次序排列,即 $N=\{A_1,A_2,\cdots,A_m\}$,置 $i=1$。

如果 $A_i\to\alpha$ 是 P 的生成式,则 α 的第一个符号应是一个终结符或者是排列在 A_i 后边的一个非终结符 $A_l(l>i)$。

(2) 当 A_i 生成式是

$$A_i \rightarrow A_i\alpha_1 \mid A_i\alpha_2 \mid \cdots \mid A_i\alpha_n \mid \beta_1 \mid \beta_2 \mid \cdots \mid \beta_p$$

其中,若 $k<i$ 时,不存在第一个字符是 A_k 的 $\beta_l(1\leqslant l\leqslant p)$,则将 A_i 生成式用以下生成式取代:

$$A_i \rightarrow \beta_1 \mid \beta_2 \mid \cdots \mid \beta_p \mid \beta_1 A'_i \mid \cdots \mid \beta_p A'_i,$$
$$A'_i \rightarrow \alpha_1 \mid \alpha_2 \mid \cdots \mid \alpha_n \mid \alpha_1 A'_i \mid \cdots \mid \alpha_n A'_i$$

其中,A'_i 是一个新非终结符。到此,所有的 A_i 生成式的第一个符号或者是终结符,或者是排列在 A_i 后边的一个非终结符。

(3) 如果 $i=m$,说明 G_1 已产生,否则置 $i=i+1$ 且置 $j=1$。

(4) 用生成式 $A_i\rightarrow\beta_1\alpha\mid\cdots\mid\beta_n\alpha$ 取代 $A_i\rightarrow A_j\alpha$ 的每个生成式,其中,$A_j\rightarrow\beta_1\mid\beta_2\mid\cdots\mid\beta_n$ 表示所有的 A_j 生成式。

到此,所有 A_j 生成式右边的第一个字符,或者是终结符,或者是排列在 A_j 后边的一个非终结符,且所有 A_i 生成式也同样如此。

(5) 如果 $j=i-1$,则转向(2),否则置 $j=j+1$ 转向(4)。

以上算法说明,对每个上下文无关文法,都存在一个无左递归的等效文法。

算法 5 可用流程图的形式描述如下。

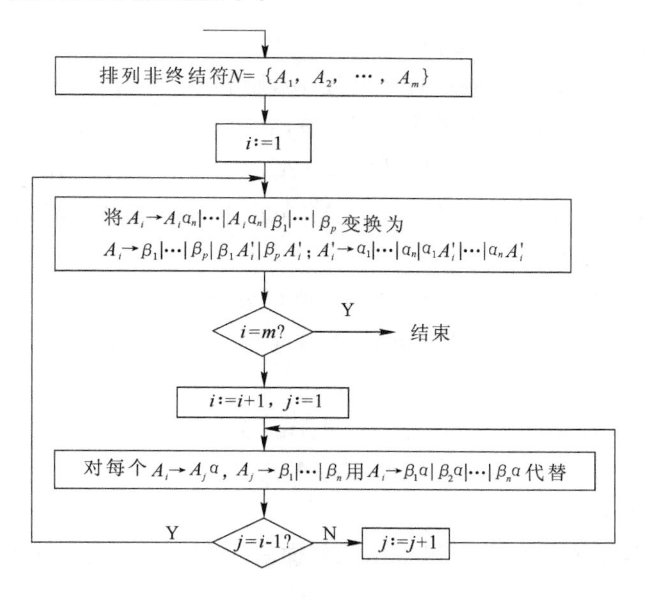

图 4.2.5　算法 5 的流程图

算法 5 实质上类似于代数中求解方程组的消元法。只不过这里是依次消除左递归。首先是对序号最低的非终结符 A_1 消除其直接左递归(如果有的话),得到等价的无左递归的新生成式。因为 A_1 序号最低,所以变换后 A_1 的新生成式右侧第一个符号或者是终结符,或者是序号比它高的非终结符。此后,对序号比 A_1 高的非终结符 A_2 进行处理,若 A_2 的生成式右边第一个符号比它序号低(如 A_1),则将 A_1 的新生成式代入。这样,就可能为 A_2 又引入了直接左递归(因为 A_1 新生成式右侧第一个符号比 A_1 序号高),因此,需要对 A_2 进行变换,消除其直接左递归。这样依次下去,可消除文法中全部的直接、间接左递归。

例5 设上下文无关文法 $G=(\{A_1,A_2,A_3\},\{a,b\},P,A_1)$,其中,生成式 P 如下:

$$A_1 \to A_2A_3 \mid a,$$
$$A_2 \to A_3A_1 \mid A_1b,$$
$$A_3 \to A_1A_2 \mid A_3A_3 \mid a$$

找出等效的无左递归文法 G_1。

用消除左递归的算法,作如下变换:

(1) 因非终结符已按其下标次序排列,置 $i=1$;

对于 $A_1 \to A_2A_3 \mid a$,不作变换;

(2) $i \neq 3(i=1,m=3)$,置 $i=i+1=2$ 且置 $j=1$;

对于 $A_2 \to A_3A_1 \mid A_1b$,因有 $A_1 \to A_2A_3 \mid a$,则有 $A_2 \to A_3A_1 \mid A_2A_3b \mid ab$;

因为 $j=1=i-1$,转向算法中的(2),应当进行生成式的变换。

将 $A_2 \to A_3A_1 \mid A_2A_3b \mid ab$ 变换为下列生成式:

$$A_2 \to A_3A_1 \mid ab \mid A_3A_1A'_2 \mid abA'_2,$$
$$A'_2 \to A_3b \mid A_3bA'_2$$

此时由算法中(2)转向(3);

(3) $i=2 \neq 3$,置 $i=i+1=3$ 且 $j=1$;

对于 $A_3 \to A_1A_2 \mid A_3A_3 \mid a$,因有 $A_1 \to A_2A_3 \mid a$,则有 $A_3 \to A_2A_3A_2 \mid aA_2 \mid A_3A_3 \mid a$;

$j=1 \neq i-1$,置 $j=j+1=2$,转向算法中(4),对于 $A_3 \to A_2A_3A_2 \mid aA_2 \mid A_3A_3 \mid a$ 中的生成式 $A_3 \to A_2A_3A_2$ 的右边第一个字符 A_2,用 $A_2 \to A_3A_1 \mid ab \mid A_3A_1A'_2 \mid abA'_2$ 取代,则有

$$A_3 \to A_3A_1A_3A_2 \mid abA_3A_2 \mid A_3A_1A'_2A_3A_2 \mid abA'_2A_3A_2 \mid aA_2 \mid A_3A_3 \mid a$$

此时由算法中(4)转向(5);

$j=2=i-1$ 转向算法中(2),对 A_3 生成式取代后有下列生成式:

$$A_3 \to abA_3A_2 \mid abA'_2A_3A_2 \mid aA_2 \mid a \mid abA_3A_2A'_3$$
$$\mid abA'_2A_3A_2A'_3 \mid aA_2A'_3 \mid aA'_3,$$
$$A'_3 \to A_1A_3A_2 \mid A_1A'_2A_3A_2 \mid A_3 \mid A_1A_3A_2A'_3$$
$$\mid A_1A'_2A_3A_2A'_3 \mid A_3A'_3$$

由算法中(2)转向(3);

(4) $i=3=m$,说明 G_1 已产生,可得出无左递归的上下文无关文法 G_1 为

$$G_1(\{A_1,A_2,A_3,A'_2,A'_3\},\{a,b\},P_1,A_1)$$

生成式 P_1 如下:

$A_1 \to A_2A_3 \mid a,$

$A_2 \to A_3A_1 \mid ab \mid A_3A_1A'_2 \mid abA'_2,$

$A'_2 \to A_3b \mid A_3bA'_2,$

$A_3 \to abA_3A_2 \mid abA'_2A_3A_2 \mid aA_2 \mid a \mid abA_3A_2A'_3 \mid abA'_2A_3A_2A'_3 \mid aA_2A'_3 \mid aA'_3,$

$A'_3 \to A_1A_3A_2 \mid A_1A'_2A_3A_2 \mid A_3 \mid A_1A_3A_2A'_3 \mid A_1A'_2A_3A_2A'_3 \mid A_3A'_3$

例6 已知文法 G 如下

(1) $S \to Qc \mid c$

(2) $Q \to Rb \mid b$

(3) $R \to Sa \mid b$

试构造一个与 G 等价且无左递归的文法 $\hat{G}$。

答：若非终结符的排序为 S,Q,R。

左部为 S 的产生式(1)没有直接左递归，式(2)中右部不含有 S，所以把式(1)右部代入式(3)得

(4) $R \to Qca \mid ca \mid a$

再将式(2)的右部代入式(4)得

(5) $R \to Rbca \mid bca \mid ca \mid a$

对式(5)消除直接左递归得

$$R \to bcaZ \mid caZ \mid aZ \mid bca \mid ca \mid a$$
$$Z \to bcaZ \mid bca$$

最终文法 $\hat{G}$ 为

$$S \to Qc \mid c$$
$$Q \to Rb \mid b$$
$$R \to bcaZ \mid caZ \mid aZ \mid bca \mid ca \mid a$$
$$Z \to bcaZ \mid bca$$

4.3 Chomsky 范式和 Greibach 范式

定义 4.3.1　上下文无关文法 $G=(N,T,P,S)$，若生成式形式都是 $A \to BC$ 和 $A \to a$，$A,B,C \in N$，$a \in T$，则 G 是 Chomsky 范式文法(记为 CNF)。

如果 $\varepsilon \in L(G)$，则 $S \to \varepsilon$ 是 P 的一个生成式，但 S 不能在任何其他生成式的右边。

定理 4.3.1　任何上下文无关语言 L，都能由生成式是 Chomsky 范式的上下文无关文法 G 产生，即 $L(G)=L$。

证明　因为上下文无关文法的形式是 $A \to \alpha$，$A \in N$，$\alpha \in (N \cup T)^*$，所以对 α 进行分析如下：

(1) 当生成式的右边只有一个符号，如果是形如 $A \to B$ 的单生成式，根据定理 4.2.3，可找到一个等效文法，使之不含单生成式。如果是形如 $A \to a$ 且 $a \in T$，则属于范式的形式。以下设文法 $G=(N,T,P,S)$ 是不含单生成式的文法。

(2) 当生成式的形式是 $A \to D_1 D_2 \cdots D_n$，且 $n \geqslant 2$。如果 D_i 是终结符，则引入新非终结符 B_i 和生成式 $B_i \to D_i$，而 $B_i \to D_i$ 属于范式形式。如果 D_i 是非终结符，则 $D_i = B_i$。

这样可构造成新文法 $G_1=(N_1,T,P_1,S)$，生成式的形式是 $A \to a$ 和 $A \to B_1 B_2 \cdots B_n$，$n \geqslant 2$。

如果有推导 $\alpha \underset{G}{\overset{*}{\Rightarrow}} \beta$，则必有 $\alpha \underset{G_1}{\overset{*}{\Rightarrow}} \beta$，因此有 $L(G) \subseteq L(G_1)$。

为证明 $L(G_1) \subseteq L(G)$，对推导的步数归纳证明：如果存在 $A \underset{G_1}{\overset{*}{\Rightarrow}} \omega$，则有 $A \underset{G}{\overset{*}{\Rightarrow}} \omega$，$A \in N$，$\omega \in T^*$。

当步数是1,显然结果成立。

假设步数是k,结果成立。对步数是$k+1$时,有$A\overset{*}{\underset{G_1}{\Rightarrow}}\omega$,其第一步必是$A\Rightarrow B_1B_2\cdots B_n$,$n\geqslant 2$且$\omega=\omega_1\omega_2\cdots\omega_n$,其中

$$B_i\overset{*}{\underset{G_1}{\Rightarrow}}\omega_i,1\leqslant i\leqslant n。$$

若$B_i\in N_1-N$,P_1中只有一个生成式可供推导,即$B_i\to D_i$且$D_i\in T$,此处$D_i=\omega_i$。

若$B_i\in N$,则有推导$B_i\overset{*}{\underset{G_1}{\Rightarrow}}\omega_i$,其步数不超过$k$,由归纳假设,便有$B_i\overset{*}{\underset{G}{\Rightarrow}}\omega_i$,因此有$A\overset{*}{\underset{G}{\Rightarrow}}\omega$。

(3) 对P_1的每一个生成式$A\to B_1B_2\cdots B_n$且$n\geqslant 3$,再作如下变换:

$A\to B_1C_1,C_1\to B_2C_2,C_2\to B_3C_3,\cdots,C_{n-2}\to B_{n-1}B_n$,这样又可构成文法$G_2=(N_2,T,P_2,S)$。若$A\overset{*}{\underset{G_1}{\Rightarrow}}\omega$,必有$A\overset{*}{\underset{G_2}{\Rightarrow}}\omega$,则有$L(G_1)\subseteq L(G_2)$。用同样方法可证明$L(G_2)\subseteq L(G_1)$。

例1 试将下列文法转换成等价的CNF。

$$S\to bA|aB$$
$$A\to bAA|aS|a$$
$$B\to aBB|bS|b$$

答:首先引入变量B_a,B_b和产生式$B_a\to a$,$B_b\to b$,得到G_2的如下产生式集合:

$$S\to B_aA|B_aB$$
$$A\to B_bAA|B_aS|a$$
$$B\to B_aBB|B_bS|b$$
$$B_a\to a$$
$$B_b\to b$$

第2步,对产生式$A\to B_bAA$引入新变量B_1,并用产生式$A\to B_bB_1$和$B_1\to AA$替代它;对产生式$B\to B_aBB$引入新变量B_2,并用产生式$B\to B_aB_2$和$B_2\to BB$替代它。此时,得到与原文法等价的CNF:

$$S\to B_bA|B_aB$$
$$A\to B_bB_1|B_aS|a$$
$$B\to B_aB_2|B_bS|b$$
$$B_a\to a$$
$$B_b\to b$$
$$B_1\to AA$$
$$B_2\to BB$$

在本例所给文法的规范化过程中,并没有因为原来有产生式$A\to a$和$B\to b$而放弃引进变量B_a,B_b和产生式$B_a\to a$,$B_b\to b$。实际上,读者略加分析就可以看出,A和B_a,B与B_b所代表的语法范畴是不相同的:

$L(A)=\{x|x\in\{a,b\}^+$且x中a的个数比b的个数恰好多1个$\}$

$L(B)=\{x|x\in\{a,b\}^+$且x中b的个数比a的个数恰好多1个$\}$

$L(B_a)=\{a\}$

$L(B_b)=\{b\}$

定义 4.3.2　上下文无关文法 $G=(N,T,P,S)$，若生成式的形式都是 $A\to a\beta$ 且不包含 ε 生成式，$A\in N$，$a\in T$，$\beta\in N^*$，称 G 是 Greibach 范式(记为 GNF)。

定理 4.3.2　任何上下文无关语言 L，都能由生成式是 Greibach 范式的上下文无关文法 G 产生，使 $L(G)=L$。

证明　设文法 $G=(N,T,P,S)$是 Chomsky 范式文法，其中$N=\{A_1,A_2,\cdots,A_n\}$。

首先修改 P 中的生成式，从 A_1 开始直至 A_n。如果 $A_i\to A_j\beta$ 是一个生成式，应当满足 $j>i$。

修改过程如下：假设生成式已修改过，使得对于 $1\leqslant i\leqslant k$，已满足 $j>i$，那么 $A_i\to A_j\beta$ 便是一个生成式。

再修改 A_{k+1}生成式，如果 $A_{k+1}\to A_j\beta$ 是一个生成式，$j<k+1$，则由引理 4.2.3，将每个 A_j 生成的右边代入 $A_{k+1}\to A_j\beta$ 中的 A_j，可得到一个新的生成式集合。

至多重复 $k-1$ 次，最后得到 $A_{k+1}\to A_l\beta(l\geqslant k+1)$的生成式。再由引理 4.2.4，引入新非终结符 A'_{k+1}去替代相应于下标为 $l=k+1$ 的生成式。

对 N 中的每个非终结符，重复以上过程，可以得到以下生成式：

(1) $A_k\to A_l\beta$，$l>k$；

(2) $A_k\to a\beta$，$a\in T$；

(3) $A'_k\to\beta$，$\beta\in(N\cup\{A'_1,A'_2,\cdots,A'_n\})^*$。

到此为止，因为 A_n 是下标号最高的非终结符，A_n 生成式右边的第一个字符必须是终结符，A_{n-1}生成式右边的第一个字符是 A_n 或是终结符。如此处理 $A_{n-2},A_{n-3},\cdots,A_1$ 的生成式，直至每一个生成式右边的第一个字符均为终结符。最后对新非终结符 $A'_1,A'_2,\cdots,A'_n$ 的生成式而言，它们的右边第一个字符或是终结符，或是 N 中的非终结符，对每个 A'_i 生成式再用引理 4.2.3 即可完成。

例 2　上下文无关文法 $G=(\{A,B,C\},\{a,b\},P,A)$，其中

生成式 P 如下：

$$A\to BC$$
$$B\to CA\mid b$$
$$C\to AB\mid a$$

找出与 G 等效的 Greibach 范式文法。

设 $G_1=(N_1,T,P_1,A)$是由 Greibach 范式构成的文法。以下对 P 的生成式进行修改，因为生成式已经是 Chomsky 范式，所以仅将非终结符按序排列为 A,B,C。A 是低位而 C 是高位。

(1) 从 C 开始，这是因为 A 和 B 的生成式右边或是终结符，或是第一个字符为较高位的非终结符。

对于 $C\to AB$ 用 $A\to BC$ 代入，得

$$C\to BCB\mid a$$

至此，C 生成式右边第一个字符仍是较低位的非终结符。将 B 生成式代入 C 生成式，得

$$C\to CACB\mid bCB\mid a$$

用引理 4.2.4，变换为下列生成式

$$C \to bCB \mid a \mid bCBC' \mid aC',$$

$$C' \to ACB \mid ACBC'$$

(2) 将 C 生成式代入 B 生成式,得

$$B \to bCBA \mid aA \mid bCBC'A \mid aC'A \mid b$$

(3) 将 B 生成式代入 A 生成式,得

$$A \to bCBAC \mid aAC \mid bCBC'AC \mid aC'AC \mid bC$$

(4) 将 A 生成式代入 C' 生成式,得

$$C' \to bCBACCB \mid aACCB \mid bCBC'ACCB \mid aC'ACCB \mid bCCB \mid bCBACCBC' \mid aACCBC' \mid bCBC'ACCBC' \mid aC'ACCBC' \mid bCCBC'$$

最后得出文法 $G=(\{A,B,C,C'\},\{a,b\},P_1,A)$,其中生成式 P_1 如下:

$A \to bCBAC \mid aAC \mid bCBC'AC \mid aC'AC \mid bC$,

$B \to bCBA \mid aA \mid bCBC'A \mid aC'A \mid b$,

$C \to bCB \mid a \mid bCBC' \mid aC'$,

$C' \to bCBACCB \mid aACCB \mid bCBC'ACCB \mid aC'ACCB \mid bCCB \mid bCBACCBC' \mid aACCBC' \mid bCBC'ACCBC' \mid aC'ACCBC' \mid bCCBC'$

4.4 下推自动机

本节介绍一种叫作下推自动机的新型计算机模型。这种机器很像不确定型有限自动机,但是它多配备了一个下推栈。栈在控制器的有限存储量之外提供了附加的存储,从而使得下推自动机能够识别某些非正则语言。

前面曾用泵浦引理证明过 $L(M)=\{a^nb^n \mid n\geqslant 1\}$ 不是正则集,即它不能由有限自动机所识别。其根本原因在于:任何一个有限自动机要想识别这样的语言,必须设法"记住"已经读了多少个 a,由于有限自动机唯一的"存储器"是其内部的状态,因此,对于任意正值 k,至少必须有一个状态对应于"k 个 a",如图 4.4.1 所示。

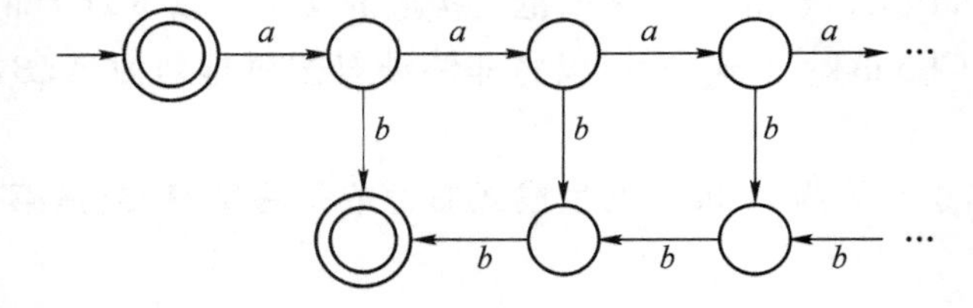

图 4.4.1 识别 a^nb^n 的"无限状态自动机"

这导致有限状态识别器中必须有无限状态,这当然也是不允许的。因此,需要扩充机器的能力。具体做法是引入一个下推栈。由于栈的操作足够简单,能保存的信息量没有限制,所以它很有价值,可解决许多有意义的问题,如识别符合语法的有效程序等。对于像 $\{a^nb^n \mid$

$n>0\}$这样的语言，由于栈的无界性使得下推自动机（PDA）能够保存大量信息，因而 PDA 可以用栈保存它看见的 a 的个数，从而能够识别这个语言。

下推自动机在能力上与上下文无关文法等价。这种等价性是很有用的，它使我们在证明一个语言是上下文无关的时候，既可以给出生成它的上下文无关文法，也可以给出识别它的下推自动机。某些语言用生成器（文法）描述要容易一些，而另一些语言用识别器（下推自动机）描述更容易。

PDA 由一条输入带、一个有限控制器和一个下推栈组成，图 4.4.2 给出下推自动机的示意图。

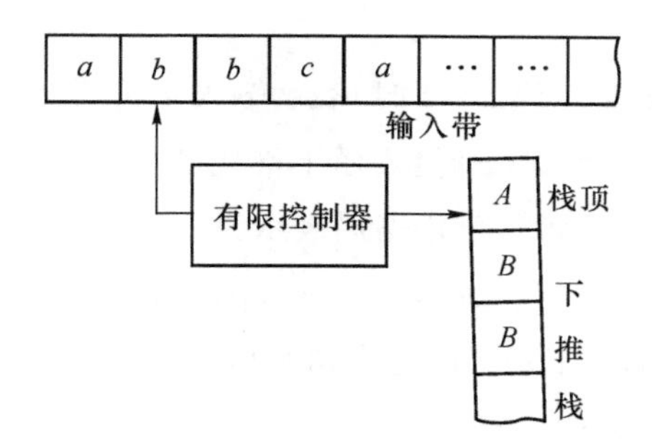

图 4.4.2　下推自动机示意图

下推栈是一个普通的栈，也叫先进后出表。输入和输出操作均在栈顶进行。当从栈顶压入一个元素时，原栈顶元素便居第二位，依次类推直至栈底。当从栈顶弹出一个元素时，原居第二位的元素便上升为栈顶。

下推自动机与有限自动机类似，也分确定的下推自动机（DPDA）和不确定的下推自动机（NPDA）。以下是不确定的下推自动机的定义。

定义 4.4.1　下推自动机 M 是一个七元组，$M=(Q,T,\Gamma,\delta,q_0,Z_0,F)$，其中

Q：有限控制器的状态集合；

T：有限的输入字母表；

Γ：有限的下推栈字母表；

δ：转换函数，从 $Q\times(T\cup\{\varepsilon\})\times\Gamma$ 到 $Q\times\Gamma^*$ 有限子集的映射；

q_0：初始状态，$q_0\in Q$；

Z_0：下推栈的起始符号，$Z_0\in\Gamma$；

F：终止状态集合，$F\subseteq Q$。

当有转换函数是

$$\delta(q,a,Z)=\{(p,\alpha)\}$$

其中，$q,p\in Q,a\in T,Z\in\Gamma,\alpha\in\Gamma^*$，表示在状态 q，输入字符 a 且下推栈的顶符为 Z 时，进入状态 p，下推栈的顶符 Z 由字符串 α 代替，同时读头右移一位。

上述转换函数可用图 4.4.3 所示的记号描述。

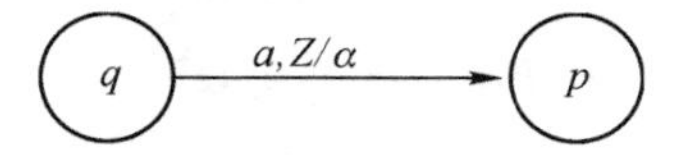

图 4.4.3　PDA 的图形表示

约定 α 的最左符号放在下推栈的最高位。当 $\alpha=\varepsilon$ 时,表示下推栈顶符被弹出。转换函数 $\delta(q,\varepsilon,Z)=\{(p,\alpha)\}$ 称为 ε 转换,这时不考虑当前输入字符,读头不移动,但控制器的状态可以改变,下推栈也可以调整。这表示即使输入符号已读完,仍存在 ε 转换。

PDA 一开始就将起始符号 Z_0 放在栈底。Z_0 既起到初始化的作用,也用来判别语句识别是否结束。一旦栈全为空,PDA 就不能再有动作了。

格局

下推自动机的瞬时工作状况,亦可由格局描述,是一个三元组,即 (q,ω,a),其中

q:当前状态,$q\in Q$;

ω:待输入的字符串,$\omega\in T^*$,当 $\omega=\varepsilon$ 时,表示输入字符均已读完;

α:下推栈的内容,$\alpha\in\Gamma^*$,当 $\alpha=\varepsilon$ 时,表示下推栈已弹空。

转换函数 $\delta(q,a,Z)=\{\langle p,\gamma\rangle\}$,可用格局表示为

$$(q,a\omega,Z\alpha)\vdash\!\!\!\text{——}(p,\omega,\gamma\alpha)$$

对 PDA $M=(Q,T,\Gamma,\delta,q_0,Z_0,F)$ 而言,它有初始格局是 (q_0,ω,Z_0),$q_0\in Q,\omega\in T^*,Z_0\in\Gamma$;终止格局是 (q,ε,α),$q\in F,\alpha\in\Gamma^*$。

下推自动机 M 接受语言 $L(M)$ 的方式有两种:一是终止状态接受;一是空栈接受。

当 PDA M 以终止状态接受语言 $L(M)$ 时,有

$L(M)=\{\omega\mid(q_0,\omega,Z_0)\overset{*}{\vdash\!\!\!\text{——}}(q,\varepsilon,\alpha)$ 且 $q\in F,\alpha\in\Gamma^*\}$

当 PDA M 以空栈接受语言 $L_\Phi(M)$ 时,有

$L_\Phi(M)=\{\omega\mid(q_0,\omega,Z_0)\overset{*}{\vdash\!\!\!\text{——}}(q,\varepsilon,\varepsilon)$ 且 q 是 Q 中的任意状态$\}$

当用空栈接受时,终止状态可以是 Q 中的任意状态,换言之,终止状态集是与状态无关的。因此可设终止状态集为空集 $\varnothing$。

例1 构造一个 PDA M,能够接受语言 $L(M)=\{a^nb^n\mid n\geqslant 0\}$。

设 PDA $M=(Q,T,\Gamma,\delta,q_0,Z_0,F)$,其中

$$Q=\{q_0,q_1,q_2\},$$
$$T=\{a,b\},$$
$$\Gamma=\{Z_0,a\},$$
$$F=\{q_0\}$$

δ 定义如下:

$$\delta(q_0,a,Z_0)=\{(q_1,aZ_0)\},$$
$$\delta(q_1,a,a)=\{q_1,aa)\},$$
$$\delta(q_1,b,a)=\{(q_2,\varepsilon)\},$$
$$\delta(q_2,b,a)=\{(q_2,\varepsilon)\},$$
$$\delta(q_2,\varepsilon,Z_0)=\{(q_0,\varepsilon)\}$$

PDA M 的转换图如图 4.4.4 所示。

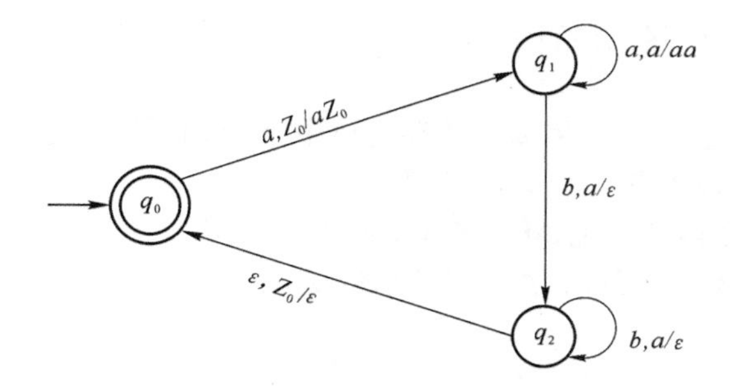

图 4.4.4　识别$\{a^nb^n \mid n \geqslant 0\}$的 PDA

当输入字符串是 ab 时，M 的工作过程是

$$(q_0,ab,Z_0) \vdash (q_1,b,aZ_0) \vdash (p_2,\varepsilon,Z_0) \vdash (q_0,\varepsilon,\varepsilon)$$

当输入字符串为 $aaabbb$ 时，M 的工作过程是

$$\begin{aligned}(q_0,aaabbb,Z_0) &\vdash (q_1,aabbb,aZ_0)\\ &\vdash (q_1,abbb,aaZ_0)\\ &\vdash (q_1,bbb,aaaZ_0)\\ &\vdash (q_2,bb,aaZ_0)\\ &\vdash (q_2,b,aZ_0)\\ &\vdash (q_2,\varepsilon,Z_0)\\ &\vdash (q_0,\varepsilon,\varepsilon)\end{aligned}$$

由于 $q_0 \in F$，所以 ab，$aaabbb$ 可被 PDA M 接受。由 M 的工作过程可以看出，它把输入的若干个字符 a 逐个置入下推栈中。当开始输入第一个字符 b 之后，就从下推栈中弹出一个 a，状态便从 q_1 转换到 q_2。在状态 q_2，再输入一个 b，下推栈再弹出一个 a。如果输入 b 的个数与 a 的个数相同，状态便从 q_2 转换到终止状态 q_0，而后停止。表示 M 接受的语言，是由 a 和 b 个数相同的字符串构成的集合，即

$$L(M) = \{a^nb^n \mid n \geqslant 0\}$$

分析例 1 给出的下推自动机 M 的工作过程，可以看出，对一个格局的下一步选择只有一个，这样的 PDA 是一个确定的下推自动机(DPDA)。

定义 4.4.2　下推自动机 $M=(Q,T,\Gamma,\delta,q_0,Z_0,F)$，如果是确定的，必须满足以下两个条件之一：

对任意的 $q \in Q$，$Z \in \Gamma$ 和 $a \in T$，有

(1) $\delta(q,a,Z)$只含一个元素且 $\delta(q,\varepsilon,Z)=\varnothing$；

(2) $\delta(q,a,Z)=\varnothing$且 $\delta(q,\varepsilon,Z)$只含一个元素。

这两个限制防止了在 ε 动作和包含一个输入符号的动作之间做选择的可能性，即在同样状态、同样栈顶符号下最多只能有一个后继选择。

前面曾经说过，下推自动机也可以是不确定的。这一点很重要。因为，与有限自动机不同，这里的不确定性能够增强确定 PDA 所具有的能力。某些语言不需要不确定性，如 a^nb^n，例 2 中的语言等；而另一些语言则需要不确定性，下面的例 3 就给出一个需要不确定性的语言。

例 2 构造 PDA M,接受语言 $L(M)=\{\omega c\tilde{\omega} \mid \omega\in\{a,b\}^*\}$。

解题思路:

(1) 从状态 q_0 接受句子 ω,将输入保存到栈中,状态不变,直到看到中心标记 c。

(2) 当到达 c 时,将状态变为 q_1,栈不变。

(3) 将输入与栈顶内容匹配,状态不变,退栈,直至栈空。

其工作过程如图 4.4.5 所示,图中 $Z\in\{Z_0,a,b\}$。

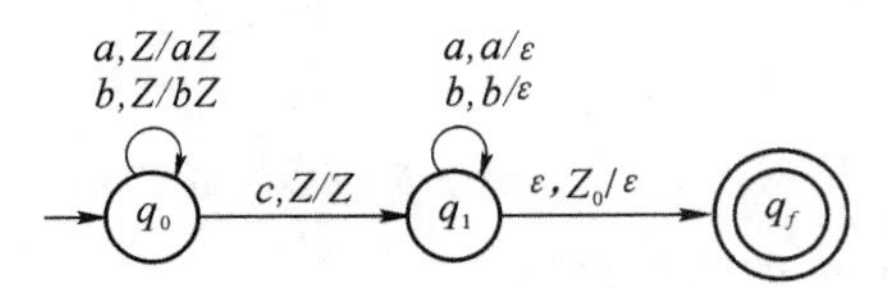

图 4.4.5 识别语言$\{\omega c\tilde{\omega} \mid \in\{a,b\}^*\}$的 PDA M

其形式定义为:

$$\text{DPDA } M=(\{q_0,q_1,q_f\},\{a,b,c\},\{z_0,a,b\},\delta,q_0,z_0,q_f)$$

进栈操作:

$$\delta(q_0,a,z_0)=\{(q_0,az_0)\}$$
$$\delta(q_0,b,z_0)=\{(q_0,bz_0)\}$$
$$\delta(q_0,a,a)=\{(q_0,aa)\}$$
$$\delta(q_0,a,b)=\{(q_0,ab)\}$$
$$\delta(q_0,b,a)=\{(q_0,ba)\}$$
$$\delta(q_0,b,b)=\{(q_0,bb)\}$$

遇到中间标记 c:

$$\delta(q_0,c,a)=\{(q_1,a)\}$$
$$\delta(q_0,c,b)=\{(q_1,b)\}$$

退栈操作:

$$\delta(q_1,a,a)=\{(q_1,\varepsilon)\}$$
$$\delta(q_1,b,b)=\{(q_1,\varepsilon)\}$$

栈空,结束操作:

$$\delta(q_1,\varepsilon,z_0)=\{(q_f,\varepsilon)\}$$

例 2 是一个 DPDA,即在任意点上至多只能有一个转换。下面的例子需要使用不确定的 PDA(NPDA)。

例 3 构造 PDA M,接受语言 $L(M)=\{\omega\tilde{\omega} \mid \omega\in\{a,b\}^*\}$。

解题思路:

该语言的形式与例 2 类似,区别在于中间没有标志“c”。其工作过程如图 4.4.6 所示,图中,$Z\in\{Z_0,a,b\}$。由图可见,把例 2 中的“$c,z/z$”改为“$\varepsilon,z/z$”就引进了不确定性。因为机器可在任何时刻进行这种 ε 转换。那么,当机器在原来 c 的位置处进行这种 ε 转换时,语句就被这个 NPDA 接受了。

例 4 构造 PDA M,接受语言 $L(M)=\{a^ib^jc^k \mid i=j \text{ 或 } i=k\text{,且 } k\neq 0\}$。

解题思路:

与例 3 类似,利用不确定性,PDA 可以猜想 a 应与 b 匹配还是与 c 匹配。如图 4.4.7 所示,所构造的 NPDA M 利用两个不确定的分支实现不同的猜想。

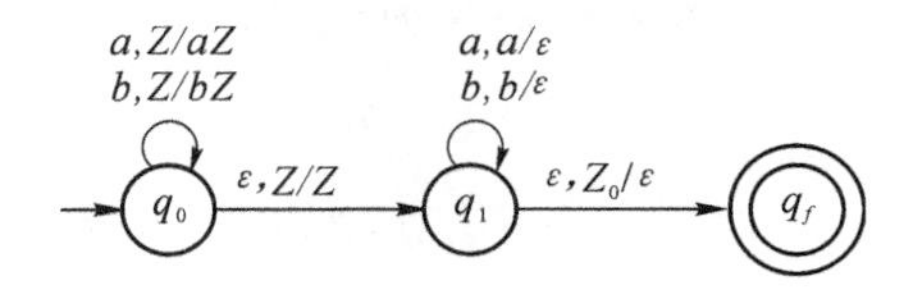

图 4.4.6　识别语言$\{\omega\tilde{\omega}|\omega\in\{a,b\}^*\}$的 NPDA M

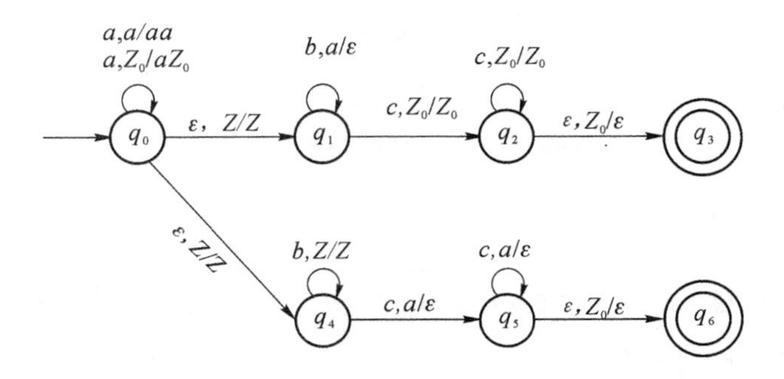

4.4.7　识别语言$\{a^ib^jc^k|i=j$ 或 $i=k$,且 $k\neq0\}$的 NPDA M

定理 4.4.1　如果 L_f 是下推自动机 M_f 以终止状态接受的语言，则必存在一个下推自动机 $M_\varnothing$ 以空栈接受的语言 $L_\varnothing$，使 $L_\varnothing=L_f$。

证明　设 PDA $M_f=(Q,T,\Gamma,\delta,q_0,Z_0,F)$。

构造 PDA $M_\varnothing=(Q\cup\{q_e,q_1\},T,\Gamma\cup\{Z_1\},\delta_1,q_1,Z_1,\varnothing)$。

在此用 $M_\varnothing$ 模拟 M_f，当 M_f 进入终止状态时，让 $M_\varnothing$ 消除自己的栈，用了 q_e 清除栈，用 Z_1 作为 $M_\varnothing$ 的栈底符号，如果 M_f 栈空而未进入终止状态时，$M_\varnothing$ 也不会产生偶然的接受，因为 $M_\varnothing$ 的栈底符号 Z_1，只有在 q_e 状态才能清除它。

δ_1 定义如下：

(1) $\delta_1(q_1,\varepsilon,Z_1)=\{(q_0,Z_0Z_1)\}$，$M_\varnothing$ 的第一次动作是将 Z_0Z_1 置入下推栈，同时进入 M_f 的起始状态，Z_1 为下推栈底符；

(2) 对所有 $q\in Q,a\in T\cup\{\varepsilon\}$ 和 $Z\in\Gamma$，有 $\delta_1(q,a,Z)$ 包含 $\delta(q,a,Z)$ 的元素，使 $M_\varnothing$ 模拟 M_f；

(3) 对所有 $q\in F$ 和 $Z\in\Gamma\cup\{Z_1\}$，有 $\delta_1(q,\varepsilon,Z)$ 含有 (q_e,ε)；

(4) 对所有 $Z\in\Gamma\cup\{Z_1\}$，有 $\delta_1(q_e,\varepsilon,Z)=\{(q_e,\varepsilon)\}$。

当 M_f 进入一个终止状态时，(3)和(4)使 $M_\varnothing$ 能够进入状态 q_e，清除自己的栈而接受输入。

用 $M_\varnothing$ 模拟 M_f 的过程如图 4.4.8 所示。注意，$M_\varnothing$ 中不含终止状态，为便于理解，此图中 q_f 为 M_f 的终止状态。

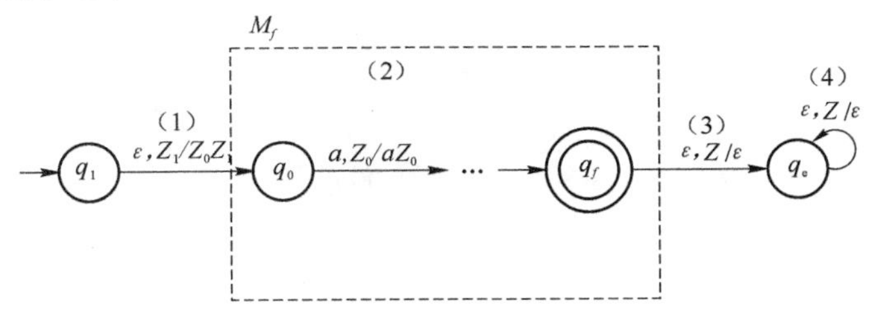

图 4.4.8　用 $M_\varnothing$ 模拟 M_f

对于$M_\varnothing$,当输入字符串ω时,存在格局序列如下:

$$(q_1,\omega,Z_1)\vdash_{M_\varnothing}(q_0,\omega,Z_0Z_1)$$
$$\vdash^{n}_{M_\varnothing}(q_f,\varepsilon,X_1X_2\cdots X_kZ_1)$$
$$\vdash_{M_\varnothing}(q_e,\varepsilon,X_2X_3\cdots X_kZ_1)$$
$$\vdash^{k}_{M_\varnothing}(q_e,\varepsilon,\varepsilon)$$

当且仅当

$$(q_0,\omega,Z_0)\vdash^{n}_{M_f}(q,\varepsilon,X_1X_2\cdots X_k)$$

其中,$q\in F,X_1X_2\cdots X_k\in\Gamma^*$。

所以有$L_\varnothing=L_f$。

定理4.4.2 如果$L_\varnothing$是下推自动机$M_\varnothing$以空栈接受的语言,则必存在一个下推自动机M_f,以终止状态接受的语言L_f,使$L_f=L_\varnothing$。

证明 设PDA $M_\varnothing=(Q,T,\Gamma,\delta,q_0,Z_0,\varnothing)$。

构造 PDA $M_f=(Q\cup\{q_{0f},q_f\},T,\Gamma\cup\{Z_1\},\delta_f,q_{0f},Z_1,\{q_f\})$,其中$\delta_f$定义如下:

(1) $\delta_f(q_{0f},\varepsilon,Z_1)=\{(q_0,Z_0Z_1)\}$,使$M_f$进入$M_\varnothing$的起始状态,$M_f$的栈底符号为$Z_1$;

(2) 对所有$q\in Q,a\in T\cup\{\varepsilon\}$和$Z\in\Gamma$,有

$$\delta_f(q,a,Z)=\delta(q,a,Z)$$

表示M_f模拟$M_\varnothing$;

(3) 对所有$q\in Q$,有

$$\delta_f(q,\varepsilon,Z_1)\text{ 含有}(q_f,\varepsilon)。$$

证明方法类似定理4.4.1。

用M_f模拟$M_\varnothing$的过程如图4.4.9所示。

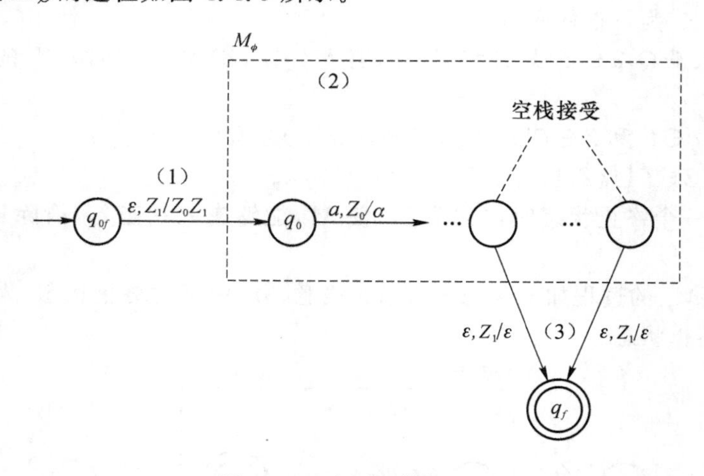

图4.4.9 用M_f模拟$M_\varnothing$

4.5　上下文无关文法与下推自动机

下推自动机和上下文无关文法，是用于描述上下文无关语言的不同方式。

1. 由文法产生自动机

当给定一个上下文无关文法 G 和由它产生的语言$L(G)$，必存在一个下推自动机 M 接受语言$L(M)$，使$L(M)=L(G)$，反之亦然。

定理 4.5.1　设上下文无关文法 $G=(N,T,P,S)$，产生语言 $L(G)$，则存在一个下推自动机 M，以空栈接受语言 $L_{\varnothing}(M)$，使$L_{\varnothing}(M)=L(G)$。

证明思路：

设 L 是一个上下文无关语言，根据定义，存在一个上下文无关文法 G 产生它。我们要说明如何把 G 转换成一台等价的PDA M。

PDA 试图确定是否存在关于输入串 ω 的推导，当 G 能够产生 ω 时，PDA M也接受这个输入。回忆一下，所谓推导就是从文法起始符号产生一个字符串时所做的替换序列。推导的每一步产生一个包含终结符和非终结符的中间字符串。设计 M，就是要确定是否有一系列使用 G 的生成式的替换，使得能够从起始符号导出 ω。

检验是否有关于 ω 的推导，困难在于选择出合适的生成式。PDA 的非确定性使得它能够猜想正确的替换序列。对推导的每一步，PDA 非确定地选择关于某个非终结符的一条生成式，并且对这个非终结符做替换。具体方法是：PDA M在开始时把文法起始符号写入它的栈，使用 G 的生成式，一个接一个地替换栈中的非终结符，经过一系列的中间字符串，最终它可能到达一个仅含有终结符的字符串。这表示它按照文法 G 推导出了一个字符串。如果这个字符串与它接收到的输入相同，则PDA M接受它。

这个过程可非形式地描述如下：

(1) 把文法起始符号放入栈中。

(2) 重复下述步骤：

① 如果栈顶是非终结符 A，则非确定地选择一个关于 A 的生成式，并且把 A 替换成这条生成式右边的字符串。

② 如果栈顶是终结符 a，则读输入中的下一个符号，并且把它与 a 进行比较。如果它们匹配，则转向(2)。如果它们不匹配，则这个非确定性分支被拒绝。

③ 如果栈空，且此刻输入已全部读完，则接受这个输入串。

下面形式化地给出这个下推自动机的构造细节。

证明　构造下推自动机 M，使 M 按文法 G 的最左推导方式工作。

设 $M=(Q,T,\Gamma,\delta,q_0,Z_0,F)$，其中

$$Q=\{q\},$$
$$\Gamma=N\cup T,$$
$$q_0=q,$$
$$Z_0=S,$$
$$F=\varnothing$$

δ 定义如下:

- 如果 $A\rightarrow\beta\in P$,则 $\delta(q,\varepsilon,A)$ 含有 (q,β);
- 对所有 $a\in T,\delta(q,a,a)=\{(q,\varepsilon)\}$。

以下证明 $S\overset{m}{\Rightarrow}\omega$ 当且仅当对 $m,n\geqslant 1$ 时,$(q,\omega,S)\overset{n}{\vdash}(q,\varepsilon,\varepsilon)$。

(1) 必要性:对 m 归纳证明,若 $S\overset{m}{\Rightarrow}\omega$,则

$$(q,\omega,s)\overset{n}{\vdash}(q,\varepsilon,\varepsilon)$$

当 $m=1$ 且 $\omega=a_1a_2\cdots a_i,i\geqslant 0$,有 $S\Rightarrow a_1a_2\cdots a_i$,则

$$\begin{aligned}(q,a_1a_2\cdots a_i,S)&\vdash(q,a_1a_2\cdots a_i,a_1a_2\cdots a_i)\\&\overset{i}{\vdash}(q,\varepsilon,\varepsilon)\end{aligned}$$

当 $m>1$,则推导的第一步应是 $S\Rightarrow X_1X_2\cdots X_j$,其中 $X_i\overset{m_i}{\Rightarrow}\omega_i,m_i<m,1\leqslant i\leqslant j$ 且 $\omega=\omega_1\omega_2\cdots\omega_j$,因此有

$$(q,\omega,S)\vdash(q,\omega,X_1X_2\cdots X_j)$$

如果 $X_i\in N$,根据归纳假设,则有

$$(q,\omega_i,X_i)\overset{*}{\vdash}(q,\varepsilon,\varepsilon)$$

如果 $X_i\in T$,则有

$$(q,\omega_i,X_i)\vdash(q,\varepsilon,\varepsilon)$$

根据以上条件则有

$$(q,\omega,S)\overset{+}{\vdash}(q,\varepsilon,\varepsilon)$$

(2) 充分性:对 n 归纳证明,若 $(q,\omega,S)\overset{n}{\vdash}(q,\varepsilon,\varepsilon)$,则有 $S\Rightarrow\omega$。

当 $n=1$,存在 $\omega=\varepsilon$,则有 $S\rightarrow\varepsilon\in P$。

假设 $n>1$ 且 $n'<n$ 时,有

$$(q,\omega,S)\overset{n'}{\vdash}(q,\varepsilon,\varepsilon)$$

则下推自动机 M 第一次动作必有如下格局:

$$(q,\omega,S)\vdash(q,\omega,X_1X_2\cdots X_j)$$

而且存在有

$$(q,\omega_i,X_i)\overset{n_i}{\vdash}(q,\varepsilon,\varepsilon)$$

其中,$1\leqslant i\leqslant j,\omega=\omega_1\omega_2\cdots\omega_j$。

因此 $S\rightarrow X_1X_2\cdots X_j$ 是 P 的一个生成式。

如果 $X_i\in N$,根据归纳假设,有 $X_i\overset{*}{\Rightarrow}\omega_i$;如果 $X_i\in T$,则 $X_i=\omega_i$(即 $X_i\overset{0}{\Rightarrow}\omega_i$)。

因此得到如下推导:

$$\begin{aligned}S&\Rightarrow X_1X_2\cdots X_j\\&\overset{*}{\Rightarrow}\omega_1X_2\cdots X_j\\&\overset{*}{\Rightarrow}\omega_1\omega_2X_3\cdots X_j\\&\vdots\\&\overset{*}{\Rightarrow}\omega_1\omega_2\cdots\omega_{j-1}X_j\\&\overset{*}{\Rightarrow}\omega_1\omega_2\cdots\omega_j=\omega\end{aligned}$$

表明 ω 是 G 中从 S 开始的一个推导。

例 1　设 G 是 4.1 节例 1 中生成算术表达式的上下文无关文法，可设计不确定的 PDA M 接受 $L(G)$，如图 4.5.1所示，其中

$c\in\{+,*,(,),a\}$ 。

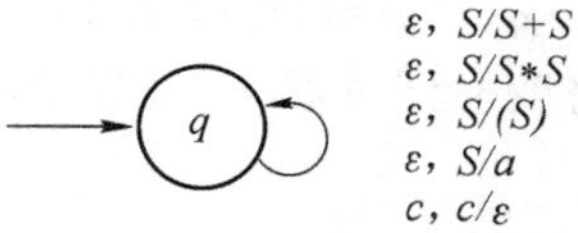

ε, S/S+S
ε, S/S*S
ε, S/(S)
ε, S/a
c, c/ε

图 4.5.1　识别算术表达式的 NPDA

以 $a*(a+a)$ 作为输入，则 M 在所有可能移动中可作下列移动(用到文法 G 中从 S 出发的最左派生的一系列规则)：

$$
\begin{aligned}
(q,a*(a+a),\ S) &\vdash (q,a*(a+a),S*S)\\
&\vdash (q,a*(a+a),a*S)\\
&\vdash (q,*(a+a),*S)\\
&\vdash (q,(a+a),S)\\
&\vdash (q,(a+a),(S))\\
&\vdash (q,a+a),S))\\
&\vdash (q,a+a),S+S))\\
&\vdash (q,a+a),a+S))\\
&\vdash (q,+a),+S))\\
&\vdash (q,a),S))\\
&\vdash (q,a),a))\\
&\vdash (q,),))\\
&\vdash (q,\varepsilon,\varepsilon)
\end{aligned}
$$

例 2　设计不确定的 PDA M_1 接受 $L(G)$，其中 G 的生成式如下：

$$S\rightarrow aTb\mid b$$
$$T\rightarrow Ta\mid\varepsilon$$

解　状态转移图如图 4.5.2 所示。

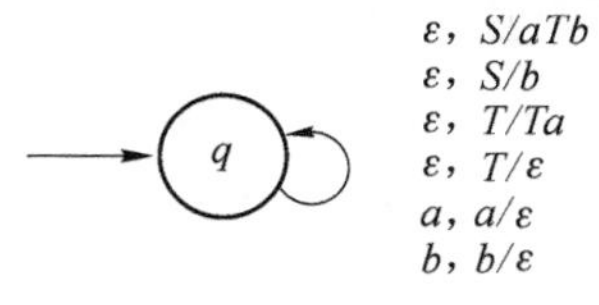

图 4.5.2　NPDA M_1 的状态图

容易看出，由于对栈中非终结符的替换总是在栈顶进行，因此，PDA 实际上模拟的是文法的最左推导过程。

2. 由自动机产生文法

下面考虑给出一个 PDA，把它转换成模拟自动机的文法的过程。这项工作更加困难。

证明思路：现有一台 PDA M，要构造一个上下文无关文法 G，它产生 M 接受的所有字符串。换句话说，如果一个字符串能使 M 从它的起始状态转移到一个接受状态，则 G 也应该产生这个字符串。

为了给出这个结果，我们将设计一个能做更多事情的文法。对于 M 的每一对状态 q 和 p，文法都设计一个非终结符 $[q,Z,p]$。其中 Z 是可以在栈中出现的符号。$[q,Z,p]$ 对应于 M 在 q 状态、对栈顶 Z 进行分析后到达 p 状态期间所匹配的所有字符串。也就是说，非终结符 $[q,Z,p]$ 通过对栈顶 Z 的一系列替换能够生成这些字符串。

$[q,Z,p]$的物理意义可以严格地说明为:在 q 状态,栈顶为 Z 时,接受某个字符(可为 ε)后将变换到 p 状态,并保证

$$[q,Z,p]\overset{*}{\Rightarrow}\omega$$

当且仅当

$$(q,\omega,Z)\overset{*}{\vdash}(p,\varepsilon,\varepsilon)$$

我们构造文法的起始生成式为 $S\to[q_0,Z_0,p]$,p 是下推自动机中的所有状态。这是因为我们不知道下推自动机从 q_0 出发、识别输入字符串后最终会到达什么状态,因此列出所有的状态 p 作为它可能到达的状态。由于 PDA 的工作是对每个非终结符猜想其可能的替换序列,因此,我们在文法中也仿照全部可能的 PDA 分析路径写出每个非终结符的生成式。

这个过程可以形式化地描述如下。

定理 4.5.2 设下推自动机 M,以空栈接受语言 $L_{\varnothing}(M)$,则存在一个上下文无关文法 G 产生语言 $L(G)$,使 $L(G)=L_{\varnothing}(M)$。

证明 设下推自动机 $M=(Q,T,\Gamma,\delta,q_0,Z_0,\varnothing)$,构造上下文无关文法 $G=(N,T,P,S)$,其中

$$N=\{[q,A,p]\mid q,p\in Q \text{ 且 } A\in\Gamma\}\cup\{S\}$$

生成式 P 如下:

(1) 对每个 $q\in Q$,有 $S\to[q_0,Z_0,q]$;

(2) 对每个 $q,q_1,q_2,\cdots,q_{m+1}\in Q$ 且 $q_{m+1}=p$,每个 $a\in T\cup\{\varepsilon\}$ 和 $A,B_1,B_2,\cdots,B_m\in\Gamma$,当存在 $\delta(q,a,A)$ 含有 $(q_1,B_1B_2\cdots B_m)$,则有

$$[q,A,q_{m+1}]\to a[q_1,B_1,q_2][q_2,B_2,q_3]\cdots[q_m,B_m,q_{m+1}]$$

如果 $m=0$,则 $q_1=p$,$\delta(q,a,A)$ 含有 (p,ε),则生成式为 $[q,A,p]\to a$。

要理解以下的证明,应知道在构造 G 的非终结符 N 和生成式 P 时,在 G 中用最左推导的方式导出句子 ω,正是模拟 M 输入 ω 的过程。在推导的任一步上,G 中最左推导出现的非终结符,正是 M 下推栈中的符号,就是说 G 的非终结符 $[q,A,p]$ 导出 ω,当且仅当 M 输入 ω,由状态 q 开始,经一系列动作,从下推栈中删除 A 并结束于状态 p。

为证明 $L(G)=L_{\varnothing}(M)$,应对 G 的推导数或对 M 的动作次数作归纳。

证明

$$[q,A,p]\underset{G}{\overset{*}{\Rightarrow}}\omega \tag{1}$$

当且仅当

$$(q,\omega,A)\underset{M}{\overset{*}{\vdash}}(p,\varepsilon,\varepsilon)$$

首先对 i 归纳证明,假设

$$(q,\omega,A)\overset{i}{\vdash}(p,\varepsilon,\varepsilon)$$

则有

$$[q,A,p]\overset{*}{\Rightarrow}\omega$$

当 $i=1$,即 $\delta(q,\omega,A)$ 含有 (p,ε),显然此时 ω 或是 ε 或是单个字符,于是有

$$[q,A,p]\to\omega$$

是 G 的一个生成式,因此

$$[q,A,P]\overset{*}{\Rightarrow}\omega$$

成立。

当 $i>1$ 且 $\omega=a\omega_1\omega_2\cdots\omega_n$，有

$$(q,a\omega_1\omega_2\cdots\omega_n,A)\vdash(q,\omega_1\omega_2\cdots\omega_n,B_1B_2\cdots B_n)\overset{i-1}{\vdash}(p,\varepsilon,\varepsilon)$$

当 M 读入 ω_1 之后，使栈中的符号由 n 个变为 $n-1$ 个，此时 B_1 已被弹出，继之读入 ω_2 之后，B_2 被弹出，栈中符号变为 $n-2$ 个，等等。当读完 ω_j 之后，B_j 被弹出，而 B_{j+1} 则保持在栈内不变。

对于存在的状态 $q_2,q_3,\cdots,q_n,p$，在不超过 i 步动作时有

$$(q_j,\omega_j,B_j)\overset{*}{\vdash}(q_{j+1},\varepsilon,\varepsilon)$$

根据归纳假设，有

$$[q_j,B_j,q_{j+1}]\overset{*}{\Rightarrow}\omega_j \qquad 1\leqslant j\leqslant n$$

因此对于

$$(q,a\omega_1\omega_2\cdots\omega_n,A)\vdash(q_1,\omega_1\omega_2\cdots\omega_n,B_1B_2\cdots B_n)$$

可得出

$$[q,A,p]\Rightarrow a[q_1,B_1,q_2][q_2,B_2,q_3]\cdots[q_n,B_n,p]$$

即

$$[q,A,p]\overset{*}{\Rightarrow}a\omega_1\omega_2\cdots\omega_n=\omega$$

再对 i 归纳证明。假设 $[q,A,p]\overset{i}{\Rightarrow}\omega$，则有 $(q,\omega,A)\overset{*}{\vdash}(p,\varepsilon,\varepsilon)$。

当 $i=1$　$[q,A,p]\rightarrow\omega$ 必是 G 的一个生成式，则有 $\delta(q,\omega,A)$ 含 (p,ε)，其中 ω 可能是 ε 或单个字符。

当 $i>1$，有

$$[q,A,p]\Rightarrow a[q_1,B_1,q_2][q_2,B_2,q_3]\cdots[q_n,B_n,p]\overset{i-1}{\Rightarrow}\omega$$

这样可写 $\omega=a\omega_1\omega_2\cdots\omega_n$，其中 $[q_j,B_j,q_{j+1}]\overset{*}{\Rightarrow}\omega_j\,(1\leqslant j\leqslant n)$，且每个推导不多于 i 步，由归纳假设，则有

$$[q_j,\omega_j,B_j]\overset{*}{\vdash}(q_{j+1},\varepsilon,\varepsilon) \qquad 1\leqslant j\leqslant n \tag{2}$$

此时栈中的符号应是 $B_{j+1}\cdots B_n$，于是可得到

$$(q_j,\omega_j,B_jB_{j+1}\cdots B_n)\overset{*}{\vdash}(q_{j+1},\varepsilon,B_{j+1}\cdots B_n)$$

对于 (q,A,p) 推导的第一步，已经知道

$$(q,\omega,A)\vdash(q_1,\omega_1\omega_2\cdots\omega_n,B_1B_2\cdots B_n)$$

是 M 的一个符合规定的动作，由这一动作和式(2)可以导出

$$(q,\omega,A)\overset{*}{\vdash}(p,\varepsilon,\varepsilon)。$$

当 $q=q_0,A=Z_0$ 时，则式(1)变为

$$[q_0,Z_0,p]\overset{*}{\Rightarrow}\omega$$

当且仅当

$$(q_0,\omega,Z_0)\overset{*}{\vdash}(p,\varepsilon,\varepsilon)$$

由这个结果和生成式 P 中的(1)，可得出

$$S\overset{*}{\Rightarrow}\omega$$

当且仅当对某状态 p,有

$$(q_0,\omega,Z_0)\overset{*}{\vdash}(p,\varepsilon,\varepsilon)$$

即 $\omega\in L(G)$当且仅当 $\omega\in L_{\varnothing}(M)$。

例 3 设 PDA $M=(\{q_0,q_1\},\{a,b\},\{A,Z_0\},\delta,q_0,Z_0,\varnothing)$,其中 δ 定义如下:

$$\delta(q_0,a,Z_0)=\{(q_0,AZ_0)\}$$
$$\delta(q_0,a,A)=\{(q_0,AA)\}$$
$$\delta(q_0,b,A)=\{(q_1,\varepsilon)\}$$
$$\delta(q_1,b,A)=\{(q_1,\varepsilon)\}$$
$$\delta(q_1,\varepsilon,A)=\{(q_1,\varepsilon)\}$$
$$\delta(q_1,\varepsilon,Z_0)=\{(q_1,\varepsilon)\}$$

构造上下文无关文法 $G=(N,T,P,S)$,使 $L(G)=L(M)$。

在 G 中,$N=\{[q_0,A,q_0],[q_0,A,q_1],[q_1,A,q_0],[q_1,A,q_1],[q_0,Z_0,q_0],[q_0,Z_0,q_1],[q_1,Z_0,q_0],[q_1,Z_0,q_1],S\}$。

在构造生成式时,从 S 生成式做起,这样对于那些从 S 开始推导中不出现的非终结符,可不必构造其生成式。

S 生成式有

$$S\to[q_0,Z_0,q_0]$$
$$S\to[q_0,Z_0,q_1]$$

再找出$[q_0,Z_0,q_0]$和$[q_0,Z_0,q_1]$的生成式,根据 $\delta(q_0,a,Z_0)=\{(q_0,AZ_0)\}$,则有

$$[q_0,Z_0,q_0]\to a[q_0,A,q_0][q_0,Z_0,q_0];$$
$$[q_0,Z_0,q_0]\to a[q_0,A,q_1][q_1,Z_0,q_0];$$
$$[q_0,Z_0,q_1]\to a[q_0,A,q_0][q_0,Z_0,q_1];$$
$$[q_0,Z_0,q_1]\to a[q_0,A,q_1][q_1,Z_0,q_1]$$

因为有 $\delta(q_0,a,A)=\{(q_0,AA)\}$,则有生成式

$$[q_0,A,q_0]\to a[q_0,A,q_0][q_0,A,q_0];$$
$$[q_0,A,q_0]\to a[q_0,A,q_1][q_1,A,q_0];$$
$$[q_0,A,q_1]\to a[q_0,A,q_0][q_0,A,q_1];$$
$$[q_0,A,q_1]\to a[q_0,A,q_1][q_1,A,q_1]$$

因为有 $\delta(q_0,b,A)=\{(q_1,\varepsilon)\}$,则有生成式

$$[q_0,A,q_1]\to b$$

因为有 $\delta(q_1,\varepsilon,Z_0)=\{(q_1,\varepsilon)\}$,则有生成式

$$[q_1,Z_0,q_1]\to\varepsilon$$

因为有 $\delta(q_1,\varepsilon,A)=\{(q_1,\varepsilon)\}$,则有生成式

$$[q_1,A,q_1]\to\varepsilon$$

因为有 $\delta(q_1,b,A)=\{(q_1,\varepsilon)\}$,则有生成式

$$[q_1,A,q_1]\to b$$

分析以上生成式和非终结符,可以看出,对于非终结符$[q_1,A,q_0]$和$[q_1,Z_0,q_0]$不存在它们的生成式,因此是无用符号,但它们又分别出现在$[q_0,A,q_0]$和$[q_0,Z_0,q_0]$生成式的右边,从而使这些生成式推导不出只含终结符的句子。最后检查所有生成式,凡含有以上 4 个

无用符号的生成式都应删除，保留以下的生成式作为 P 的生成式，即

$$S\to[q_0,Z_0,q_1];$$
$$[q_1,Z_0,q_1]\to\varepsilon;$$
$$[q_1,A,q_1]\to\varepsilon;$$
$$[q_1,A,q_1]\to b;$$
$$[q_0,A,q_1]\to b;$$
$$[q_0,Z_0,q_1]\to a[q_0,A,q_1][q_1,Z_0,q_1];$$
$$[q_0,A,q_1]\to a[q_0,A,q_1][q_1,A,q_1]$$

4.6　上下文无关语言的性质

本节讨论上下文无关语言的几个主要性质，包括泵浦引理和对某些运算的封闭性。

4.6.1　上下文无关语言的泵浦引理

定理 4.6.1　设 L 是上下文无关语言，存在常数 p，如果 $\omega\in L$ 且 $|\omega|\geqslant p$，则 ω 可写为 $\omega=\omega_1\omega_2\omega_0\omega_3\omega_4$，使 $\omega_2\omega_3\neq\varepsilon$（即 ω_2,ω_3 不同时为 ε），$|\omega_2\omega_0\omega_3|\leqslant p$ 及对于 $i\geqslant0$，有 $\omega_1\omega_2^i\omega_0\omega_3^i\omega_4\in L$。

线性语言的泵浦引理说明，在正则集中，每个足够长的字符串都包含一个短的子串，随便将这个子串在原处重复插入多少次，所得的新字符串还是在原正则集中。

类似地，上下文无关语言的泵浦引理说明，有两个靠得很近的子串，它们可以重复任意多次（但二者重复的次数相同），所得的新字符串依然属于该上下文无关语言。

证明　因为任何上下文无关语言均可由 Chomsky 范式文法产生，为证明方便，设 G 是 Chomsky 范式文法，并产生语言 L-$\{\varepsilon\}$。

如果 $\omega\in L$ 且 ω 有一定长度，则边缘为 ω 的推导树中，必含有一定长度的路径，而且路径的长度与 ω 的长度有一定关系。对 Chomsky 范式文法，当路径长度为 n，则 ω 的长度不大于 2^{n-1}。

对 G 有 n 个非终结符，取 $p=2^n$，如果 $\omega\in L$ 且 $|\omega|\geqslant p>2^{n-1}$，在边缘为 ω 的推导树中，必有一条长度大于 n 的路径，至少为 $n+1$，并有节点数为 $n+2$，最后一个节点是叶子，是终结符，其他 $n+1$ 个节点均为非终结符。由于非终结符数目为 n，所以在这条路径上一定有两个相同的非终结符。假设

（1）节点 V_1 和 V_2 都标有相同的非终结符 A；

（2）节点 V_1 靠近树根；

（3）从 V_1 到叶子最长为 $n+1$。

又设节点 V_1 为根的子树，是 T_1，它的边缘最长为 2^n，Z_1 是子树 T_1 的推导；节点 V_2 为根的子树是 T_2，Z_2 是子树 T_2 的推导且 T_2 必为 T_1 的子树。将 Z_1 写成 $\omega_2\omega_0\omega_3$，其中 ω_2,ω_3 不会同时为 ε，因为 T_2 或是包含于 A 产生的左子树中，或是包含于 A 产生的右子树中。以上所述可表示于图 4.6.1 中。

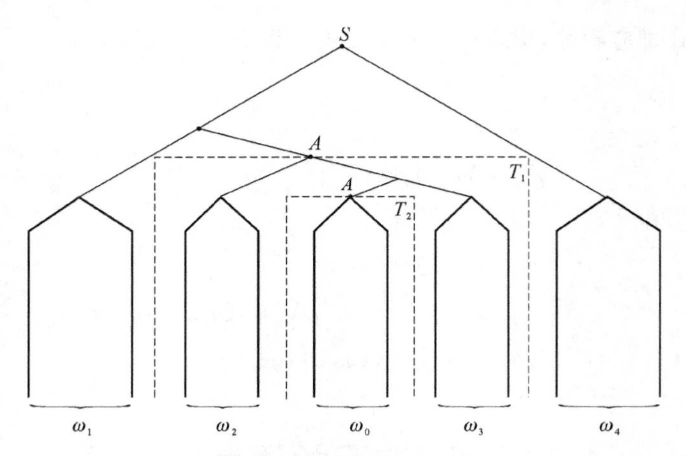

图 4.6.1 2型语言的泵浦引理示意图

由图可见，

$$S \stackrel{*}{\Rightarrow} \omega_1 A \omega_4 \stackrel{*}{\Rightarrow} \omega_1 \omega_2 \omega_0 \omega_3 \omega_4$$

从 T_1 子树来看，有

$$A \stackrel{*}{\Rightarrow} \omega_2 A \omega_3, \ |\omega_2 \omega_0 \omega_3| \leqslant 2^n = p$$

从 T_2 子树来看，有

$$A \stackrel{*}{\Rightarrow} \omega_0$$

于是，对任意的 $i \geqslant 0$，有

$$\begin{aligned} S &\stackrel{*}{\Rightarrow} \omega_1 A \omega_4 \\ &\stackrel{*}{\Rightarrow} \omega_1 \omega_2 A \omega_3 \omega_4 \\ &\stackrel{*}{\Rightarrow} \omega_1 \omega_2 \omega_2 A \omega_3 \omega_3 \omega_4 \\ &\vdots \\ &\stackrel{*}{\Rightarrow} \omega_1 \omega_2^i \omega_0 \omega_3^i \omega_4 \end{aligned}$$

即 $\omega_1 \omega_2^i \omega_0 \omega_3^i \omega_4 \in L$。定理得证。

例 1 证明 $L=\{a^n b^n c^n \mid n \geqslant 1\}$ 不是上下文无关语言。

证明 假设 L 是上下文无关语言，由泵浦引理，取常数 p，当 $\omega \in L$ 且 $|\omega| \geqslant p$ 时，可取 $\omega = a^p b^p c^p$，将 ω 写为 $\omega = \omega_1 \omega_2 \omega_0 \omega_3 \omega_4$，同时满足 $|\omega_2 \omega_0 \omega_3| \leqslant p$。

分析以下情况：

(1) ω_2 和 ω_3 不可能同时分别包含 a 和 c，因为在这种情况下，ω_0 必是 b^p。如果 $\omega_2 = a$，$\omega_3 = c$，则有 $|\omega_2 \omega_0 \omega_3| > p$。

(2) 如果 ω_2 和 ω_3 都只包含 a(b 或 c)，当 $i \geqslant 2$ 时，会出现 a 的个数大于 b 的个数，同时大于 c 的个数。因此，$\omega_1 \omega_2^i \omega_0 \omega_3^i \omega_4 \notin L$。

(3) 如果 ω_2 和 ω_3 分别包含 a 和 b(b 和 c)，当 $i \geqslant 2$ 时，会出现 a,b 的个数与 c 的个数不相同。因此，$\omega_1 \omega_2^i \omega_0 \omega_3^i \omega_4 \notin L$。

(4) 若 ω_2 或 ω_3 同时包含 a 和 b(b 和 c)，当 $i \geqslant 2$ 时，会出现 a 在 b 的后面的情况，因此，$\omega_1 \omega_2^i \omega_0 \omega_3^i \omega_4 \notin L$。

这些都与假设矛盾，故 L 不是上下文无关语言。

例 2 证明 $L=\{a^{k^2} \mid k \geqslant 1\}$ 不是上下文无关语言。

证明　假设 L 是上下文无关语言，由泵浦引理，取常数 p，当 $\omega\in L$ 且 $|\omega|=k^2\geqslant p$，则可将 ω 写为 $\omega=\omega_1\omega_2\omega_0\omega_3\omega_4$，并有 $|\omega_2\omega_0\omega_3|\leqslant p$ 和 $|\omega_2\omega_3|\geqslant 1$，那么必有 $\omega_1\omega_2^i\omega_0\omega_3^i\omega_4\in L$。

由于 $|\omega_2\omega_0\omega_3|\leqslant p$ 和 $|\omega_2\omega_3|\geqslant 1$，必有 $1\leqslant|\omega_2\omega_3|\leqslant p$。当取 $k=p$ 时，则应有 $p^2<|\omega_1\omega_2^2\omega_0\omega_3^2\omega_4|\leqslant p^2+p$，但是 p^2 的下一个完全平方是 $(p+1)^2=p^2+2p+1$，而 $p^2+p<p^2+2p+1$，所以 $p^2<|\omega_1\omega_2^2\omega_0\omega_3^2\omega_4|<(p+1)^2$。可见，$|\omega_1\omega_2^2\omega_0\omega_3^2\omega_4|$ 不是完全平方，故 $\omega_1\omega_2^2\omega_0\omega_3^2\omega_4\notin L$。与假设矛盾，故 L 不是上下文无关语言。

4.6.2　上下文无关语言的封闭性

下面讨论上下文无关语言对并、积、闭包和置换等运算是封闭的，而对交和补运算不封闭。

定理 4.6.2　若 L_1 和 L_2 是上下文无关语言，则 $L_1\cup L_2$ 是上下文无关语言。

证明　设 L_1 和 L_2 分别由文法 G_1 和 G_2 产生，$G_1=(N_1,T_1,P_1,S_1)$ 和 $G_2=(N_2,T_2,P_2,S_2)$ 且 $N_1\cap N_2=\varnothing$。

对 $L_1\cup L_2$，构造文法 $G=(N,T,P,S)$，产生语言 $L(G)$，其中

$$N=N_1\cup N_2\cup\{S\},$$
$$T=T_1\cup T_2,$$
$$P=P_1\cup P_2\cup\{S\to S_1|S_2\}。$$

若有 $\omega\in L_1$，并有 $P_1\subseteq P$，则在 G 中存在推导为

$$S\underset{G}{\Rightarrow}S_1\overset{*}{\underset{G_1}{\Rightarrow}}\omega$$

故有

$$\omega\in L(G)$$

若有 $\omega\in L_2$，并有 $P_2\subseteq P$，则在 G 中存在推导为

$$S\underset{G}{\Rightarrow}S_2\overset{*}{\underset{G_2}{\Rightarrow}}\omega$$

故有

$$\omega\in L(G)$$

因此有 $L_1\cup L_2\subseteq L(G)$。尚须证明 $L(G)\subseteq L_1\cup L_2$。

设 $\omega\in L(G)$，则有推导 $S\overset{*}{\underset{G}{\Rightarrow}}\omega$，分析其推导过程，又有 $S\underset{G}{\Rightarrow}S_1\overset{*}{\underset{G}{\Rightarrow}}\omega$ 或 $S\underset{G}{\Rightarrow}S_2\overset{*}{\underset{G}{\Rightarrow}}\omega$。对于 G 中的推导 $S\underset{G}{\Rightarrow}S_1\overset{*}{\underset{G}{\Rightarrow}}\omega$ 而言，出现在 $S_1\overset{*}{\underset{G}{\Rightarrow}}\omega$ 中的符号和所用的生成式都属于 G_1，因此有 $S_1\overset{*}{\underset{G}{\Rightarrow}}\omega$，且可得到 $\omega\in L_1$。

同理由推导 $S\underset{G}{\Rightarrow}S_2\overset{*}{\underset{G}{\Rightarrow}}\omega$，可得到 $S_2\overset{*}{\underset{G_2}{\Rightarrow}}\omega$，且有 $\omega\in L_2$，因此有 $L(G)\subseteq L_1\cup L_2$，所以 $L_1\cup L_2=L(G)$。由于 G 是上下文无关文法，故 $L_1\cup L_2$ 是上下文无关语言。

定理 4.6.3　若 L_1 和 L_2 是上下文无关语言，则 L_1L_2 是上下文无关语言。

证明　设 L_1 和 L_2 分别由文法 G_1 和 G_2 产生，$G_1=(N_1,T_1,P_1,S_1)$ 和 $G_2=(N_2,T_2,P_2,S_2)$ 且 $N_1\cap N_2=\varnothing$。

对 L_1L_2，构造文法 $G=(N,T,P,S)$，产生语言 $L(G)$，其中

$$N=N_1\cup N_2\cup\{S\},$$

$$T=T_1\cup T_2,$$
$$P=P_1\cup P_2\cup\{S\to S_1S_2\}$$

对 $L_1L_2=L(G)$ 的证明,类似定理 4.6.2 的方法。

定理 4.6.4 设 L 是上下文无关语言,则 L 的闭包 L^* 是上下文无关语言。

由读者自己证明。

定理 4.6.5 上下文无关语言对交运算不封闭。

证明 用反证法。设 L_1 和 L_2 是上下文无关语言,$L_1=\{a^nb^nc^k\mid n\geqslant 1,k\geqslant 1\}$,$L_2=\{a^kb^nc^n\mid k\geqslant 1,n\geqslant 1\}$,则 L_1 和 L_2 的交为

$$L_1\cap L_2=\{a^nb^nc^n\mid n\geqslant 1\}$$

在例 1 中已证明它不是上下文无关语言,因此对交运算不封闭。

定理 4.6.6 上下文无关语言对补运算不封闭。

证明 由于上下文无关语言对并运算封闭,而对交运算不封闭,故从 $L_1\cap L_2=\overline{\overline{L_1}\cup\overline{L_2}}$ 可知,不可能对补运算封闭。

以下讨论上下文无关语言对置换封闭。

设 L 是字母表 T 上的上下文无关语言,$L\subseteq T^*$,对每个 $a\in T$,存在一个可替代 a 的上下文无关语言 L_a,对 L 的每个句子中的任意字符 a,用 L_a 中的任意句子替代,则可得到 L 的置换语言为

$$L'=\{\omega_1\omega_2\cdots\omega_n\mid a_1a_2\cdots a_n\in L\text{ 且 }\omega_1\in L_{a1},\omega_2\in L_{a2},\cdots,\omega_n\in L_{an}\}$$

如果 L' 也是上下文无关语言,则称上下文无关语言对置换封闭。

例 3 设 $L=\{a^nb^n\mid n\geqslant 1\}$,$L_a=\{d\}$,$L_b=\{e^mf^m\mid m\geqslant 1\}$,则 L 的置换语言为

$$L'=\{d^ne^{m_1}f^{m_1}e^{m_2}f^{m_2}\cdots e^{m_n}f^{m_n}\mid n\geqslant 1,m_i\geqslant 1\}$$

定理 4.6.7 上下文无关语言对置换是封闭的。

证明 设 L 是字母表 T 上的上下文无关语言,对每个 $a\in T$,存在可替代 a 的上下文无关语言 L_a。G 和 G_a 分别是产生 L 和 L_a 的上下文无关文法。$G=(N,T,P,S)$,$G_a=(N_a,T_a,P_a,S_a)$且 $N\cap N_a=\varnothing$。构造文法 $G_1=(N_1,T_1,P_1,S_1)$,其中

$$N_1=\bigcup_{a\in T}N_a\cup N,$$
$$T_1=\bigcup_{a\in T}T_a,$$
$$S_1=S$$

设 f 是置换,$f(a)=S_a$,$a\in T$。对于 $A\in N$,有 $f(A)=A$,且 $f(aA)=f(a)f(A)=S_aA$,生成式 P_1 是

$$P_1=\{A\to f(a)\mid \text{如 } A\to a\in P\}\bigcup_{a\in T}P_a$$

显然 G_1 是上下文无关文法,且有 $f(L(G))=L(G_1)$。

例 4 设由上下文无关文法 G、G_a 和 G_b 分别产生的语言是 L、L_a 和 L_b。L 是由相同个数的 a 和 b 组成的句子集合,L_a 为

$$L_a=\{c^nd^n\mid n\geqslant 1\}$$

而 L_b 为

$$L_b=\{\omega\tilde{\omega}\mid \omega\in(0+1)^*\}$$

文法 G 的生成式是

$$S \rightarrow aSbS \mid bSaS \mid \varepsilon$$

文法 G_a 的生成式是

$$S_a \rightarrow cS_ad \mid cd$$

文法 G_b 的生成式是

$$S_b \rightarrow 0S_b0 \mid 1S_b1 \mid \varepsilon$$

对置换 f 有

$$f(a) = L_a \text{ 且 } f(b) = L_b$$

则 L 的置换语言是 $f(L)=L'$，产生 L' 的文法 G' 有下列生成式：

$$S \rightarrow S_aSS_bS \mid S_bSS_aS \mid \varepsilon,$$
$$S_a \rightarrow cS_ad \mid cd,$$
$$S_b \rightarrow 0S_b0 \mid 1S_b1 \mid \varepsilon$$

4.6.3　上下文无关语言的判定问题

在此讨论上下文无关语言的空问题、成员问题和等价问题。

首先空问题是可以判定的。因为存在一些算法，可以用来确定一个上下文无关语言是否为空。对 4.2 节的算法 1，只要稍加补充，便是一个较好的判空问题的算法。

判定 $L(G)$ 是否为空的算法

给定：上下文无关文法 $G=(N,T,P,S)$。

要求：当 $L(G)=\varnothing$，输出“空”；否则，输出“不空”。

步骤：

(1) $N_0=\varnothing$；

(2) $N'=\{A \mid A\rightarrow\omega \text{ 且 } \omega\in T^*\}$；

(3) 当 $N_0\neq N'$ 转向(4)，否则转向(6)；

(4) $N_0=N'$；

(5) $N'=N_0\cup\{A \mid A\rightarrow\alpha \text{ 且 } \alpha\in(T\cup N_0)^*\}$ 转向(3)；

(6) $N_1=N'$；

(7) 当 $S\in N_1$ 输出“不空”；当 $S\notin N$ 输出“空”。

成员问题也是可以判定的。就是说可以找到一个算法，在给定一个上下文无关文法 $G=(N,T,P,S)$ 和一个字符串 $\omega\in T^*$，能够确定 ω 是否属于 $L(G)$。

在此，等价问题是不可判定的。对于给定的两个上下文无关文法 G_1 和 G_2，不存在一个算法判定 $L(G_1)$ 是否与 $L(G_2)$ 相等。这方面不再进行证明。

4.6.4　上下文无关语言的二义性

前面已对二义性作了定义，就是说对于上下文无关文法 G 产生的语言 $L(G)$，如果有句子 $\omega\in L(G)$，存在两个不同的推导树，或者对 ω 存在两个不同的最左(右)推导，那么称文法 G 是二义的。

如果用有二义性的文法去定义程序设计语言，就会造成对某些句子的含义有不同的解释，所以人们总是希望文法是非二义的。同时也要求能有一个算法，可以去确定一个上下文无关文法是否为非二义的,但是这样的算法并不存在,这表明上下文无关文法的二义性是不可判定的。尽管如此,还是可以把导致文法产生二义性的某些生成式的结构区分出来。

(1) 含有生成式 $S \to SS|\beta$ 的文法是二义的,因为对句型 SSS,有两棵不同的推导树,如图 4.6.2(a)和(b)所示。

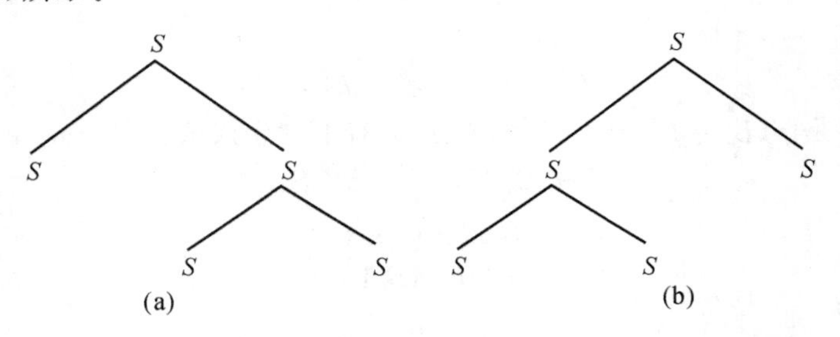

图 4.6.2 SSS 的两棵推导树

如果对生成式进行如下变换,则二义性可以消除,即

$$S \to SA \mid A$$
$$A \to \beta$$

(2) 含有生成式 $S \to SbS$,对句型 $SbSbS$ 亦存在两棵推导树,如图 4.6.3(a)和(b)所示。

另外,生成式 $S \to \alpha S|S\beta$ 会导致二义性,因为对句型 $\alpha S\beta$ 存在两个最左推导:

$$S \Rightarrow \alpha S \Rightarrow \alpha S\beta$$
$$S \Rightarrow S\beta \Rightarrow \alpha S\beta$$

对一个上下文无关文法,如果它不存在等价的非二义性文法,则称该文法为先天二义的。当给定一个上下文无关文法,是否产生一个先天二义的语言,也是不可判定的。然而对于上下文无关文法来说,相当大的部分是非先天二义的,至今程序设计语言都是设计为非先天二义的。

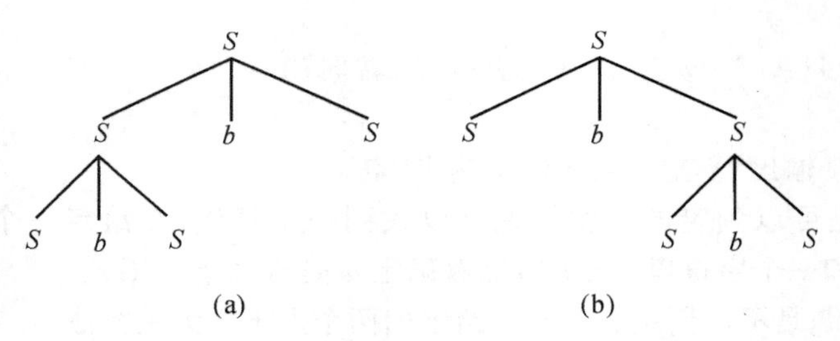

图 4.6.3 $SbSbS$ 的两棵推导树

4.7 受限型上下文无关文法

本节介绍两种受限制的上下文无关文法。由于对文法的生成式作了某些限制,这使这类文法进行语言分析时甚为有效。

1. 线性文法

定义 4.7.1　对上下文无关文法 G,如果每个生成式的形式是

$$A \to \omega_1 C \omega_2$$

或

$$A \to \omega_1$$

其中,A、C 是非终结符,ω_1、ω_2 是终结符串,则称 G 是线性文法。

由线性文法产生的语言叫**线性语言**

例 1　设文法 $G=(\{S\},\{a,b\},\{S\to aSb,S\to\varepsilon\},S)$,显然 G 产生的语言 $L(G)=\{a^k b^k \mid k\geqslant 0\}$。

在定义 4.7.1 中,如果 $\omega_2=\varepsilon$,则生成式变为

$$A \to \omega_1 C$$

$$A \to \omega_1$$

很清楚,这是右线性文法。

2. 顺序文法

定义 4.7.2　设文法 $G=(N,T,P,S)$,如果非终结符可被排序为 $A_1,A_2,\cdots,A_n$,当 P 中有生成式 $A_k\to\beta$,则 β 内不含有 $l<k$ 的 A_l,称文法 G 是顺序文法。

由顺序文法产生的语言叫顺序语言。

例 2　设文法 $G=(\{A_1,A_2\},\{a,b\},P,A_1)$,其中生成式 P 如下:

$$A_1 \to A_2 A_1$$

$$A_1 \to A_2$$

$$A_2 \to aA_2 b$$

$$A_2 \to \varepsilon$$

由顺序文法 G 产生的顺序语言为

$$L(G) = \{(a^{ki}b^{ki})^m \mid 1 \leqslant i \leqslant m, k_i \geqslant 0, m \geqslant 1\}$$

4.8　上下文无关文法的应用

我们知道编译器中使用正则表达式、正则语言和 DFA 等工具实现了词法分析。具体而言,词法分析就是采用正则语言等工具将输入的字符串分解成一个个的单词流,也就是诸如编程语言中的关键字、标识符这样有特定意义的单词。一种完整的编程语言,必须在此基础上定义各种声明、语句和表达式的语法规则。这就是编译器前端最重要的阶段语法分析的主要功能。简单来说,这一步就要完整地分析整个编程语言的语法结构。回顾熟悉的编程语言,我们会发现其语法大都有某种递归的性质。例如四则运算与括号的表达式,其每个运算符的两边,都可以是任意的表达式。比如 $a+b$ 是表达式,$(a+b)*(c+d)$ 也是表达式。再比如 if 语句,其 if 语句和 else 语句中还可以再嵌套 if 语句。正则表达式和正则语言无法描述这种结构。如果用 DFA 来解释,DFA 只有有限个状态,它没有办法追溯这种无限递归。所以,编程语言的表达式并不是采用正则语言,而是使用一种表现能力更强的语言——上下文无关语言。

4.8.1 上下文无关文法在语法分析中的应用

以编程语言的表达式作为例子看看上下文无关文法如何应用于语法分析。一个加法表达式可以用下面的文法来定义：

$G=(\{E\},\{\mathrm{id}, +, (,)\},P, E)$

//id 是表示变量的标识符

$E \rightarrow \mathrm{id}$

$E \rightarrow E + E$

$E \rightarrow (E)$

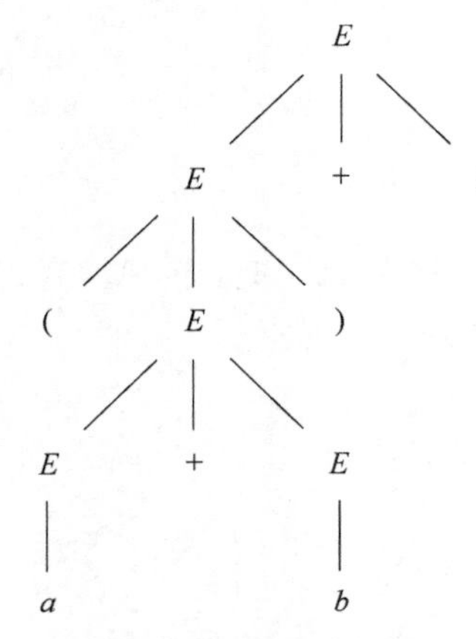

图 4.8.1　语法分析树

产生式经过一系列的推导，就能够生成各种完全由终结符组成的句子，即表达式。比如，采用最左推导演示一下表达式 $(a + b) + c$ 的推导过程：

$$E \Rightarrow E+E \Rightarrow (E)+E \Rightarrow (E+E)+E \Rightarrow (a+E)+E \Rightarrow (a+b)+E \Rightarrow (a+b)+c$$

语法分析的目的是解析输入的单词流 $(a+b)+c$，得到它的语法分析树如图 4.8.1 所示。

一旦得到语法分析树，就可以很容易地进行后续的语义分析。比如这个表达式的语义是“先将 a 和 b 代表的变量相加，再把所得的结果与 c 代表的变量相加”。那么语法分析树是怎么得到的呢？其实由刚才的产生式推导过程，就可以顺便建立语法分析树。只要在展开非终结符的同时，在语法分析树中相应的节点下加入非终结符展开的结果即可生成。目前流行的编译器开发方式是在语法分析阶段构造一棵语法分析树，然后再通过遍历语法树的方法进行后续的分析。例如，编译器中常用的递归下降法就是一种最左推导的分析方法，而另一类非常流行的 LR 分析器(一种由下而上的上下文无关语法分析器)则是基于最右推导的分析方法。

上述例子中，表达式 $(a+b)+c$ 只能有一种语法分析树。但另外一些输入可能存在多种语法分析树，这称为二义性。刚才的文法其实就是有歧义的(请大家思考一下原因)。为了更清楚地表达二义性的弊端，我们再举一个稍微复杂一点的表达式的例子。

$G=(\{E\},\{\mathrm{id},+,*,(,)\},P,E)$

//id 是表示变量的标识符

$E \rightarrow E+E$

$E \rightarrow E*E$

$E \rightarrow (E)$

$E \rightarrow \mathrm{id}$

如果用上述产生式推导出表达式 $a*b+c$，就有两种可能的最左推导。

最左推导 1：$E \Rightarrow E+E \Rightarrow E*E+E \Rightarrow a*E+E \Rightarrow a*b+E \Rightarrow a*b+c$

最左推导 2：$E \Rightarrow E*E \Rightarrow a*E \Rightarrow a*E+E \Rightarrow a*b+E \Rightarrow a*b+c$

这两种推导的语法树是不一样的，如图 4.8.2 所示。

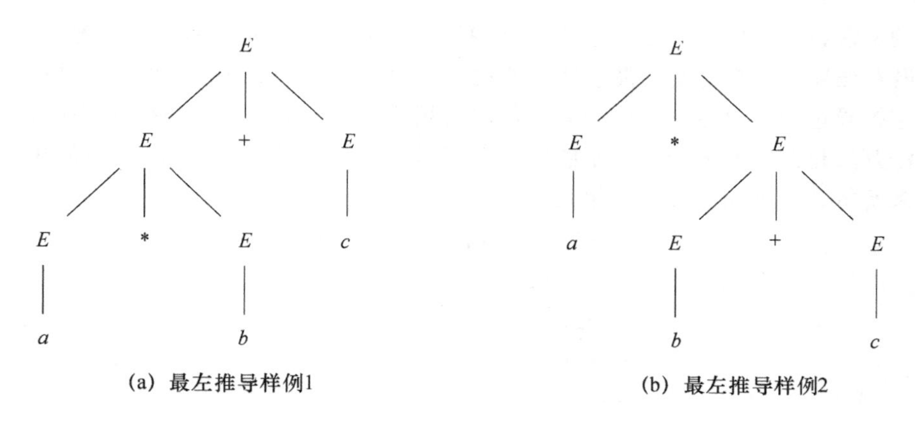

(a) 最左推导样例1　　(b) 最左推导样例2

图 4.8.2　语法二义性的样例

我们提过语法分析树将用于下一步的语义分析。而在语义分析中，上述两个语法树的不同主要体现在运算符的优先级上。如果按照推导 1 的语法树，应该先将 a 和 b 相乘，再加上 c；如果按照推导 2 的语法树，则应该先把 b 和 c 相加，再和 a 相乘。很明显，这两种语义的计算结果是不一样的。编程语言中的同一种表达式有两种语义，这是不适合对其进行语法分析的。应该使用没有歧义的文法来确保同一段程序仅存在唯一一种语法分析树。可以修改上述文法的产生式，让运算符具有左结合的特性，并让乘法一开始就有高于加法的优先级。

$G=(\{E,T,F\},\{\mathrm{id},+,*,(,)\},P,E)$

//id 是表示变量的标识符

$$E \to E+T$$
$$E \to T$$
$$T \to T*F$$
$$T \to F$$
$$F \to \mathrm{id}$$
$$F \to (E)$$

修改文法之后，* 号的两侧不允许直接出现带＋号的表达式，而只能出现带括号的表达式和变量名；同时，连续的加法或乘法必须从左侧开始运算。这就限制了推导可能进行的方式。在新文法下表达式 $a*b+c$ 就只存在一种语法分析树了，如图 4.8.3 所示。

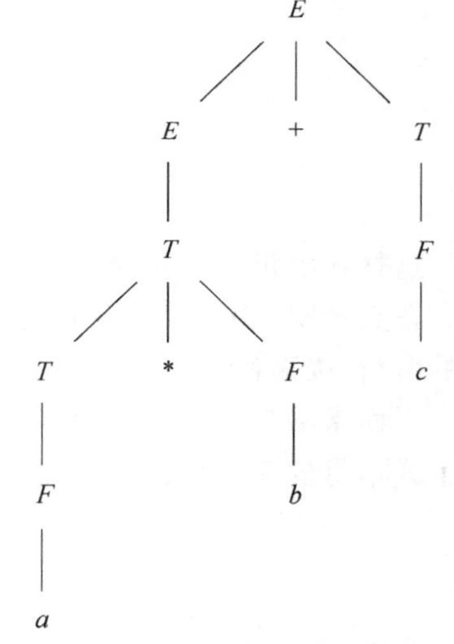

图 4.8.3　新文法下表达式 $a*b+c$ 的语法分析树

4.8.2　上下文无关文法变换的应用

已经学习了很多上下文无关文法的变换操作，这些变换操作到底有什么用呢？下面看看编译器的语法分析中实际问题对文法提出的限制。在编译器的语法分析中常使用递归下降法。递归下降法的原理是利用函数之间的递归调用模拟语法树自上而下的构造过程。支持递归下降的文法，必须能通过从左往右超前查看 k 个字符决定采用哪一个产生式。我们把这样的文法称作$LL(k)$文法。这个名字中第一个L表示从左往右扫描字符串,而第二个L表示最左推导。回想上面的最左推导的例子,递归下降语法分析器的分析过程就是表达式的最左推导过程。最后括号中的k表示需要超前查看k个字符。如果在每个非终结符的解析方法开头超前查看k个字符不能决定采用哪个产生式,那这个文法就不能用递归下降的方法来解析。如下面的文法产生式:

$$G=(\{E,F\},\{\mathrm{id},*,/,(,)\},P,E)$$
$$E\to F*F$$
$$E\to F/F$$
$$F\to \mathrm{id}$$
$$F\to (E)$$

当编写非终结符E的解析方法时,需要在两个E产生式中进行分支预测。然而两个E产生式都以F开头,而且F本身又可能是任意长的表达式,无论超前查看多少字符,都无法判定到底应该用乘号的产生式还是除号的产生式。遇到这种情况,可以将其转换成如下的Greibach范式。

$$G=(\{E,FG\},\{\mathrm{id},*,/,(,)\},P,E)$$
$$E\to \mathrm{id}G$$
$$E\to (E)G$$
$$G\to *F$$
$$G\to /F$$
$$F\to \mathrm{id}$$
$$F\to (E)$$

这样在解析G的时候,很容易进行分支预测。解析E的时候则无须再进行分支预测了。在实践中,Greibach范式的转化不仅可以将文法转化为$LL(k)$型,还能有助于减少重复的解析,提高性能。

下面来看消除左递归的作用。所谓左递归,就是产生式产生的第一个符号有可能是该产生式本身的非终结符。下面就是一个左递归的例子:

$$G=(\{E,F\},\{\mathrm{id},*,/,(,)\},P,E)$$
$$E\to E+F$$
$$E\to F$$
$$F\to \mathrm{id}$$

这个文法存在左递归:E产生的第一个符号就是E本身。想象一下,如果在编写E的递归下降解析函数时,直接在函数的开头递归调用自己,输入字符串完全没有消耗,这种递归调用就会变成一种死循环。所以,左递归是必须要消除的文法结构。解决的方法通常是将左递归转化为等价的右递归形式:

$$E\to FG$$
$$G\to +FG$$
$$F\to \mathrm{id}$$
$$G\to \varepsilon$$

4.8.3 上下文无关文法的其他应用

计算机求解的很多问题的结构都可以用上下文无关语言表示，这些结构的实例生成都可以转化成文法的句子生成问题。上下文无关文法广泛应用在软件的测试、调试和实验等方面。例如编程语言是文法应用的传统领域，文法是编程语言处理软件的基础。近年来，文法的应用更加广泛。例如，许多数据结构可以用文法表示，如树和图。在信息处理和数据库中经常出现的层次数据，可以用文法表示，XML 也是以上下文无关文法为基础的。在软件建模与分析中，许多性质和结构也可以用上下文无关语言，甚至正则语言表示，如对象系统中类的方法调用序列、类图等。一些软件规约语言也基于上下文无关文法。除了在计算机科学的应用，文法还被应用在其他一些领域中，如被应用在基因序列的表示中。

4.9 典型例题解析

例 1　考察下面的文法，写出 $x+x/y\uparrow 2$ 的所有最左推导及对应的推导树，并指出该文法是否具有二义性。

$$G: E\rightarrow E+E \mid E-E \mid E/E \mid E*E \mid E\uparrow E \mid (E) \mid \mathrm{id}$$

答：$x+x/y\uparrow 2$ 有如下 3 种最左推导：

(a) $E\Rightarrow E+E\Rightarrow x+E\Rightarrow x+E/E\Rightarrow x+x/E\Rightarrow x+x/E\uparrow E\Rightarrow x+x/y\uparrow E\Rightarrow x+x/y\uparrow 2$

(b) $E\Rightarrow E/E\Rightarrow E+E/E\Rightarrow x+E/E\Rightarrow x+x/E\Rightarrow x+x/E\uparrow E\Rightarrow x+x/y\uparrow E\Rightarrow x+x/y\uparrow 2$

(c) $E\Rightarrow E\uparrow E\Rightarrow E/E\uparrow E\Rightarrow E+E/E\uparrow E\Rightarrow x+E/E\uparrow E\Rightarrow x+x/E\uparrow E\Rightarrow x+x/y\uparrow E\Rightarrow x+x/y\uparrow 2$

对应下面 3 棵推导树，如图 4.9.1 所示。

还可以找出文法 G 派生出的句子 $x+x/y\uparrow 2$ 对应的其他的不同派生树。按照这里的分析，不同的最左派生(派生树)表达出句子(句型)的不同含义。这就是说，按照所给的文法 G，句子 $x+x/y\uparrow 2$ 有多种不同的意义。显然，一般在利用文法定义语言或者对语言进行分析时，是不希望这种情况发生的。句子的多义性会带来许多麻烦。

例 2　设上下文无关文法如下：

$$S\rightarrow SaB \mid aB$$
$$B\rightarrow bB \mid \varepsilon$$

试把该文法化为 Greibach 范式。

答：(1) 删除空生成式，得到的文法为

$$S\rightarrow SaB \mid Sa \mid aB \mid a$$
$$B\rightarrow bB \mid b$$

(2) 化为 Chomsky 范式的文法为

$$S \to ST \mid SA \mid AB \mid a$$
$$B \to CB \mid b$$
$$T \to AB$$
$$A \to a$$
$$C \to b$$

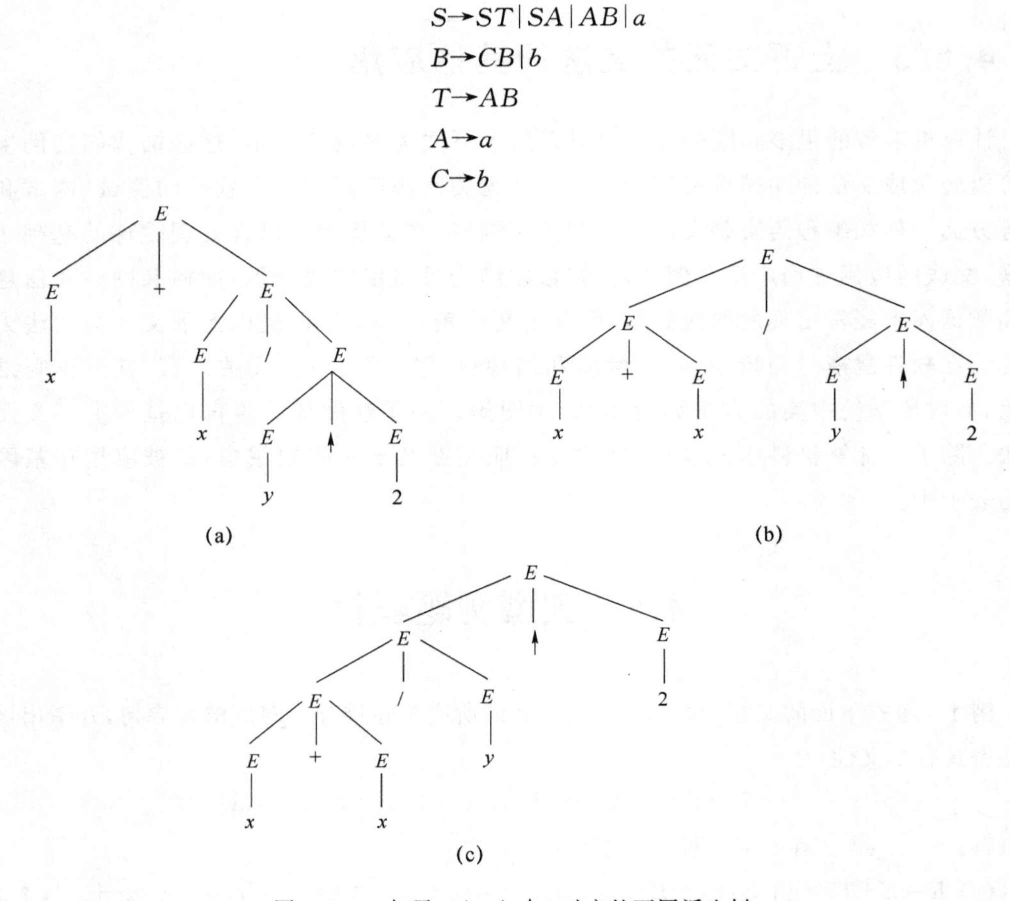

图 4.9.1　句子 $x+x/y\uparrow 2$ 对应的不同派生树

(3) 对变量排序得 S,B,T,A,C,消除左递归得文法为

$$S' \to ST \mid SA \mid AB \mid a$$
$$S \to ABZ \mid aZ \mid AB \mid a$$
$$B \to CB \mid b$$
$$T \to AB$$
$$A \to a$$
$$C \to b$$
$$Z \to TZ \mid AZ \mid T \mid A$$

(4) 把形如 $A \to a$ 的规则对文法进行变换使得每条规则的右部均以终结符打头,其Greibach 范式为

$$S \to aBZ \mid aZ \mid aB \mid a$$
$$B \to bB \mid b$$
$$T \to aB$$
$$A \to a$$
$$C \to b$$
$$Z \to aBZ \mid aZ \mid aB \mid a$$

例 3　已知语言

$$L=\{a^nb^m\mid 0\leqslant n\leqslant m\leqslant 3n\}$$

构造一个 NPDA 识别该语言。

答：直观上，可以用下面的方法来解决这一问题。

(1) 当读取一个 a 时，栈中压入一个 1 或两个 1 或三个 1；

(2) 当读取一个 b 时，栈中退掉一个 1。

根据上述描述，可以构造 $M=(Q,\Sigma,\Gamma,q_0,z_0,F)$，其中

$$Q=\{q_0,q_1,q_2,q_f\}$$

$$\Sigma=\{a,b\}$$

$$\Gamma=\{1,z_0\}$$

$$F=\{q_0,q_f\}$$

并且

$$\delta(q_0,a,z_0)=\{(q_1,1z_0),(q_1,11z_0),(q_1,111z_0)\}$$

$$\delta(q_1,a,1)=\{(q_1,11),(q_1,111),(q_1,1111)\}$$

$$\delta(q_1,b,1)=\{(q_2,\varepsilon)\}$$

$$\delta(q_2,b,1)=\{(q_2,\varepsilon)\}$$

$$\delta(q_2,\varepsilon,z_0)=\{(q_f,z_0)\}$$

该自动机的状态转移图如图 4.9.2 所示。

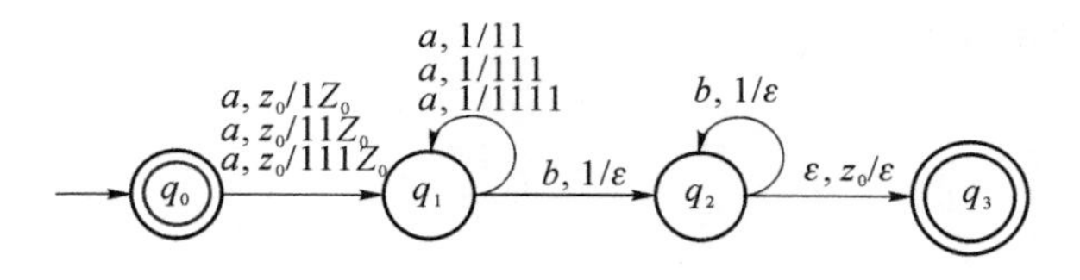

图 4.9.2　状态转移图

上述自动机接受 $aabbbbb$ 的迁移序列为

$(q_0, aabbbbb, z_0)\vdash\!\!\!\!\text{——}(q_1, abbbbb, 11z_0)\vdash\!\!\!\!\text{——}(q_1, bbbbb, 11111z_0)\vdash\!\!\!\!\text{——}(q_2, bbbb, 1111z_0)\vdash\!\!\!\!\text{——}(q_2,bbb,111z_0)\vdash\!\!\!\!\text{——}(q_2,bb,11z_0)\vdash\!\!\!\!\text{——}(q_2,b,1z_0)\vdash\!\!\!\!\text{——}(q_2,\varepsilon,z_0)\vdash\!\!\!\!\text{——}(q_f,\varepsilon,z_0)$

例 4　设文法 G 有如下的生成式：

$$S\rightarrow oA$$

$$A\rightarrow oAo\mid oo$$

设计不确定的 PDA M 接收上面文法产生的语言，并采用格局方式写出句子 ooo 被接收的过程。

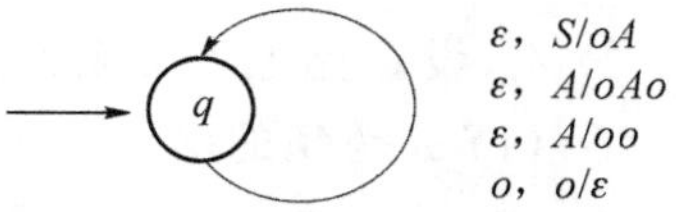

答：不确定的 PDA 的状态转移图如图 4.9.3 所示。

ε，S/oA
ε，A/oAo
ε，A/oo
o，o/ε
q

图 4.9.3　NPDA M 的状态转移图

句子 ooo 被该自动机接收的过程如下：

$$(q,ooo,S)\vdash\!\!\!\!\text{——}(q,ooo,oA)\vdash\!\!\!\!\text{——}(q,oo,A)\vdash\!\!\!\!\text{——}(q,oo,oo)\vdash\!\!\!\!\text{——}(q,o,o)\vdash\!\!\!\!\text{——}(q,\varepsilon,\varepsilon)$$

例 5　试证明语言 $L=\{a^nb^ma^nb^m\mid m,n\geqslant 0\}$ 不是上下文无关语言。

证明：设 $L=\{a^nb^ma^nb^m\mid m,n\geqslant 0\}$ 是上下文无关语言，令 $z=a^kb^ka^kb^k$，其中 k 是泵浦引理

要求的值。根据泵浦引理知,拆分 $z=uvwxy$ 应满足泵浦引理的条件。

由于 $|vwx|\leqslant k$,所以串 vwx 最多是 a 的串,或 b 的串,或它们的组合,即

$$vwx\in a^* \text{ 或 } vwx\in b^*$$

$$vwx\in a^*b^* \text{ 或 } vwx\in b^*a^*$$

又因为 $|vx|\geqslant 1$,则符号串 z 中对子串 v 和 x 的抽取仅在一个子串中增加了 a 或 b 的个数,由 L 的定义知,$uv^2wx^2y\notin L$。与泵浦引理矛盾,故语言 $L=\{a^nb^ma^nb^m \mid m,n\geqslant 0\}$ 不是上下文无关语言。

习　题

1. 设文法 $G=(\{S,T,F\},\{(,),+,*,a\},P,S)$,其中

生成式 P 如下:

$$S\to S+T$$

$$S\to T$$

$$T\to T*F$$

$$T\to F$$

$$F\to (S)$$

$$F\to a$$

给出下列句型的推导树:

(1) $T*F+T$;

(2) $a*(a+a)$;

(3) $(a)*F+T$。

2. 设文法 $G=(\{E,T,F,\},\{(,),*,/,-,b\},P,E)$。

其中,生成式 P 如下:

$$E\to T \mid E+T \mid E-T$$

$$T\to F \mid T*F \mid T/F$$

$$F\to (E) \mid b$$

找出 $b+b/b$ 的最左推导和最右推导。

3. 证明文法 $G=(\{S\},\{a,b\},P,S)$ 是二义的,其中生成式 P 如下:

$$S\to aSbS \mid aS \mid a$$

4. 设 G 是上下文无关文法,句子 $\omega\in L(G)$,证明下列命题是等价的:

(1) ω 是 G 的两个不同推导树的边缘;

(2) 在 G 中 ω 有两个不同的最左推导;

(3) 在 G 中 ω 有两个不同的最右推导。

5. 设文法 G,有下列生成式:

$$S\to aS \mid aSbS \mid \varepsilon$$

证明

$L(G)=\{\omega \mid$ 在 ω 的每个前缀中,a 的个数不少于 b 的个数$\}$

6. 请分别构建产生下列语言的上下文无关文法。

(1) $\{1^n0^m \mid n \geqslant m \geqslant 1\}$；

(2) $\{1^n0^{2m}1^n \mid n,m \geqslant 1\}$；

(3) $1^n0^n1^m0^m \mid n,m \geqslant 1\}$ ；

(4) 含有相同个数的 0 和 1 的所有的 0,1 串；

(5) 字母表{1,2,3}上的所有字符串。

7. 证明下列文法是二义性文法。

(1) G_1 ：$S \rightarrow U \mid M$

$U \rightarrow$ if E then S

$U \rightarrow$ if E then M else U

$M \rightarrow$ if E then M else $M \mid$ S

(2) G_2 ：$S \rightarrow TS \mid CS$

$C \rightarrow$ if E then

$T \rightarrow CS$ else

8. 把下列文法 G_1 和 G_2，分别变换为没有无用符号，且与其等价的上下文无关文法。

(1) G_1：

$S \rightarrow DC \mid ED$

$C \rightarrow CE \mid DC$

$D \rightarrow a$

$E \rightarrow aC \mid b$

(2) G_2：

$S \rightarrow D \mid C$

$D \rightarrow aC \mid bS \mid b$

$C \rightarrow DC \mid Ca$

$E \rightarrow DS \mid b$

9. 把下列文法变换为无 ε 生成式的等价文法：

$$S \rightarrow DCE$$
$$D \rightarrow CC \mid \varepsilon$$
$$C \rightarrow EE \mid b$$
$$E \rightarrow DD \mid a$$

10. 把下列文法变换为无 ε 生成式、无单生成式和没有无用符号的等价文法：

$$S \rightarrow A_1 \mid A_2$$
$$A_1 \rightarrow A_3 \mid A_4$$
$$A_2 \rightarrow A_4 \mid A_5$$
$$A_3 \rightarrow S \mid b \mid \varepsilon$$
$$A_4 \rightarrow S \mid a$$
$$A_5 \rightarrow S \mid d \mid \varepsilon$$

11. 设 2 型文法 $G=(\{S,A,B\},\{a,b,c\},P,S)$，其中

P：$S \rightarrow ASB \mid \varepsilon$；$A \rightarrow aAS \mid a$ ；$B \rightarrow SBS \mid A \mid bb$

试将 G 变换为无 ε 生成式,无单生成式,没有无用符号的文法,再将其转换为 Chomsky 范式。

12. 构造与下列文法等价的 CNF。

$$S \to 0BB \mid 1AA$$
$$B \to 0B0 \mid 00 \mid \varepsilon$$
$$A \to 11A \mid \varepsilon$$

13. 构造与下列文法等价的 CNF。

$$S \to 0BB \mid 1AA$$
$$B \to B0B0 \mid A00 \mid \varepsilon$$
$$A \to S11A \mid \varepsilon$$

14. 证明:每个不具有 ε 的上下文无关语言均可由这种文法产生,其中每个生成式的形式都是 $A \to a$,$A \to aB$,或 $A \to aBC$。a 为终结符;A,B,C 均为非终结符。

15. 将下列文法变换为等价的 Greibach 范式文法:

(1) $S \to DD \mid a$

$D \to SS \mid b$

(2) $A_1 \to A_3 b \mid A_2 a$

$A_2 \to A_1 b \mid A_2 A_2 a \mid b$

$A_3 \to A_1 a \mid A_3 A_3 b \mid a$

16. 设计一个消除上下文无关文法中右递归的算法。

17. 证明定理 4.2.2。

18. 证明定理 4.2.3。

19. 证明引理 4.2.4。

20. 构造与下列文法等价的 PDA:

(1) $S \to 0BB \mid 1AA$

$B \to 0BB \mid 0A \mid 0$

$A \to 1BA \mid \varepsilon$

(2) $S \to 0BcB \mid 1AAd$

$B \to 0B0 \mid D0 \mid \varepsilon$

$A \to 11A \mid \varepsilon$

$D \to d$

21. 给出产生语言 $L=\{a^i b^j c^k \mid i,j,k \geqslant 0$ 且或者 $i=j$ 或者 $j=k\}$ 的上下文无关文法。你给出的文法是否具有二义性?为什么?

22. 设下推自动机 $M=(\{q_0,q\},\{a,b\},\{Z_0,X\},\delta,q_0,Z_0,\varnothing)$,其中 δ 如下:

$$\delta(q_0,b,Z_0)=\{(q_0,XZ_0)\},\delta(q_0,\varepsilon,Z_0)=\{(q_0,\varepsilon)\}$$
$$\delta(q_0,b,X)=\{(q_0,XX)\},\delta(q_1,b,X)=\{(q_1,\varepsilon)\}$$
$$\delta(q_0,a,X)=\{(q_1,X)\},\delta(q_1,a,Z_0)=\{(q_0,Z_0)\}$$

试构造文法 G 产生的语言 $L(G)=L(M)$。

23. 用泵浦引理证明下列语言不是 CFL:

(1) $\{0^n 1^m \mid n=m^2\}$;

(2) $\{0^n \mid n$ 为素数$\}$;

(3) $\{0^n1^n2^n \mid n\geqslant 0\}$；

(4) $\{0^n1^n0^n1^n \mid n\geqslant 0\}$；

(5) $\{xx \mid x\in\{0,1\}^+\}$。

24. 构造 CFG，它们分别产生如下 PDA 用空栈接受的语言。

(1) $M=(\{q,p\},\{0,1\},\{A,B,C\},\delta,q,A,\varnothing)$，其中，$\delta$ 定义为

$\delta(q,0,A)=\{(q,B),(q,BB)\}$

$\delta(q,1,A)=\{(q,C),(q,CC)\}$

$\delta(q,0,B)=\{(q,BB),(q,BBB),(p,\varepsilon)\}$

$\delta(q,1,B)=\{(q,CB),(q,CCB)\}$

$\delta(q,0,C)=\{(q,BC),(q,BBC)\}$

$\delta(q,1,C)=\{(q,CC),(q,CCC),(p,\varepsilon)\}$

$\delta(p,0,B)=\{(p,\varepsilon)\}$

$\delta(p,1,C)=\{(p,\varepsilon)\}$

(2) $M=(\{q,p\},\{0,1\},\{A,B,C\},\delta,q,A,\varnothing)$，其中，$\delta$ 定义为

$\delta(q,0,A)=\{(q,BA)\}$

$\delta(q,0,B)=\{(q,BB)\}$

$\delta(q,1,B)=\{(p,\varepsilon)\}$

$\delta(p,0,B)=\{(q,\varepsilon)\}$

$\delta(p,1,B)=\{(p,\varepsilon)\}$

$\delta(p,\varepsilon,B)=\{(p,\varepsilon)\}$

$\delta(p,\varepsilon,A)=\{(p,\varepsilon)\}$

25. 构造识别下列语言的 PDA：

(1) $\{1^n0^m \mid n\geqslant m\geqslant 1\}$；

(2) $\{1^n0^{2m}1^n \mid n,m\geqslant 1\}$；

(3) $\{1^n0^n1^m0^m \mid n,m\geqslant 1\}$；

(4) $\{0^n1^m \mid n\leqslant m\leqslant 2n\}$；

(5) 含有相同个数的 0 和 1 的所有的 0,1 串；

(6) $\{\omega 2\omega^{\mathrm{T}} \mid \omega\in\{0,1\}^*\}$；

(7) $\{\omega\omega^{\mathrm{T}} \mid \omega\in\{0,1\}^*\}$。

第5章 图灵机

在前面的章节中，已经介绍了计算设备的一些模型。有限自动机是描述小存储量设备的较好的模型，下推自动机是描述无限存储设备的较好模型，但此无限存储设备只能以“后进先出”的栈方式使用。这些模型都有其局限性，不能作为计算机的通用模型。

图灵机是一个能力强大得多的模型，这个模型是由图灵(Alan Turing)在1936年第一次提出的，故称作图灵机。图灵机与有限自动机相似，但图灵机可视为有无限的存储。

本章讨论图灵机和它对应的语言类。图灵机是计算机的一个很简单的数字模型，它虽然简单，但却能模拟通用计算机的计算能力。

5.1 基本图灵机

基本图灵机，可认为是由一个具有读写头的有限控制器和一条分有若干单元的输入带组成的，输入带上有一个最左单元，向右是有限的，如图5.1.1所示。读写头每次扫描带上的一个单元，在每单元中可容纳一个带符号。

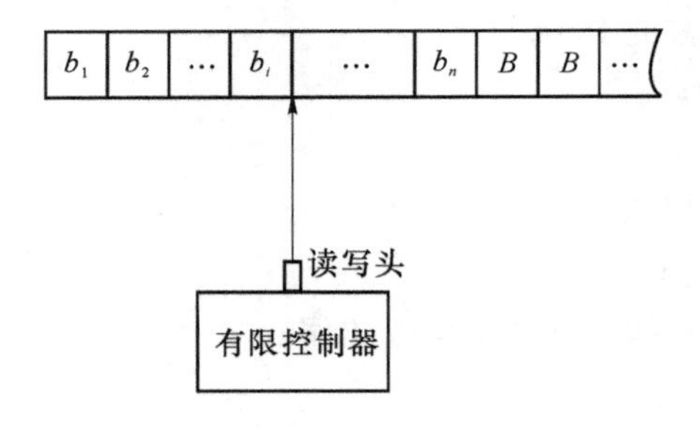

图5.1.1 基本图灵机

在初始状态时，最左边n($n\geqslant 0$且n为有限数)个单元中放着输入字符，形成一个输入字符串，每个字符均为输入字母表中的符号。除这n个字符外，右边其他的单元中放空白符，是一个特殊的带符号。

下面给出图灵机的定义。

定义5.1.1 图灵机M是一个七元组$M=(Q,T,\Sigma,\delta,q,B,F)$，其中

Q 有限的状态集合；

Σ 有限的带字符集合；

B 空白符号，$B\in\Sigma$；

T 输入字符集合，$T\subseteq\Sigma$且$B\notin T$；

δ　下一次动作函数，是从 $Q \times \Sigma$ 到 $Q \times \Sigma \times \{L, R\}$ 的映射；

q_0　初始状态，$q_0 \in Q$；

F　终止状态集合，$F \subseteq Q$。

图灵机的一次动作与读写头扫描到的字符以及控制器的状态有关。一次动作将引起：

(1) 控制器改变状态；

(2) 在当前扫描到的单元上，重写一个字符取代原来的字符；

(3) 读写头左移或右移一个单元。

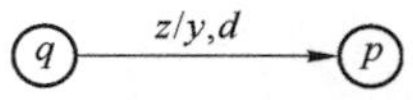

图灵机状态转换的图形记法如图5.1.2所示。图中记号表示 $(p, y, d) \in \delta(q, Z)$，其中 $d \in \{L, R\}$，指示读写头左移或右移。

图 5.1.2　图灵机的状态转换

图灵机与双向有限自动机的差别是，图灵机可以重写带上的符号。

描述图灵机瞬时工作状况的格局是

$$\omega_1 q \omega_2$$

q 是 M 的当前状态，字符串 $\omega_1, \omega_2 \in \Sigma^*$，$\omega_1\omega_2$ 是当前时刻从开始端到右边空白符号为止的内容。当读写头已到达带的右端，则 $\omega_1\omega_2$ 为带上读写头以左的内容。$\omega_1 q \omega_2$ 表示读写头正扫描 ω_2 的最左字符，如果 $\omega_2 = \varepsilon$，则表示读写头正在扫描一个空白符号。

设格局为 $a_1 a_2 \cdots a_{i-1} q a_i \cdots a_n$，如果下一次动作函数 $\delta(q, a_i) = (p, b, L)$，当 $i > 1$ 时，那么格局变化是

$$a_1 a_2 \cdots a_{i-1} q a_i \cdots a_n \vdash a_1 a_2 \cdots a_{i-2} p a_{i-1} b a_{i+1} \cdots a_n$$

当 $i - 1 = n$ 时，则 a_i 为 B。

当 $i = 1$ 时，没有下一个格局，因为读写头不能落在带的最左单元的外侧。

如果 $\delta(q, a_i) = (p, b, R)$，那么格局变化是

$$a_1 a_2 \cdots a_{i-1} q a_i \cdots a_n \vdash a_1 a_2 \cdots a_{i-1} b p a_{i+1} \cdots a_n$$

图灵机 $M = (Q, T, \Sigma, \delta, q_0, B, F)$ 接受的语言 $L(M)$ 定义如下：

$$L(M) = \{\omega \mid \omega \in T^* \text{ 且 } q_0\omega \vdash^* a_1 p a_2, p \in F, a_1, a_2 \in \Sigma^*\}$$

图灵机 M 接受的语言是输入字母表中这样一些字符串的集合：初始时，这些字符串放在 M 的带上，M 处于状态 q_0，且 M 的带头处在最左单元上，随着格局的变化，这些字符串将使 M 进入某个终止状态。

图灵机不停地计算，当输入被接受时，图灵机将停止，没有下一个动作。当因未定义转换函数，图灵机无法计算下去时，将产生拒绝。如果不进入任何接受或拒绝状态，就继续执行下去，永不停止。

图灵机是一种相当精确的通用计算机模型，它能做实际计算机能做的所有事情。该模型具有两个重要性质：首先，该模型的每个过程都是有穷可描述的；其次，过程由离散的步组成，每一步能够被机械地执行。

例 1　设有上下文无关语言 $L = \{a^n b^n \mid n \geqslant 1\}$，设计一个图灵机 M 接受语言 L。

1. 最初，图灵机 M 的带上从左端起已有字符是 $a^n b^n$，后跟无限多个空白符，如图 5.1.3(a) 所示，M 开始动作的第一步先读到第一个 a，并改写为 I，如图 5.1.3(b) 所示。然后右移去读第一个 b，并改写为 J，如图 5.1.3(c) 所示。又左移当发现 I 时，再看紧接 I 之后是否为 a，若为 a，将其改写为 I，然后再右移找 J，若紧接 J 之后是 b，又将其改写为 J，如此反复

进行。

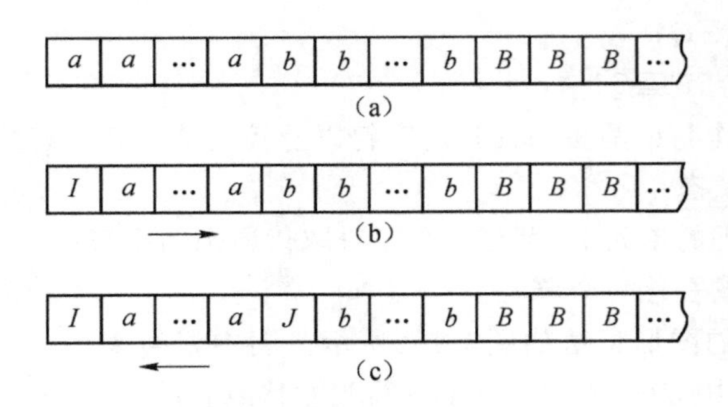

图 5.1.3 图灵机工作过程

2. 图灵机 M 按以上反复动作过程中,会出现以下情况:

(1) 当找 a 时,如果不再有 a,M 应转向找 b,如果还能找到 b,说明 b 的个数多于 a 的个数,则 M 停止,表示不接受。如果找不到 b,说明 a 与 b 的个数相同,M 应进入终止状态,表示接受。

(2) 当找 b 时,出现空白符,说明 a 的个数多于 b 的个数,M 停止,表示不接受。

由(1),(2)的分析,可构造图灵机 $M=(Q,T,\Sigma,\delta,q_0,B,F)$,其中

$$Q = \{q_0,q_1,q_2,q_3,q_4\},$$
$$T = \{a,b\},$$
$$\Sigma = \{a,b,I,J,B\},$$
$$F = \{q_4\}$$

δ 函数定义如下:

$$\delta(q_0,a) = (q_1,I,R),\quad \delta(q_2,a) = (q_2,a,L),$$
$$\delta(q_0,J) = (q_3,J,R),\quad \delta(q_2,I) = (q_0,I,R),$$
$$\delta(q_1,a) = (q_1,a,R),\quad \delta(q_2,J) = (q_2,J,L),$$
$$\delta(q_1,b) = (q_2,J,L),\quad \delta(q_3,J) = (q_3,J,R),$$
$$\delta(q_1,J) = (q_1,J,R),\quad \delta(q_3,B) = (q_4,B,R)$$

例 1 的图灵机的状态转换图如图 5.1.4 所示。

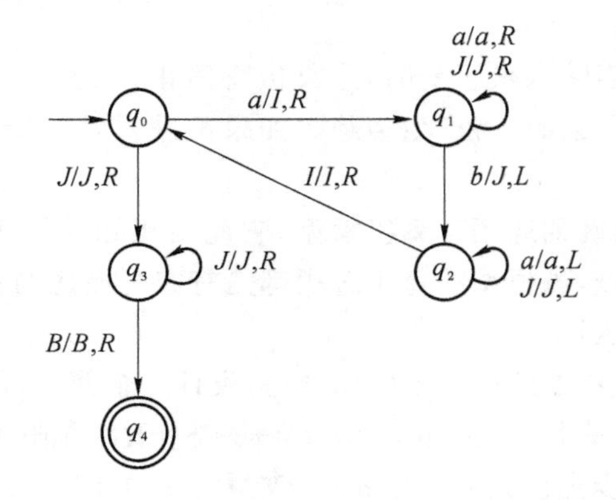

图 5.1.4 识别$\{a^nb^n \mid n\geqslant 1\}$的图灵机

当 M 接受句子 $aabb$ 时,其动作过程用格局表示如下:

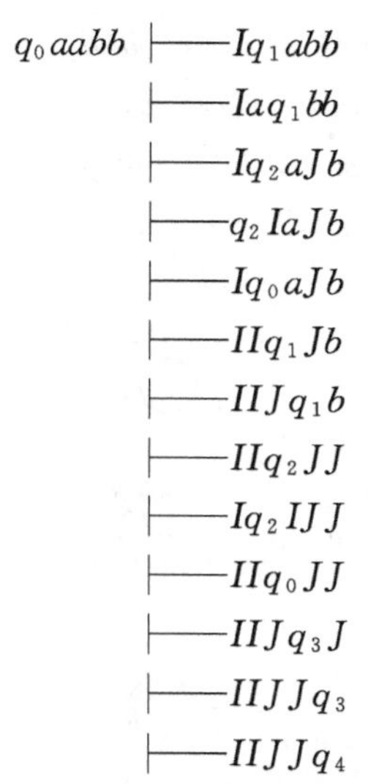

图灵机除了作为语言识别器外，还可看作是整数到整数的函数计算机。

在图灵机上可将整数表示成一进制，例如，整数 $i\geqslant 0$ 用字符串 0^i 表示。如果一个函数有 k 个自变量，$i_1,i_2,\cdots,i_k$，那么这些整数开始时被放在输入带上，并用 1 将它们分隔开，形如 $0^{i_1}10^{i_2}10^{i_3}\cdots 10^{i_k}$。

如果图灵机停止且带上为 0^m，则表示 $f(i_1,i_2,\cdots,i_k)=m$。f 是被图灵机计算的 k 元函数。

如果 $f(i_1,i_2,\cdots,i_k)$ 对所有 $i_1,i_2,\cdots,i_k$ 有定义，那么称 f 是一个全递归函数。全递归函数总是被能停下来的图灵机所计算。所有常用的整数算术函数都是全递归函数。

例 2　设计一个图灵机，可进行真减法运算，即 $m\ominus n$，定义为：如果 $m\geqslant n$，则 $m\ominus n=m-n$；如果 $m<n$，则 $m\ominus n=0$。对整数 $m\geqslant 0$，用字符串 0^m 表示，对 $m\ominus n$，用 0^m10^n 表示。

$$M=(\{q_0,q_1,\cdots,q_6\},\{0,1\},\{0,1,B\},\delta,q_0,B,q_6)$$

开始时，M 的带上从左端起放有字符串 0^m10^n，后跟无限多个空白符 B。M 的第一次动作先读到第一个 0，即写上空白符 B 替代 0。然后右移找到紧跟 1 之后的 0，将其改写为 1。再左移找到空白符 B，又将紧跟 B 之后的 0 改写为空白符 B。这样重复进行，当有以下情况产生时，即告结束：

(1) 当 M 向右移找 0 时，如果遇到空白符 B，这说明 0^m10^n 中，1 右边的 n 个 0 已全部改写为 1，而 1 左边的 m 个 0 中的前 $n+1$ 个 0 也已改写为 B。此时 M 用一个 0 和 n 个 B（即 $0B^n$）替代 $n+1$ 个 1，带上留下的则是 $m-n$ 个 0。

(2) 如 M 向左移找不到 0 时，说明 1 左边的 m 个 0 均已改写为 B，表示 $n\geqslant m$，按着定义有 $m\ominus n=0$。此时 M 将带上所有余下的 1 和 0 全部用 B 替代，表示带上的值为 0。

例 2 的图灵机的状态转换图如图 5.1.5 所示。

δ 函数定义如下：

$$\delta(q_0,0)=(q_1,B,R),\quad \delta(q_1,0)=(q_1,0,R),$$
$$\delta(q_1,1)=(q_2,1,R),\quad \delta(q_2,1)=(q_2,1,R),$$
$$\delta(q_2,0)=(q_3,1,L),\quad \delta(q_3,0)=(q_3,0,L),$$
$$\delta(q_3,1)=(q_3,1,L),\quad \delta(q_3,B)=(q_0,B,R),$$

$$\delta(q_2,B)=(q_4,B,L),\quad \delta(q_4,1)=(q_4,B,L),$$
$$\delta(q_4,0)=(q_4,0,L),\quad \delta(q_4,B)=(q_6,0,R),$$
$$\delta(q_0,1)=(q_5,B,R),\quad \delta(q_5,0)=(q_5,B,R),$$
$$\delta(q_5,1)=(q_5,B,R),\quad \delta(q_5,B)=(q_6,B,R)$$

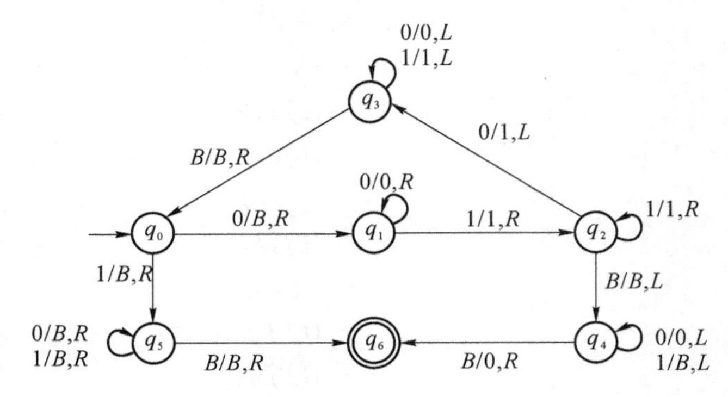

图 5.1.5　计算真减法的图灵机

当 M 进入状态 q_6 即停止。

当带上输入 0010 时，M 的计算过程是：

$$\begin{aligned} q_0 0010 &\vdash Bq_1 010 — B0q_1 10 — B01q_2 0 \\ &\vdash B0q_3 11 — Bq_3 011 — q_3 B011 \\ &\vdash Bq_0 011 — BBq_1 11 — BB1q_2 1 \\ &\vdash BB11q_2 — BB1q_4 1 — BBq_4 1 \\ &\vdash Bq_4 — B0q_6 \end{aligned}$$

当带上输入 0100 时，M 的计算过程是：

$$\begin{aligned} q_0 0100 &\vdash Bq_1 100 — B1q_2 00 — Bq_3 110 \\ &\vdash q_3 B110 — Bq_0 110 — BBq_5 10 \\ &\vdash BBBq_5 0 — BBBBq_5 — BBBBBq_6 \end{aligned}$$

除了最小的机器外，形式化地描述一个特定图灵机对于大多数图灵机来说是很烦琐的。在下一个例子中，我们将仅给出较高层次的描述。因为就我们的目的而言，它已经足够精确，但却容易理解得多。事实上，每个较高层次的描述实际上只是它的形式描述的一个速写。只要足够耐心和细致，总能形式化地描述出对应图灵机的每个转换函数，从而在高层次描述和形式化的细节描述之间建立联系。

例 3　构造图灵机 M，它识别的语言是所有由 0 组成，长度为 2 的 n 次幂的字符串，即它判定语言 $L=\{0^{2^n} \mid n\geqslant 0\}$。

设计思路：对输入字符串 ω

(1) 从左向右扫描整个带，隔一个消去一个 0；

(2) 若带上只剩下唯一的一个 0，则接受；

(3) 若带上有不止一个 0，且 0 的个数为奇数，则拒绝；

(4) 让读写头返回带的最左端；

(5) 转到第(1)步。

每重复一次第一步，就消去了一半的 0。由于在第一步中机器扫描了整个带子，因此它能够知道它看到的 0 的个数是奇数还是偶数，如果是大于 1 的奇数，则输入中所含的 0 的个数不可能是 2 的 n 次幂，此时机器将拒绝。但是，如果看到的 0 的个数是 1，则输入中所含的 0 的个数肯定是 2 的 n 次幂，此时机器接受该输入串。

步骤 4 看上去简单，却暗含一点技巧。图灵机如何发现输入带的左端点呢(找到输入串的右端点是容易的，因为输入以空白符终止)？本例中机器判断其带子左端点的方法是：当读写头从左端点的符号刚开始运行时，就以“#”对带子左端点作个记号，这样，若机器想要它的读写头回到左端点，就可以向左扫描，直到发现这个记号。

下面给出 $M=(Q,T,\Sigma,\delta,q_1,B,\{q_{\text{accept}},q_{\text{reject}}\})$ 的形式描述：

$$Q=\{q_1,q_2,q_3,q_4,q_5,q_{\text{accept}},q_{\text{reject}}\}$$
$$T=\{0\}$$
$$\Sigma=\{0,X,B,\#\}$$

将 δ 函数描述成图 5.1.6 所示的状态图形式。

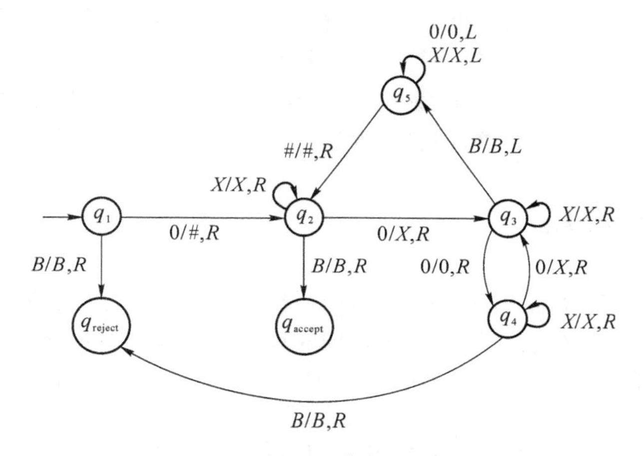

图 5.1.6　识别 $L=\{0^{2^n}\mid n\geqslant 0\}$ 的图灵机

5.2　图灵机的构造技术

在设计图灵机过程中，要写出 δ 函数是一件麻烦的事。为了构造复杂的图灵机，还需探讨图灵机的若干构造技术，并引入一些新的概念与工具。

5.2.1　控制器的存储

为了便于设计图灵机，可以使控制器增加保存有限数量信息的功能。这样一来，可把控制器的状态写成两元素的序偶，它的第一个元素仍是状态，第二个元素存储一个字符。

例 1　设计一个图灵机 M，读写头将扫视的第一个字符存入有限控制器内，然后扫视整个带，如果找不到与第一个相同的字符时，则 M 接受该字符串，否则，不接受。构造 M 如下：

$$M=(Q,\{0,1\},\{0,1,B\},\delta,[q_0,B],B,F)$$

其中:

Q 是集合 $\{q_0, q_1\} \times \{0, 1, B\}$,即 $Q = \{[q_0, 0], [q_0, 1], [q_0, B], [q_1, 0], [q_1, 1], [q_1, B]\}$;

$F = \{[q_1, B]\}$;

δ 定义如下:

(1) $\delta([q_0, B], 0) = ([q_1, 0], 0, R)$,

(2) $\delta([q_0, B], 1) = ([q_1, 1], 1, R)$,

(3) $\delta([q_1, 0], 1) = ([q_1, 0], 1, R)$,

(4) $\delta([q_1, 1], 0) = ([q_1, 1], 0, R)$,

(5) $\delta([q_1, 0], B) = ([q_1, B], 0, L)$,

(6) $\delta([q_1, 1], B) = ([q_1, B], 0, L)$。

以上 δ 函数中,(1)和(2)表示 M 从 q_0 状态开始,将输入带上的第一个字符 0 或 1 存入控制器内,然后转换到 q_1 状态。(3)和(4)表示 M 的控制器内存有 0 而遇到 1 时,或存有 1 而遇到 0 时,读写头右移,继续扫视下一个字符。(5)和(6)表示当 M 扫视所有字符,没有遇到与第一个相同的字符,而遇到空白符 B 时,那么 M 接受这个字符串,并进入终止状态$[q_1, B]$。对 $\delta([q_1, 0], 0)$和 $\delta([q_1, 1], 1)$没有定义,遇到这种情况不接受,即停机。一般情况下,有限控制器内允许存储 n 个字符,即状态的第二元素可存储 n 个字符。

5.2.2 多道机

把图灵机的输入带分成两层或多层,这样,每一单元变成了上下两个单元或更多单元。对于含有 n 层的输入带来说,读写头一次可同时读出并改写 n 个单元的字符,这样的图灵机称为 n 道机,当 n 等于 2 时,则称为双道机。图 5.2.1 表示一个三道机。

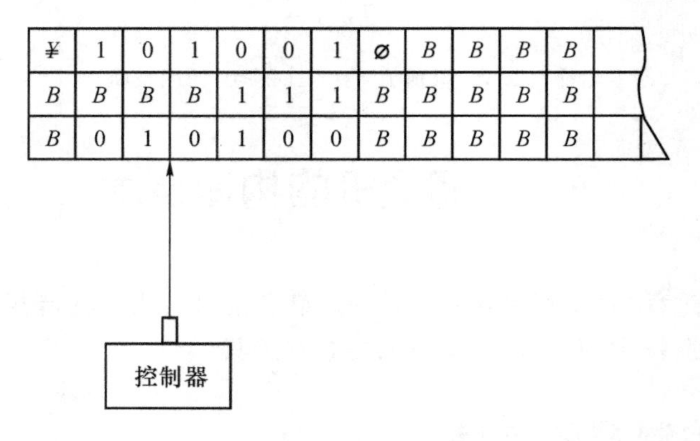

图 5.2.1　三道机

例 2　用图 5.2.1 所示的三道机,检查某数 n 是否是质数。

将被检查的数 n,以二进制形式写在输入带的第一道上,数的两端分别用符号¥和∅定界,在第二道上写上一个二进制数 2,并把第一道上的数复制到第三道上。然后用第三道上的数减去第二道上的数,余下的数留在第三道上,如此反复进行。实际上是用第二道上的数去除第三道上的数,最后余数留在第三道上。

当余数为 0 时,表示第一道上的数不是质数。当余数不为 0 时,则对第二道上的数加 1。

加1之后，如果第二道上的数等于第一道上的数，那么第一道上的数为质数，这说明它不能被小于自身的任何数(除1外)除尽；如果第二道上的数小于第一道上的数，再将第一道上的数复制到第三道上，然后，再重复上述的过程。

图5.2.1表明三道机正在检查41是否为质数，第一道上放被检查的数，第二道上放的是7，说明正被7除，已经减了3次，所以第三道上的数是20。

5.2.3 核对符

当用图灵机识别语言时，如果语言中存在有重复性或可逆性等类型的句子时，为了判定某个字符串是否属于语言中的句子，可以使用一个核对符号，这样，对于图灵机来说，会增加灵活性。

考虑用一个双道机，在第二道上使用核对符√，在第一道上放要被检查的字符串，当字符串中某个字符一旦被核对之后，可在第二道的对应位置上写上核对符√。

例3 设计一个图灵机M，能够识别语言$\{\omega t\omega \mid \omega \in \{a,b\}^*\}$。

构造$M=(Q,T,\Sigma,\delta,q_0,B,F)$，其中：

$Q=\{[q_k,c] \mid k=1,2,\cdots,9$ 且 $c=a,b,B\}$，状态的第二元素可存储一个字符；

$T=\{[c,B] \mid c=a,b$ 或 $t\}$，$[c,B]$与c相同，只是体现两道与一道不同的表示方法；

$\Sigma=\{[c,Y] \mid Y=B$ 或√，$c=a,b,t$ 或 $B\}$；

$q_0=[q_1,B]$；

$F=\{[q_9,B]\}$。

空白符B，在两道的情况下表示为$[B,B]$，δ函数定义如下(其中$c=a$或b，$e=a$或b)：

(1) $\delta([q_1,B],[c,B])=([q_2,c],[c,\surd],R)$

M将被检查的字符存入控制器内，并在对应的第二道上写核对符√，然后右移。

(2) $\delta([q_2,c],[e,B]) = ([q_2,c],[e,B],R)$

M越过来检查过的字符，右移寻找t。

(3) $\delta([q_2,c],[t,B]) = ([q_3,c],[t,B],R)$

M遇到t，状态变为q_3。

(4) $\delta([q_3,c],[e,\surd]) = ([q_3,c],[e,\surd],R)$

M越过已经检查过的字符而右移。

(5) $\delta([q_3,c],[c,B]) = ([q_4,B],[c,\surd],L)$

M遇到一个未被检查的字符，如果它与存储在控制器里的字符相同，则在第二道对应单元中写核对符√，而后左移。如果与控制器里的字符不相同，则停机，表示不接受这个句子。

(6) $\delta([q_4,B],[c,\surd]) = ([q_4,B],[c,\surd],L)$

M越过已检查过的字符，左移。

(7) $\delta([q_4,B],[t,B]) = ([q_5,B],[t,B],L)$

M左移时遇到t，状态变为q_5。

(8) $\delta([q_5,B],[c,B]) = ([q_6,B],[c,B],L)$

如果t左边第一个字符是未被检查的，M继续左移。

(9) $\delta([q_5,B],[c,\surd])=([q_7,B],[c,\surd],R)$

当 M 左移越过 t 之后,遇到的是已被检查的字符,这说明 t 左边的字符均已被检查过。M 应去检查 t 右边的字符是否均已被检查过,若是,则表明 t 两边的字符已正确地比较完。M 接受这个句子。

(10) $\delta([q_6,B],[c,B])=([q_6,B],[c,B],L)$

M 继续左移。

(11) $\delta([q_6,B],[c,\surd])=([q_1,B],[c,\surd],R)$

M 遇到一个检查过的字符,又右移。

(12) $\delta([q_7,B],[t,B])=([q_8,B],[t,B],R)$

M 右移越过 t。

(13) $\delta([q_8,B],[c,\surd])=([q_8,B],[c,\surd],R)$

M 右移越过已被检查的字符。

(14) $\delta([q_8,B],[B,B])=([q_9,B],[B,\surd],L)$

当 M 遇到空白符 B,表示接受这样的句子,停机。

此图灵机的整个工作过程如图 5.2.2 所示。图中,我们用形如 $\begin{bmatrix}c\\B\end{bmatrix}$ 的记法表示上下两道的内容,对于不改变带上符号的迁移,采用简略记法,只写一次。

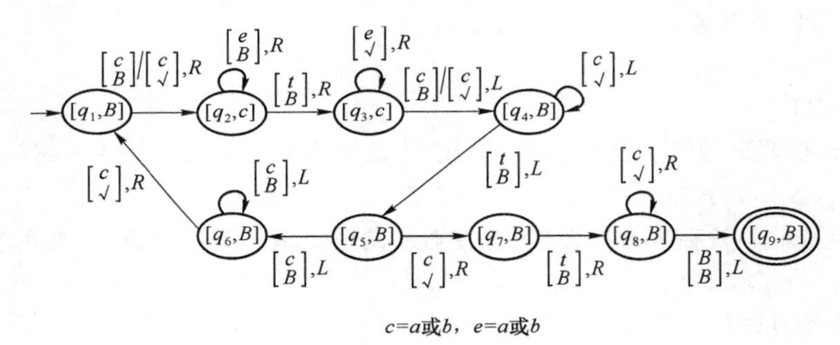

图 5.2.2 利用核对符识别语言 $\{\omega t\omega \mid \omega\in\{a,b\}^*\}$

当句子是 $abtab$ 时,图灵机 M 识别该句子的动作过程如下(核对符$\surd$写在下面表示二道,空白符 B 不写,保留空白):

$$\begin{aligned}
[q_1,B]abtab &\vdash \underset{\surd}{a}[q_2,a]btab \vdash \underset{\surd}{a}b[q_2,a]tab\\
&\vdash \underset{\surd}{a}bt[q_3,a]ab \vdash \underset{\surd}{a}b[q_4,B]t\underset{\surd}{a}b\\
&\vdash \underset{\surd}{a}[q_5,B]bt\underset{\surd}{a}b \vdash [q_6,B]\underset{\surd}{a}bt\underset{\surd}{a}b\\
&\vdash \underset{\surd}{a}[q_1,B]bt\underset{\surd}{a}b \vdash \underset{\surd}{a}\underset{\surd}{b}[q_2,b]t\underset{\surd}{a}b\\
&\vdash \underset{\surd}{a}\underset{\surd}{b}t[q_3,b]\underset{\surd}{a}b \vdash \underset{\surd}{a}\underset{\surd}{b}t\underset{\surd}{a}[q_3,b]b\\
&\vdash \underset{\surd}{a}\underset{\surd}{b}t[q_4,B]\underset{\surd}{a}\underset{\surd}{b} \vdash \underset{\surd}{a}\underset{\surd}{b}[q_4,B]t\underset{\surd}{a}\underset{\surd}{b}\\
&\vdash \underset{\surd}{a}[q_5,B]\underset{\surd}{b}t\underset{\surd}{a}\underset{\surd}{b} \vdash \underset{\surd}{a}\underset{\surd}{b}[q_7,B]t\underset{\surd}{a}\underset{\surd}{b}\\
&\vdash \underset{\surd}{a}\underset{\surd}{b}t[q_8,B]\underset{\surd}{a}\underset{\surd}{b} \vdash \underset{\surd}{a}\underset{\surd}{b}t\underset{\surd}{a}[q_8,B]\underset{\surd}{b}\\
&\vdash \underset{\surd}{a}\underset{\surd}{b}t\underset{\surd}{a}\underset{\surd}{b}[q_8,B] \vdash \underset{\surd}{a}\underset{\surd}{b}t\underset{\surd}{a}[q_9,B]\underset{\surd}{b}\underset{\surd}{B}
\end{aligned}$$

5.2.4 移位

可让图灵机具备移位功能，即对输入带上的字符进行移位操作。当需要在输入带上留出一部分空间时，可以将输入带上的非空白符右移若干单元。

假设现在需将输入带上的非空白字符右移 n 个单元，则可让控制器状态的第二个元素具有存储 n 个字符的功能，这里 n 应该是一个有限数。

例 4 构造图灵机 M，要求它将输入带上非空白字符向右移动两个单元。

设 $M=(Q,T,\Sigma,\delta,q_0,B,F)$，其中，$Q=\{[q,D_1,D_2]\mid q=q_1$ 或 $q_2,D_1,D_2\in\Sigma\}$，设 Z 是用于写在移位后空出的两个单元上的符号，并设移位从 q_1 开始。

δ 函数定义如下：

(1) 对于 $D_1\in\Sigma-\{B,Z\}$，

$$\delta([q_1,B,B],D_1)=([q_1,B,D_1],Z,R)$$

M 把读入的第一个字符存到状态存储的第二分量中，并把 Z 写在 D_1 单元中，然后右移；

(2) 对于 $D_1,D_2\in\Sigma-\{B,Z\}$，

$$\delta([q_1,B,D_1],D_2)=([q_1,D_1,D_2],Z,R)$$

M 把在状态存储的第二分量中的 D_1 移到第一分量，把正读入的字符存入第二分量，Z 写在 D_2 的单元中，并右移；

(3) 对于 $D_1,D_2,D_3\in\Sigma-\{B,Z\}$，

$$\delta([q_1,D_1,D_2],D_3)=([q_1,D_2,D_3],D_1,R)$$

M 把第二分量中的 D_2 移到第一分量中，把 D_3 存入第二分量，从第一分量移出的 D_1 写在 D_3 的单元上。

到此，D_1 在输入带上的位置向右移了两个单元。

当读头已到达输入字符的末端，开始遇到空白符 B 时，用以下 δ 函数：对于 D_1，$D_2\in\Sigma-\{B,Z\}$，

$$\delta([q_1,D_1,D_2],B)=([q_1,D_2,B]),D_1,R),$$

$$\delta([q_1,D_2,B],B)=([q_2,B,B]),D_2,L)$$

M 移完所有字符之后，转入状态 q_2，然后左移，找写 Z 的单元，回到原输入点。这时利用下面的 δ 函数：对于 $D\in\Sigma-\{B,Z\}$，

$$\delta([q_2,B,B],D)=([q_2,B,B],D,L)$$

5.2.5 子程序

图灵机可以模拟递归子程序和非递归子程序。对于子程序而言，它可以是有参数的，也可以是无参数的。

一个图灵机的全部动作，必然体现在它所有的 δ 函数中。如果图灵机从开始到结束的动作过程中，存在一部分动作是经常重复的，那么可将描述这部分动作的 δ 函数看成一个子程序，其他的 δ 函数则认为是调用程序。对子程序，可规定一个初始状态作为它的入口和一个终止状态作为返回调用程序。

以下举例讨论对无参数非递归子程序的模拟。

例 5 设计一个图灵机 M,求正整数 m 和 n 的乘积 mn。

在输入带上用 0^m(即 m 个 0)表示 m 的值,用 0^n 表示 n 的值。

图灵机 M 的输入带上开始放 0^m10^n,最后在输入带上应有结果为 0^{mn},而其他部分均为空白符。

算法开始,在 0^m10^n 的右边放 1,即 0^m10^n1,而后复制 n 个 0 到右侧 1 的右边,并从 m 个 0 中抹去 1 个 0,此时带上是 $0^{m-1}10^n10^n$。当复制重复 m 次后,输入带上变为 10^n10^{mn}。最后抹去 10^n1,剩下的是 0^{mn},输入带上其他部分均为空白符。其中复制 n 个 0 的一系列动作看作子程序 SUB。

设 $M=(\{q_0,q_1,\cdots,q_{12}\},T,\{0,1,*,B\},\delta,q_0,B,\{q_{12}\})$,算法的实现有以下四步:

(1) 从 M 的初始状态 q_0 开始,到子程序 SUB 入口的一段动作,即从格局 $q_00^m10^n1$ 到格局 $0^{m-1}1q_10^n1$。q_1 是 SUB 的初始状态,用以下 δ 函数:

$$\delta(q_0,0)=(q_6,B,R),$$
$$\delta(q_6,0)=(q_6,0,R),$$
$$\delta(q_6,1)=(q_1,1,R)$$

显然,从 q_0 状态转换到 q_1 时,已抹去了一个 0,并用空白符 B 替代。

(2) 复制 n 个 0 的子程序 SUB,由以下 δ 函数组成:

$$\delta(q_1,0)=(q_2,*,R),\quad \delta(q_3,0)=(q_3,0,L)$$
$$\delta(q_1,1)=(q_4,1,L),\quad \delta(q_3,1)=(q_3,1,L),$$
$$\delta(q_2,0)=(q_2,0,R),\quad \delta(q_3,*)=(q_1,*,R),$$
$$\delta(q_2,1)=(q_2,1,R),\quad \delta(q_4,1)=(q_5,1,R),$$
$$\delta(q_2,B)=(q_3,0,L),\quad \delta(q_4,*)=(q_4,0,L)$$

其中,q_5 状态是 SUB 子程序的终止状态,由此返回调用程序。

SUB 子程序的状态转换图如图 5.2.3 所示。

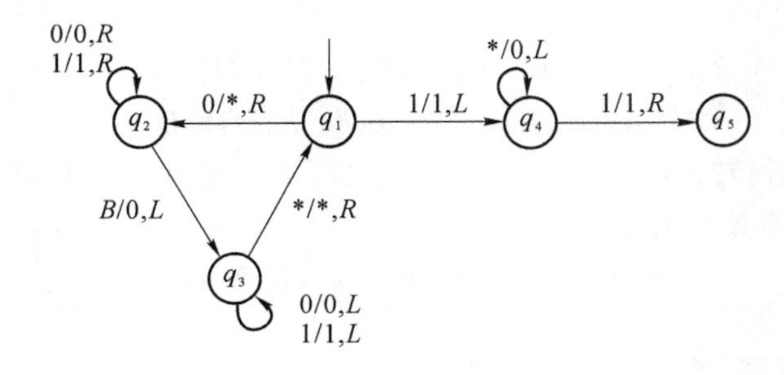

图 5.2.3 复制 n 个 0 的 SUB 子程序

例如,复制 2 个 0 到右侧 1 的右边,其动作如下:

$$1q_1001 \vdash 1*q_201 \vdash 1*0q_21 \vdash 1*01q_2$$
$$\vdash 1*0q_310 \vdash 1*q_3010 \vdash 1q_3*010$$
$$\vdash 1*q_1010 \vdash 1**q_210 \vdash 1**1q_20$$
$$\vdash 1**10q_2 \vdash 1**1q_300 \vdash 1**q_3100$$
$$\vdash 1*q_3*100 \vdash 1**q_1100 \vdash 1*q_4*100$$

$$\vdash 1q_4 * 0100 \vdash q_4 100100 \vdash 1q_5 00100$$

以上动作过程表明，复制开始是处于 SUB 的入口 q_1 状态，先抹去待复制的两个 0 的第一个 0，改写为 *，继之，右移到右侧 1 的右边写 0(抹去 B)，再左移将第二个 0 改写为 *，又右移在刚才所写 0 的右边再写一个 0，然后左移将两个 * 号恢复成原来的两个 0，此时状态为 q_5，是 SUB 的终止状态，应返回调用程序。

(3) 从子程序的终止状态 q_5 返回调用程序，并恢复到 M 的 q_0 状态，准备重新启动 SUB 并抹去一个 0。用以下 δ 函数：

$$\delta(q_5,0)=(q_7,0,L),$$
$$\delta(q_7,1)=(q_8,1,L),$$
$$\delta(q_8,0)=(q_9,0,L),$$
$$\delta(q_9,0)=(q_9,0,L),$$
$$\delta(q_9,B)=(q_0,B,R)$$

(4) 当 1,2,3 步重复 m 次之后，带上放的是 10^n10^{mn}，需将 10^n1 抹去，余下 0^{mn}，并进入 M 的终止状态 q_{12}。用以下 δ 函数：

$$\delta(q_5,0)=(q_7,0,L),$$
$$\delta(q_7,1)=(q_8,1,L),$$
$$\delta(q_8,B)=(q_{10},B,R),$$
$$\delta(q_{10},1)=(q_{11},B,R),$$
$$\delta(q_{11},0)=(q_{11},B,R),$$
$$\delta(q_{11},1)=(q_{12},B,R)$$

乘积程序的完整状态转换如图 5.2.4 所示。

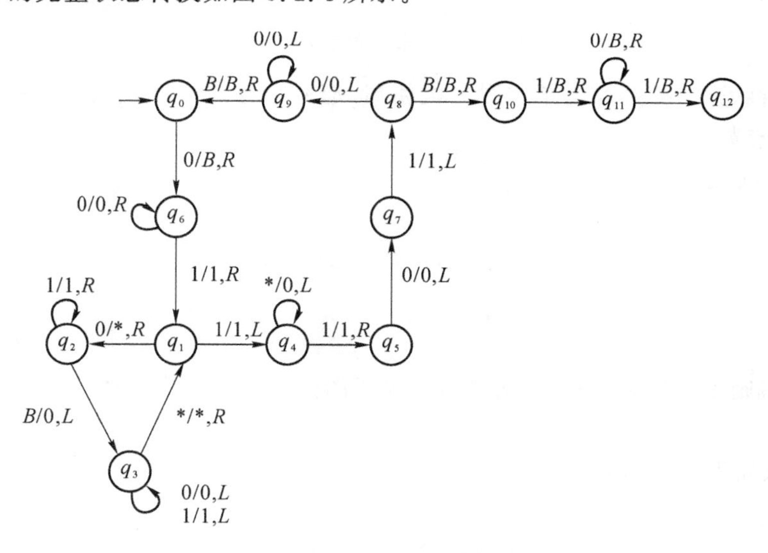

图 5.2.4　乘积程序 $m\times n$ 的完整状态转换图

5.3 修改型图灵机

基本图灵机是计算的一种遍用模型,对它进行某些修改,会得出更复杂一些的图灵机,诸如双向无限带图灵机、多带图灵机、不确定的图灵机和多维图灵机等。然而,从可计算性角度来说,能够证明这些图灵机与基本图灵机是等价的,或者说修改型图灵机能计算的问题,基本图灵机也能计算。

5.3.1 双向无限带图灵机

双向无限带图灵机的形式定义与基本图灵机基本相同,所不同者,是它的输入带左端也是无限的。输入带除了放字符的区域以外,其他单元均为空白,带的左端和右端都有无限多个空白单元,如图5.3.1所示。

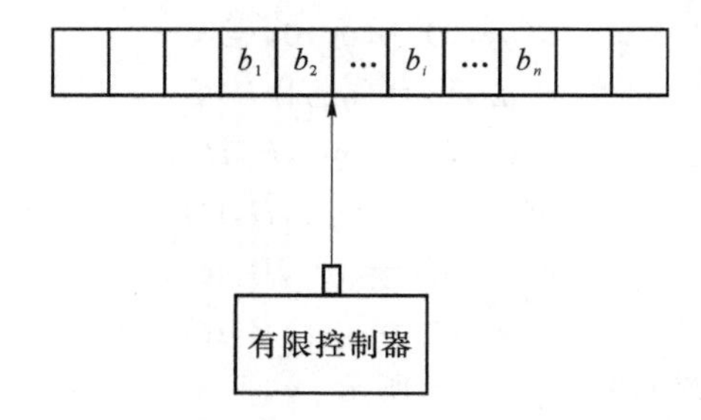

图5.3.1 双向无限带图灵机

描述瞬时状况的格局亦与基本图灵机相似,但两个格局之间的关系$\vdash_M$,与基本图灵机略有不同,有如下情况:

(1) 对双向无限带图灵机:

当有

$$\delta(q,a)=(p,Y,L)$$

则有

$$qa\omega \vdash_M pBY\omega$$

对基本图灵机则不可能再动作,因为基本图灵机的读写头向左移动时,不允许越过输入带的最左单元。

(2) 对双向无限带图灵机:

当有

$$\delta(q,a)=(p,B,R)$$

则有

$$qa\omega \vdash p\omega$$

而对基本图灵机,p的左边还应写一个B。

然而,双向无限带图灵机并没有增强对语言的识别能力,凡被双向图灵机识别的语言类，必能为基本图灵机识别，因此有如下定理。

定理 5.3.1　双向无限带图灵机能识别语言 L，当且仅当 L 能由一个基本图灵机识别。

证明　由基本图灵机或者称单向带图灵机能识别的语言，可由双向无限带图灵机识别，这是显然的。因为这相当于让一个双向带图灵机去模拟一个单向带图灵机，当然是简单的事。

由双向带图灵机能识别的语言，也可由单向带图灵机识别，这需用后者去模拟前者。

设双向无限带图灵机 $M=(Q,T,\Sigma,\delta,q_0,B,F)$，构造基本图灵机 $M_1=(Q_1,T_1,\Sigma_1,\delta_1,q_1,B,F_1)$，设 M_1 是双道图灵机，并用 M_1 去模拟 M。

如图 5.3.2 所示，M_1 的上道表示 M 输入带开始符 b_0 的右部，下道表示 M 输入带 b_0 的左部。M 在起始状态时，扫描的第一个符号为 b_0。当 M 的读写头从初始位置向右扫视时，M_1 用上道模拟 M，M_1 的输入是上道有字符，下道为空白符 B。当 M 越过 b_0 向左扫视时，M_1 用下道模拟 M，M_1 的输入是下道有字符，上道为空白符 B。M_1 的初始单元是〔b_0，￥〕，下道含￥，表明这是最左单元。M 的空白单元对应到 M_1 则是〔B,B〕。

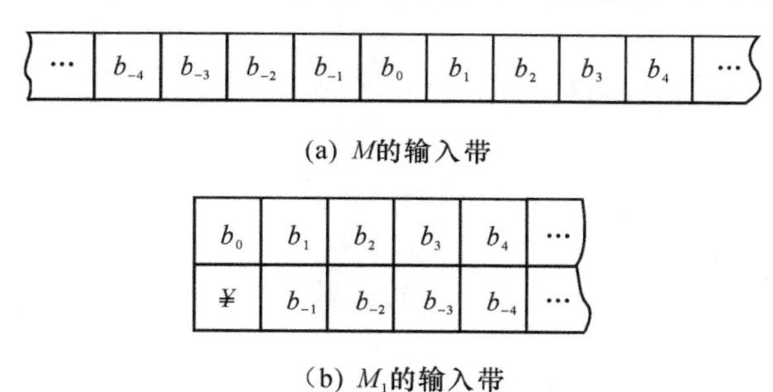

(a) M的输入带

(b) M_1的输入带

图 5.3.2　M_1 模拟 M

构造 M_1 的各元素：

$Q_1=\{[q,U],[q,D]\mid q\in Q$，　U,D 分别为上、下道的记号$\}\cup\{q_1\}$，M_1 工作在上道时用〔q,U〕，工作在下道时用〔q,D〕；

$$\Sigma_1=\{[I,J]\mid I,J\in\Sigma,J\text{ 可为￥}\notin\Sigma\};$$

$$T_1=\{[a,B]\mid a\in T\};$$

$$F_1=\{[q,U],[q,D]\mid q\in F\}$$

δ_1 的组成如下：

(1) 对每个 $a\in T\cup\{B\}$，如果 M 存在

$$\delta(q_0,a)=(q,I,R)$$

则 M_1 有

$$\delta_1(q_1,[a,B])=([q,U],[I,\text{￥}],R)$$

如果 M 存在

$$\delta(q_0,a)=(q,I,L)$$

则 M_1 有

$$\delta_1(q_1,[a,B])=([q,D],[I,\text{￥}],R)$$

(2) 对每个〔I,J〕$\in\Sigma_1$，当 $J\neq$￥，如果 M 存在

$$\delta(q,I) = (p,z,L)$$

则 M_1 有

$$\delta_1([q,U],[I,J]) = ([p,U],[z,J],L)$$

如果 M 存在

$$\delta(q,I) = (p,z,R)$$

则 M_1 有

$$\delta_1([q,U],[I,J]) = ([p,U],[z,J],R)$$

(3) 对每个$[I,J]\in\Sigma_1$,且 $J\neq¥$,如果 M 存在

$$\delta(q,J) = (p,z,L)$$

则 M_1 有

$$\delta_1([q,D],[I,J]) = ([p,D],[I,z],R)$$

如果 M 存在

$$\delta(q,J) = (p,z,R)$$

则 M_1 有

$$\delta_1([q,D],[I,J]) = ([p,D],[I,z],L)$$

(4) 如果 M 存在

$$\delta(q,I) = (p,J,R)$$

则 M_1 有

$$\delta_1([q,U],[I,¥]) = \delta_1([q,D],[I,¥]) = ([p,U],[J,¥],R)$$

如果 M 存在

$$\delta(q,I) = (p,J,L)$$

则 M_1 有

$$\delta_1([q,U],[I,¥])=\delta_1([q,D],[I,¥])=([p,D],[J,¥],R)$$

以上 δ 函数中,(1)表示当 M 的第一次动作是向右(左)扫描,M_1 在下道写¥,它标志输入带的左端,同时在状态的第二元素存入 $U(D)$且向右移动;(2)表示 M_1 在上道模拟 M;(3)表示 M_1 在下道模拟 M;(4)表示 M_1 模拟 M 扫描到初始单元时的情况;M_1 的下一个字符在上道还是下道,取决于 M 是右移还是左移,但 M_1 总是右移。

5.3.2 多带图灵机

如果图灵机有一个控制器、n 个读写头和 n 条双向无限输入带,则称为多带图灵机,图5.3.3为其示意图。

多带图灵机的动作,与控制器的状态及每个读写头各自扫视到的带符号有关。它的一次动作将引起控制器内状态的改变,同时,在每个读写头各自扫视到的带单元中重写一个新字符,最后各读写头各自向左或向右移动一个单元(包括不移动)。

多带图灵机的初始状态,是第一条输入带上有一个输入符号,其他带上的对应单元均为空白符。

多带图灵机可以看成是单带图灵机的推广,多带图灵机所接受的语言,也能由单带图灵机接受。以下给出非形式证明。

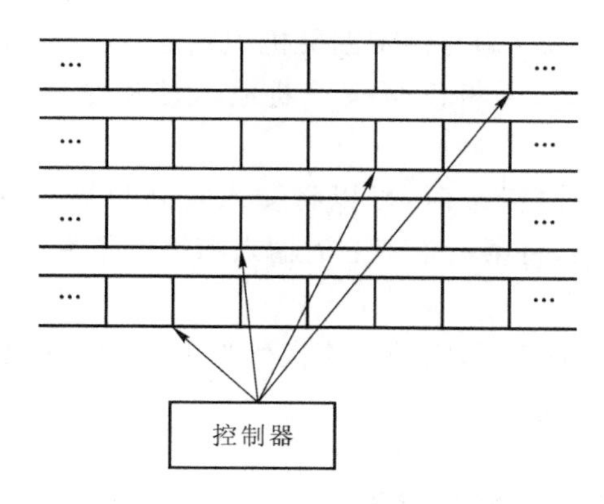

图 5.3.3 多带图灵机

设图灵机 M 有 n 个读写头和 n 条输入带,并接受语言 L。

构造单带图灵机 M_1,它是 $2n$ 道机。M_1 的每两道对应 M 的一条带,其中 M_1 的一道记录对应带的内容,另一道为空白。但在 M 对应的读写头所扫视符号的单元中有记号 x,如图 5.3.4 所示,是四带用一带模拟。

带 1	a_1	a_2	…	…	a_m	
读写头1	x					
带 2	b_1	b_2	…	…	b_m	
读写头2		x				
带 3	c_1	c_2	…	…	c_m	
读写头3				x		
带 4	d_1	d_2	…	…	d_m	
读写头4			x			

图 5.3.4 一带模拟四带

模拟过程中,M_1 的控制器中存着 M 的状态和 M_1 读写头右边的记号 x 的个数。现在讨论 M_1 模拟 M 的一个动作的过程。

首先,M_1 的读写头开始访问最左边的那个有读写头记号 x 的单元,并记录 M 的读写头所扫视该单元的字符。当 M_1 的读写头越过这个单元时,它便修改已存的记号 x 的个数,这样,M_1 可以知道何时走到头。然后再向右扫视,去访问第二个有读写头记号 x 的单元,直至访问完 M_1 的读写头右边全部有读写头记号 x 的单元为止。这时,M_1 已访问过 M 的每个读写头所扫视的字符了,所以 M_1 已具备了足够信息来确定 M 的动作。

从此,M_1 再向左移动,当通过每一个记号 x 时,M_1 修改被 M 的这个读写头扫视的字符,并将该读写头记号 x 向左或右移动一个单元,以此来模拟 M 的动作。

最后,M_1 改变存在控制器中 M 的状态,完成了对 M 的一个动作的模拟。如果 M 的新状态是接受状态,那么 M_1 也接受。

由以上模拟的过程可以看出,对 M 的一个动作,M_1 需用多个动作进行模拟。下面给出一个例子,说明对某些语言类的识别,用多带图灵机是方便的。

例 1 用基本图灵机(多道机)与多带图灵机识别语言 $L=\{\omega\tilde{\omega}\mid\omega\in(0,1)^*\}$的比较。

用多道机识别语言 L 时,需将读写头不断地右移和左移,从两端检查并对字符进行比较。

如果用双带图灵机识别语言 L 时,可以将输入复制到第二条带上,用两个读写头分别对着两条带按相反方向移动,将第一条带上的输入和第二条带上的逆输入进行比较,以便判定某个句子是否属于 L。

显然,用多道机识别 L 的句子,它的动作次数近似于句子长度的平方,而双带图灵机动作次数只与句子的长度成正比。

5.3.3 不确定的图灵机

不确定的图灵机 M,是由有限控制器和一条单向无限带组成的。当 M 在一个状态读写头扫视到一个带符时,M 的后继动作存在着若干选择,每个选择包括一个状态、一个待写的带符和一个读写头移动的方向。但不确定的图灵机不能有那种动作,即下一个状态取自某种选择,而待写字符和读写头移动方向却取自另一个选择。对于一个输入而言,可能存在着若干个选择序列,其中任何一个序列最后导致一个接受状态,则这个输入就由不确定的图灵机接受。

定理 5.3.2 当语言 L 由一个不确定的图灵机 M 接受时,则存在一个确定的图灵机 M_1 接受语言 L。

证明 对于 M 的每个状态与带符号,都存在若干个(有限的)后继动作的选择,将这些选择用 1,2,3,…编号,选择个数的最大值用 k 表示。这样,对任何一个选择序列,可用 1 至 k 的一串数字加以表示。但并非所有这样的序列都是一个动作选择序列,因为存在只有小于 k 个的选择。

设 M_1 有 3 条带,第一条带放输入,在第二条带上 M_1 以一种系统的方式产生数字 1 至 k 的序列,先产生短的序列,对于等长序列,则按数值大小顺序产生。

对于第二条带上产生的每个序列,M_1 都把输入复制到第三条带上,且在第三条带上模拟 M,模拟时利用第二条带上的序列指明 M 的每个动作。当 M 进入一个接受状态,M_1 也将接受。如果存在一个导致接受的选择序列,那么必会在第二条带上产生出来,在模拟时,M_1 会接受。如果 M 没有选择序列导致接受,M_1 也不会接受。

5.3.4 二维图灵机

图灵机除有限控制器外,其输入带是由二维单元的阵列组成的,而且在二维阵列的四个方向上都是无限的,称这种图灵机为二维图灵机。

二维图灵机的动作是根据控制器的状态和读写头扫视的字符,使控制器改变状态,并重写一个新字符,然后读写头移动一个单元。移动可在四个方向上选择,即沿着二轴中的一轴做正向或负向移动。在初始状态时,输入沿某一个轴且读写头在输入的左端。

任何时候,输入带上二维单元阵列中,仅有有限数量的行放有非空白符,其中每一行又只有有限数量的单元放非空白符。图5.3.5(a)表示了一个二维图灵机的输入带上,在放非空白符的范围内，形成了一个二维布局。将这个二维布局改成一行接一行地放在一个单带双道机的第一道上，行与行之间用“·”号隔开，这样就形成了一个一维布局，如图5.3.5(b)所示。第二道用于标出二维图灵机的读写头位置。我们能够证明一个二维图灵机可由一个一维图灵机去模拟它。

B	B	C_1	C_2	B	B	B
B	B	C_3	C_4	B	B	B
B	C_5	C_6	B	C_7	B	B
C_8	C_9	C_{10}	B	B	C_{11}	C_{12}
B	B	C_{13}	C_{14}	B	B	B

(a) 二维布局

$$\cdot\ \cdot BBC_1C_2BBB\cdot BBC_3C_4BBB\cdot BC_5C_6BC_7BB$$
$$\cdot C_8C_9C_{10}BBC_{11}C_{12}\cdot BBC_{13}C_{14}BBB\cdot\ \cdot$$

(b) 一维布局

图5.3.5　一维 M_1 模拟二维 M

定理5.3.3　如果一个二维图灵机 M 接受语言 L，那么存在一个一维图灵机 M_1 接受 L。

证明　图5.3.5中 M_1 在输入带上用一维布局表示了 M 输入带上的二维布局。

(1) 假设 M 的读写头是在它的二维布局范围内移动，那么模拟 M 动作的 M_1，必在它的一维布局范围内移动读写头。当 M 的移动是沿着水平方向时，M_1 在写好新字符之后，将读写头向左或向右移动一个单元，同时改变 M 的状态，将它存入 M_1 的控制器内。

当 M 的移动是沿着垂直方向时，M_1 用第二道记下它的读写头位置和读写头到左边符号·之间的单元个数。如果 M 的移动是向下的，则 M_1 向着右边符号·移动。如果 M 的移动是向上的，则 M_1 向着左边符号·移动。然后，用第二道所存在的记录，将读写头放到新的区域(指两个“·”号之间的区域)中对应位置上。

(2) 如果 M 的读写头移动的范围超出带上的二维布局，那么 M_1 的读写头必然超出它一维布局中相应的范围。当 M 的移动是沿着垂直方向，根据向上还是向下移动，在一维布局的左边或右边，增加一行空白符号，同时用第二道记录原区域的当前长度。当 M 的移动是沿着水平方向，M_1 可使用位移的方法，适当地在每个区域的左端或右端加一个空白符号。

整个一维布局的两端用符号“··”表示。按以上的描述，一维图灵机 M_1 可以模拟二维图灵机 M。

以上讨论了二维图灵机，进一步可以推广到多维图灵机。对于一个 n 维图灵机来说，除有控制器外，它的输入带是由 n 维单元阵列组成，且在 $2n$ 个方向上都是无限的，读写头可以在 $2n$ 个方向上移动。

5.4 图灵机与无限制文法

图灵机作为一种语言的识别器，它能识别的语言正是由无限制文法(0型文法)所产生的语言。为证明由无限制文法产生的语言可由图灵机接受，我们构造一个不确定的双带图灵机，它能够不确定地选取文法中的推导，看推导的结果是否与开始的输入相同，如果相同，图灵机便接受输入。

相反，能证明图灵机接受的语言，也可以由无限制文法所产生。可构造一个文法，它不确定地推导出终结符串，再对该终结符串模拟图灵机，如被图灵机接受，则将其转换成它所表示的各终结符。

定理 5.4.1 如果语言 L 由0型文法产生，则 L 可被图灵机接受。

证明 设文法 $G=(N,T,P,S)$，产生语言 L。构造一个不确定的双带图灵机 M，它的第一带放输入 ω，$\omega\in T^*$，第二带放 G 的一个句型 γ，且有 $S\rightarrow\gamma$。

让图灵机不确定地模拟 G 中从 S 开始的推导，如果 $\gamma=\omega$，表示两带的内容相同，则图灵机接受。

一般情况，进行以下各步骤：

(1) 在 γ 中不确定地选择一个位置 k，k 可在1到 $|\gamma|$ 之间任意选取；

(2) 不确定地找出 G 的一个生成式 $\alpha\rightarrow\beta$；

(3) 当 γ 中从第 k 位开始存在 α，那么用 β 替代 γ 中的 α，如果存在 $|\alpha|>|\beta|$ 或 $|\alpha|<|\beta|$，则用移位的方法，将 α 之后的字符左移或右移；

(4) 将第一带上的输入 ω 与第二带上所得句型比较，如果两者相同，则图灵机接受输入，ω 便是 G 的一个句子。否则，再从(1)开始，重新选位置 k，如此反复进行。

由以上对 G 推导的模拟可知，当有 $S\underset{G}{\Rightarrow}\alpha$ 时，图灵机在它的两条带上分别存在 ω 和 α，如果 $\alpha=\omega$，图灵机便接受它。

总之，图灵机接受的句子，正是相应文法 G 所推导的句子。

定理 5.4.2 如果图灵机 M 接受的语言为 $L(M)$，则存在0型文法 G 产生语言 $L(G)$，使 $L(M)=L(G)$。

证明 设 $M=(Q,T,\Sigma,\delta,q_0,B,F)$ 接受语言 $L(M)$，构造0型文法 G，对于 M 接受的句子，文法 G 则推导出相应终结符串，对 M 不接受的句子，G 也推导不出终结符串。

设0型文件 $G=(N,T,P,S)$，其中

$$N=\{(T\cup\{\varepsilon\}\times\Sigma\}\cup Q\cup\{S,A,C\}$$

生成式 P 如下：

(1) $S\rightarrow q_0A$；

(2) 对每个 $a\in T$，$A\rightarrow[a,a]A$；

(3) $A\rightarrow C$；

(4) $C\rightarrow[\varepsilon,B]C$；

(5) $C\rightarrow\varepsilon$；

(6) 对每个 $a\in T\cup\{\varepsilon\}$，每个 $q\in Q$，每个 $X,Y\in\Sigma$，如有

$$\delta(q,X)=(p,Y,R)$$

则有

$$q[a,X]\to[a,Y]p$$

(7) 对每个 $a,b\in T\cup\{\varepsilon\}$，每个 $q\in Q$ 每个 $X,Y,Z\in\Sigma$，如有

$$\delta(q,X)=(p,Y,L)$$

则有

$$[b,Z]q[a,X]\to p[b,Z][a,Y]$$

(8) 对每个 $a\in T\cup\{\varepsilon\}$，每个 $q\in F$，每个 $X\in\Sigma$，有

$$[a,X]q\to qaq,$$
$$q[a,X]\to qaq,$$
$$q\to\varepsilon$$

用生成式(1)和(2)，有如下推导：

$$S\stackrel{*}{\Rightarrow}q_0[a_1,a_1][a_2,a_2]\cdots[a_m,a_m]A$$

其中，$a_1,a_2,\cdots,a_m\in T$。当 M 接受字符串 $a_1,a_2\cdots a_m$，那么 M 最多使用输入右边的 j 个单元。先用生成式(3)，再用生成式(4) j 次，最后用生成式(5)，便有推导

$$S\stackrel{*}{\Rightarrow}q_0[a_1,a_1][a_2,a_2]\cdots[a_m,a_m][\varepsilon,B]^j$$

由此处开始，使用生成式(6)和(7)直至产生一个接受状态(注：$(T\cup\{\varepsilon\})\times\Sigma$ 中带符的第一分量是不变的)。

对 M 的动作次数归纳证明：

如果

$$q_0a_1a_2\cdots a_m\overset{*}{\underset{M}{\vdash}}X_1X_2\cdots X_{i-1}qX_i\cdots X_k\tag{a}$$

则有

$$q_0[a_1,a_1][a_2,a_2]\cdots[a_m,a_m][\varepsilon,B]^j$$
$$\overset{*}{\underset{G}{\Rightarrow}}[a_1,X_1][a_2,X_2]\cdots[a_{i-1},X_{i-1}]q[a_i,X_i]\cdots[a_{m+j},X_{m+j}]\tag{b}$$

其中，$a_1,a_2,\cdots,a_m\in T$；$a_{m+1}=a_{m+2}=\cdots=a_{m+j}=\varepsilon$；

$$X_1,X_2,\cdots X_{m+j}\in\Sigma;X_{k+1}=X_{k+2}=\cdots=X_{m+j}=B$$

当动作次数是0，归纳假设显然成立，因为 $i=1,k=m$。

假设动作次数为 $l-1$，归纳假设成立，设

$$q_0a_1a_2\cdots a_m\overset{l-1}{\underset{M}{\vdash}}X_1X_2\cdots X_{i-1}qX_i\cdots X_k$$
$$\underset{M}{\vdash}Y_1Y_2\cdots Y_{r-1}pY_r\cdots Y_s$$

由归纳假设

$$q_0[a_1,a_1]\cdots[a_m,a_m][\varepsilon,B]^j$$
$$\overset{*}{\underset{G}{\Rightarrow}}[a_1,X_1]\cdots[a_{i-1},X_{i-1}]q[a_i,X_i]\cdots[a_{m+j},X_{m+j}]$$

其中，每个 a 和 X 都满足式(b)。

如果 $r=i+1$，那么 M 的第 l 次动作是向右移，所以有

$$\delta(q,X_i)=(p,Y_i,R)。$$

由规则(6)可得到

$$q[a_i,X_i]\longrightarrow[a_i,Y_i]p$$

是 G 的生成式。因此

$$q_0[a_1,a_1]\cdots[a_m,a_m][\varepsilon,B]^j$$
$$\overset{*}{\underset{G}{\Rightarrow}}[a_1,Y_1]\cdots[a_{r-1},Y_{r-1}]p[a_r,Y_r]\cdots[a_{m+j},Y_{m+j}] \tag{c}$$

这里对于 $h>m, Y_h=B$。

如果 $r=i-1$,则 M 的第 l 次动作是向左移。可以用规则(7)证明式(c),且可以看出 $i>1$,则

$$\delta(q,X_i)=(p,Y_i,L)$$

根据规则(8),如果 $p\in F$,则

$$[a_1,Y_1]\cdots[a_{r-1},Y_{r-1}]p[a_r,Y_r]\cdots[a_{m+j},Y_{m+j}]\overset{*}{\Rightarrow}a_1a_2\cdots a_m$$

到此可得出,若 $\omega\in L(M)$,有 $\omega\in L(G)$,即 $L(M)\subseteq L(G)$。至于对于 $L(G)\subseteq L(M)$ 的证明,留做习题。

5.5 线性有界自动机与上下文有关文法

本节介绍上下文有关语言的识别器——线性有界自动机。

对于一个不确定的单带图灵机,如果将输入带上放符号的区域两端设两个界符¥和$\varnothing$,并分别称为左界符和右界符,同时规定读写头左右移动时,不能越过这两个界符,这样的图灵机称为线性有界自动机。

线性有界自动机的形式定义是 $M=(Q,T,\Sigma,\delta,q_0,¥,\varnothing,F)$,其中

Q　有限状态集合;

Σ　带符号集合;

T　输入字符集合,$T\subseteq\Sigma$;

δ　从 $Q\times\Sigma$ 到 $Q\times\Sigma\times\{L,R\}$ 子集的映射;

q_0　初始状态,$q_0\in Q$;

¥,$\varnothing$　界符,¥,$\varnothing\in\Sigma$;

F　终止状态集合,$F\subseteq Q$。

线性有界自动机 M 的动作及描述瞬时工作状况的格局,均与基本图灵机相同。M 所接受的语言 $L(M)$ 是

$$L(M)=\{\omega\mid\omega\in\{T-\{¥,\varnothing\}\}^* \text{ 且对某个 } q\in F, q_0¥\omega\varnothing\overset{*}{\underset{M}{\vdash}}\alpha q\beta\}$$

可以证明:(1) 被线性有界自动机所接受的语言,必能由一个上下文有关文法产生;(2) 由上下文有关文法产生的语言,又必存在一个线性有界自动机接受该语言。

(1)和(2)分别作为定理,不再进行证明。

5.6 典型例题解析

例 1　已知 $\Sigma=\{a,b\}, \omega\in\Sigma^*$,构造一个图灵机转换器 $M=(Q,\Sigma,\Gamma,\delta,q_0,B,F)$,它能

够执行计算

$$q_0\omega \vdash\!\!\!-\!\!\!- q_f\omega\omega$$

其中 $q_f \in F$。采用格局方式，写出该图灵机识别句子 ab 的过程。

分析：

直观上，可以用下面的方式来解决这一问题。

(1) 用 x 替换每一个 a，用 y 替换每一个 b。

(2) 找到最左边的 x 或 y，用 1 替换 x 或用 2 替换 y。

(3) 移至当前带上非空区域的最右端，若第(2)步是用 1 替换 x 的，则创建一个 a，否则创建一个 b。

(4) 重复(2)和(3)直到再也没有 x 或 y 为止。

(5) 依次向左移动，用 a 代替 1，用 b 代替 2。

答案：

实现该方法的图灵机的转换图如图 5.6.1 所示。

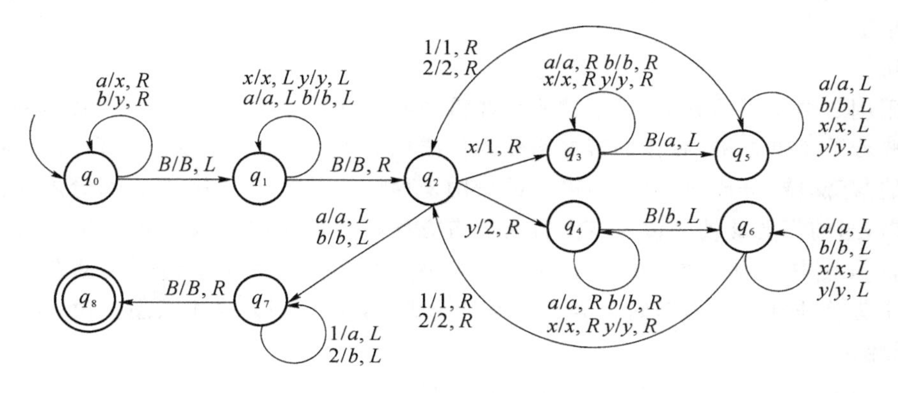

图 5.6.1　图灵机转换图

其中，q_8 为终态。

采用格局方式识别 ab 的过程如下：

$$q_0ab \vdash\!\!- xq_0b \vdash\!\!- xyq_0 \vdash\!\!- xyq_1 \vdash\!\!- xq_1y \vdash\!\!- q_1xy \vdash\!\!- q_2xy \vdash\!\!- 1q_3y \vdash\!\!-$$
$$1yq_3 \vdash\!\!- 1yq_5 \vdash\!\!- 1yq_5a \vdash\!\!- 1q_5ya \vdash\!\!- 1q_2ya \vdash\!\!- 12q_4a \vdash\!\!- 12aq_4 \vdash\!\!-$$
$$12aq_4b \vdash\!\!- 12q_4ab \vdash\!\!- 12q_2ab \vdash\!\!- 1q_7bab \vdash\!\!- q_7abab \vdash\!\!- q_8abab$$

例 2　构造 TM M，它的输入字母表为{0,1}，现在要求 M 在它的输入符号串的尾部添加子串 101。

分析：

要想在符号串的尾部添加给定的符号串 x，TM 首先需要找到符号串的尾部，然后将给定的符号串中的符号依次地印刷在输入带上，这里采用$[q,x]$代表寻找原始串的尾部的状态，在找到输入串的尾部后，将 x 中的符号从左到右逐个地印刷上去，并且每印刷一个符号，就将它从有穷状态控制器的“存储器”中删除，当该“存储器”空时，TM 就完成了工作。对于状态$[q,ay]$，设 b 是输入字母表中的符号，定义

$$\delta([q,ay],b)=([q,ay],b,R)$$
$$\delta([q,ay],B)=([q,y],a,R)$$

按照这个思路,M 可被构造成如下形式。注意状态的排列顺序,这个顺序与通常的习惯不同,但该顺序却能更好地表达出 M 的工作过程和这些状态所表达的意义。

答案:

$M=(\{[q,101],[q,01],[q,1],[q,\varepsilon]\},\{0,1\},\{0,1,B\},\delta,[q,101],B,\{[q,\varepsilon]\})$

其中,δ 的定义为

$$\delta([q,101],0)=([q,101],0,R)$$
$$\delta([q,101],1)=([q,101],1,R)$$
$$\delta([q,101],B)=([q,01],1,R)$$
$$\delta([q,01],B)=([q,1],0,R)$$
$$\delta([q,1],B)=([q,\varepsilon],1,R)$$

TM 状态的有穷存储功能的另一个应用是将一个输入符号串的某一个后缀向后移动指定数目的带方格。

例 3 构造 TM M,它的输入字母表为$\{0,1\}$,现在要求 M 在它的输入符号串的开始处添加子串 101。

分析:

采用例 2 中使用的方法,只不过要想在符号串的开始处添加一个子串,必须将原有的符号串后移若干个带方格,后移的带方格数为待添加的子串的长度。为了清楚起见,将有穷控制器中的"存储器"分成两个部分:第一部分用来存放待添加的子串,第二部分用来存储因添加符号串,当前需要移动的输入带上暂时无带方格存放的子串。该 TM 的状态的一般形式为$[q,x,y]$,其中 x 为待添加的子串,y 为当前需要移动的输入带上暂时无带方格存放的子串。当 x 为待添加的符号串时,$[q,x,\varepsilon]$为开始状态,$[q,\varepsilon,\varepsilon]$为终止状态。设 a,b 为输入符号,一般地,

$$\delta([q,ax,y],b)=([q,x,yb],a,R)$$

表示在没有完成将需要插入的子串印刷到输入带上之前,要将该子串的当前后缀的首字符印刷在图灵机当前扫描的带方格上。因此,要将读头当前所指的带方格中的符号 b 存入"存储器"的第二部分的尾部,并将"存储器"的第一部分中的当前首字符 a 印刷在此带方格上。然后将字符 a 从存储器的第一部分中删除,以便下一次可以按照相同的方法印刷出 a 后紧随的那一个字符,直到待插入子串中的所有符号都被印出。

$$\delta([q,\varepsilon,ay],b)=([q,\varepsilon,yb],a,R)$$

表示当完成待插入子串的插入工作之后,必须将插入点之后的子串顺序地向后移动,因此,需要将读头当前所指的带方格中的符号 b 存入"存储器"的第二部分中,并放在该部分所存的符号串的尾部,然后将该符号串的首符号 a 印刷在此带方格上,同时将这个符号从存储器中删除。在本次子串的插入过程中,"存储器"的第一、二部分使用相同的存储容量。这个量就是本次被插入子串的长度。

$$\delta([q,\varepsilon,ay],B)=([q,\varepsilon,y],a,R)$$

表示读头当前所指的带方格为空白,现将"存储器"的第二部分中的当前首符号 a 印刷在此带方格上,同时将这个符号从存储器中删除,从而得出。

答案:

$M=(\{[q,101,\varepsilon],[q,01,0],[q,01,1],[q,1,00],[q,1,01],[q,1,10],[q,1,11],$

$[q,\varepsilon,000],[q,\varepsilon,001],[q,\varepsilon,010],[q,\varepsilon,011],[q,\varepsilon,100],[q,\varepsilon,101],[q,\varepsilon,110],[q,\varepsilon,111],[q,\varepsilon,00],[q,\varepsilon,01],[q,\varepsilon,10],[q,\varepsilon,11],[q,\varepsilon,0],[q,\varepsilon,1],[q,\varepsilon,\varepsilon]\},\{0,1\},\{0,1,B\},\delta,[q,101,\varepsilon],B,\{[q,\varepsilon,\varepsilon]\})$

其中，δ 的定义为

$\delta([q,101,\varepsilon],0)=([q,01,0],1,R)$　输出第一个符号 1

$\delta([q,101,\varepsilon],1)=([q,01,1],1,R)$

$\delta([q,01,0],0)=([q,1,00],0,R)$　输出第二个符号 0，此时读入的是 0

$\delta([q,01,1],0)=([q,1,10],0,R)$

$\delta([q,01,0],1)=([q,1,01],0,R)$　输出第二个符号 0，此时读入的是 1

$\delta([q,01,1],1)=([q,1,11],0,R)$

$\delta([q,1,00],0)=([q,\varepsilon,000],1,R)$　输出第三个符号 1，此时读入的是 0

$\delta([q,1,01],0)=([q,\varepsilon,010],1,R)$

$\delta([q,1,10],0)=([q,\varepsilon,100],1,R)$

$\delta([q,1,11],0)=([q,\varepsilon,100],1,R)$

$\delta([q,1,00],1)=([q,\varepsilon,001],1,R)$　输出第三个符号 1，此时读入的是 1

$\delta([q,1,01],1)=([q,\varepsilon,011],1,R)$

$\delta([q,1,10],1)=([q,\varepsilon,101],1,R)$

$\delta([q,1,11],1)=([q,\varepsilon,001],1,R)$

$\delta([q,\varepsilon,000],0)=([q,\varepsilon,000],0,R)$　利用存储器的第二部分向后移动剩余的串

$\delta([q,\varepsilon,000],1)=([q,\varepsilon,001],0,R)$

$\delta([q,\varepsilon,001],0)=([q,\varepsilon,010],0,R)$

$\delta([q,\varepsilon,001],1)=([q,\varepsilon,011],0,R)$

$\delta([q,\varepsilon,010],0)=([q,\varepsilon,100],0,R)$

$\delta([q,\varepsilon,010],1)=([q,\varepsilon,101],0,R)$

⋮

$\delta([q,\varepsilon,111],0)=([q,\varepsilon,110],1,R)$

$\delta([q,\varepsilon,111],1)=([q,\varepsilon,111],1,R)$

$\delta([q,\varepsilon,000],B)=([q,\varepsilon,00],0,R)$　已经到达串尾，将存储器的第二部分内容逐个符号地输出

$\delta([q,\varepsilon,001],B)=([q,\varepsilon,01],0,R)$

⋮

$\delta([q,\varepsilon,111],B)=([q,\varepsilon,11],1,R)$

$\delta([q,\varepsilon,00],B)=([q,\varepsilon,0],0,R)$

⋮

$\delta([q,\varepsilon,11],B)=([q,\varepsilon,1],1,R)$

$\delta([q,\varepsilon,0],B)=([q,\varepsilon,\varepsilon],0,R)$

$\delta([q,\varepsilon,1],B)=([q,\varepsilon,\varepsilon],1,R)$

另外，请大家思考是否可以用形如 $q[x]$ 的状态完成将 x 插入到输入串的开始的工作。

习　题

1. 考虑如下的图灵机 $M=(\{q_0,q_1,q_f\},\{0,1\},\{0,1,B\},\delta,q_0,B,\{q_f\})$，其中，$\delta$ 定义为：

$$\delta(q_0,0)=(q_1,1,R),$$
$$\delta(q_1,1)=(q_0,0,R),$$
$$\delta(q_1,B)=(q_f,B,R)$$

非形式化但准确地描述该图灵机的工作过程及其所接受的语言。

2. 设 $M=(\{q_0,q_1,q_2\},\{0,1\},\{0,1,B\},\delta,q_0,B,\{q_2\})$，其中，$\delta$ 的定义如下：

$$\delta(q_0,0)=(q_0,0,R)$$
$$\delta(q_0,1)=(q_1,1,R)$$
$$\delta(q_1,0)=(q_1,0,R)$$
$$\delta(q_1,B)=(q_2,B,R)$$

请根据此定义，给出 M 识别字符串 00001000，10000 的过程。

3. 设计识别下列语言的图灵机：

(1) $\{1^n0^m \mid n\geqslant m\geqslant 1\}$；

(2) $\{0^n1^m \mid n\leqslant m\leqslant 2n\}$；

(3) $\{\omega\omega^{\mathrm{T}} \mid \omega\in\{0,1\}^*\}$；

(4) $\{\omega\omega \mid \omega\in\{0,1\}^*\}$。

4. 设计计算下列函数的图灵机：

(1) $n!$；

(2) n^2；

(3) $f(\omega)=\omega\omega^{\mathrm{T}}$，其中 $\omega\in\{0,1,2\}^+$。

5. 设计一个图灵机 M，在输入带上放有 a 与 b 组成的字符串，且字符串的前后均为空白。M 从扫描第一个字符开始工作，结束时把该字符串的逆放在原来字符串的位置上。

6. 设图灵机 $M=(\{q_0,q_1,q_2,q_3\},\{\not\subset,[,]\},\{\not\subset,[,],X,B\},\delta,q_0,\{q_3\})$，其中 δ 如下：

$$\delta(q_0,\not\subset)=(q_0,\not\subset,R)$$
$$\delta(q_0,X)=(q_0,X,R)$$
$$\delta(q_1,])=(q_2,X,L)$$
$$\delta(q_2,a)=(q_2,a,L)\qquad \text{对所有的 } a\neq\not\subset$$
$$\delta(q_0,[)=(q_1,X,R)$$
$$\delta(q_1,\not\subset)=(q_1,\not\subset,R)$$
$$\delta(q_1,X)=(q_1,X,R)$$
$$\delta(q_2,\not\subset)=(q_0,\not\subset,R)$$
$$\delta(q_0,B)=(q_3,X,R)$$

试问哪一些形为 $\not\subset\omega$ 的句子会被 M 接受(其中 ω 在 $\{[,]\}^*$ 中)，使用定理 5.4.2，找出由 M 所接受的语言的相应文法。

7. 设 $G=(\{S,A\},\{a,b\},P,S)$，其中
生成式 P 如下：

$$\begin{array}{ll} S\to Aa & A\to AA \\ Sa\to Ab & A\to b \\ S\to a & A\to bS \\ Sb\to \varepsilon & \end{array}$$

问 $L(G)$是什么语言？构造一个接受 $L(G)$的识别器。

第6章 翻 译

翻译是由两个字符串集合之间的映射所建立的一个关系，它是一个序偶的集合，每个序偶是由两个字符串组成的。也可以说，这种映射是将序偶中的第一个字符串翻译成第二个字符串。

通常，在编译程序中包括词法分析、句法分析和代码生成三部分，每一部分都定义着一个翻译。例如，词法分析是将源程序中的字符串映射为称作是“单词”的字符串。句法分析是将单词的字符串映射为树表示的字符串。而代码生成则是将树表示的字符串再变为机器语言。

本章首先要探讨翻译的形式化，即翻译式和转换器，然后讨论词法分析和句法分析。

6.1 翻 译 式

翻译式类似前面讨论的文法，是将翻译定义成文法形式，但与以前的文法有所不同，它在推导出每个句子的同时，还相应地有一个输出。

以下仅从映射的角度给出翻译式的一般性定义。

定义 6.1.1 设 L_1 为输入字母表 T 上的语言，L_2 为输出字母表 Σ 上的语言，L_1 到 L_2 的翻译是从 T^* 到 Σ^* 上的一个关系 H，其域为 L_1，值域为 L_2。由于 $L_1 \subseteq T^*$，$L_2 \subseteq \Sigma^*$，所以 H 也是从 L_1 到 L_2 的关系，称 H 是**翻译式**。

对于翻译式 H，如果有输入句子 $\alpha \in L_1$，存在序偶 $(\alpha, \beta) \in H$，则称句子 $\beta \in L_2$ 是 α 的输出。

如图 6.1.1 所示，一般的翻译可能不止一个输出，但对程序语言的翻译总是单值输出（即最多允许一个输出）。

图 6.1.1 翻译系统

例 1 如果语言中的句子是小写英文字母构成的字符串，需翻译为用 ASCⅡ 字符码表示时，可以查对照表 6.1.1 完成。表中英文字母和表示它的字符码之间，保持了一一对应的关系。这是一种最简单的翻译类型。

表 6.1.1　ASCⅡ中英文字母——字符码对照表

英文字母	字符码	英文字母	字符码	英文字母	字符码	英文字母	字符码
a	61	h	68	o	6F	v	76
b	62	i	69	p	70	w	77
c	63	j	6A	q	71	x	78
d	64	k	6B	r	72	y	79
e	65	l	6C	s	73	z	7A
f	66	m	6D	t	74		
g	67	n	6E	u	75		

翻译中一个有用的实例是将一般算术表达式采用的中缀式改写为波兰式表示法。在这种方法中，如果把运算量写在前边，把算符写在后面，称为后缀式，例如 $a+b$ 写成后缀式即为 $ab+$；如果把算符写在前面，运算量写在后边，则称为前缀式，例如 $a*b$ 写成前缀式即为 $*ab$。

前缀式和后缀式可递归地定义如下：

(1) 如果中缀式 X 是一个运算量 i，则前缀式和后缀式均为 i。

(2) 如果 X_1 和 X_2 是中缀式，$\circledast$为算符，则 $X_1\circledast X_2$ 的前缀式为$\circledast X'_1X'_2$，其中 X'_1 和 X'_2 分别是 X_1 和 X_2 的前缀式；$X_1\circledast X_2$ 的后缀式为 $X''_1X''_2\circledast$，其中 X''_1 和 X''_2 分别是 X_1 和 X_2 的后缀式。

(3) 如果中缀式是(X)，则(X)的前缀式和后缀式是不加括号 X 的前缀式和后缀式。

例 2　将中缀式$(a+b)*(c+d)$翻译为波兰式表示法的前缀式和后缀式。

首先将这个中缀式改写为 X_1*X_2，其中 $X_1=(a+b)$，它的后缀式是 $ab+$；$X_2=(c+d)$，其后缀式是 $cd+$。因此有$(a+b)*(c+d)$的后缀式是 $ab+cd+*$。

同样可得$(a+b)*(c+d)$的前缀式 $*+ab+cd$。

通过以上两个例子可以看出，对例 2 中的翻译，不能用例 1 中一一对应的方法去完成，这就需要进一步探讨适应性强的翻译类型。

1. 句法制导翻译式

翻译式是模仿语言的文法定义方法定义一个对偶系统(也是一个文法)，使在句子的推导过程中，相应于每个句型，同时也推算出其输出句型(翻译句型)。这样，在派生出句子时，也同时产生了其翻译句。

句法制导翻译式是目前许多编译程序普遍采用的一种方法。虽然它还不是一种形式系统，但还是比较接近于形式化的。所谓句法制导翻译式，直观地说，就是在每个生成式后面跟着一个翻译元(或称语义动作)，在用生成式推导输入句型的过程中，每一个生成式的翻译元则相应地推导出输出句型。下面先介绍两个例子。

例 3　对集合$\{(\omega,\tilde{\omega})|\omega\in\{a,b\}^*\}$，当输入每个 ω 时，要求输出 ω 的逆。

采用如下翻译式：

(生成式　　　　　翻译元)

(1) $A\to aA$　　　　$A=Aa$

(2) $A\to bA$　　　　$A\to Ab$

(3) $A \to a$ $\qquad$ $A \to a$

(4) $A \to b$ $\qquad$ $A = b$

翻译的推导过程,可仿照文法对句子推导中所用的句型,在此称翻译型,它是一个序偶(输入,输出)。初始翻译型(A,A),利用规则(1)中的生成式 $A \to aA$,将序偶中左边的 A 用 aA 替代,同时利用翻译元 $A=Aa$,将序偶中右边的 A 用 Aa 替代,这样得到一个新的翻译型(aA,Aa),再使用一次规则(1),又得到一个翻译型(aaA,Aaa),然后使用规则(2),便得到翻译型(aab,baa)。由于两条规则均已用过,所以(aab,baa)是以上翻译式中所确定的一个翻译。

例 4 设文法 $G=(\{S,A,B\},\{i,+,*,(,)\},\{S \to S+A \mid A, A \to A*B \mid B, B \to (S) \mid i\}, S)$,产生语言 $L(G)$,将其中算术表达式转换为波兰表示法的前缀式。

翻译式如下:

(生成式	翻译元)
$S \to S+A$	$S=+SA$
$S \to A$	$S=A$
$A \to A*B$	$A=*AB$
$A \to B$	$A=B$
$B \to (S)$	$B=S$
$B \to i$	$B=i$

如果输入字符串是$(i+i)*i$,找出它的翻译。按最左推导,其过程如下:

$(S,S) \Rightarrow (A \quad , \quad A)$

$\Rightarrow (A*B \quad , \quad *AB)$

$\Rightarrow (B*B \quad , \quad *BB)$

$\Rightarrow ((S)*B \quad , \quad *SB)$

$\Rightarrow ((S+A)*B \quad , \quad *+SAB)$

$\Rightarrow ((A+A)*B \quad , \quad *+AAB)$

$\Rightarrow ((B+A)*B \quad , \quad *+BAB)$

$\Rightarrow ((i+A)*B \quad , \quad *+iAB)$

$\Rightarrow ((i+B)*B \quad , \quad *+iBB)$

$\Rightarrow ((i+i)*B \quad , \quad *+iiB)$

$\Rightarrow ((i+i)*i \quad , \quad *+iii)$

定义 6.1.2 句法制导翻译式为五元组 $H=(N,T,\Sigma,R,S)$,其中

N 有限的非终结符集合;

T 有限的输入字母表;

Σ 有限的输出字母表;

R 规则的有限集合,规则形式为

$$A \to \alpha, \beta, \alpha \in (N \cup T)^*, \beta \in (N \cup \Sigma)^*$$

β 中的所有非终结符必是 α 中所有非终结符的一种排列;

S 起始符,$S \in N$。

在规则 $A \to \alpha, \beta$ 中,α 里的每个非终结符与在 β 里按一定次序排列且与 α 相同的非终结

符之间,在位置上的对应关系是不能改变的。

对于在 α 和 β 中只出现一次的非终结符,位置上的对应关系是清楚的。如果有的非终结符出现多次,为了正确地保持位置上的对应关系,可采用加注上标的方法,表明对应关系。例如,规则 $S \to AB^{(1)}B^{(2)}C, B^{(2)}B^{(1)}AC$,对 A 和 C 很清楚,在 $AB^{(1)}B^{(2)}C$ 中,A 在位置 1,C 在位置 4,到 $B^{(2)}B^{(1)}AC$ 中,A 在位置 3,C 在位置 4。对于两个 B,由于加注上标,所以也能正确地保持位置上的对应关系。

2. 翻译型和翻译

句法制导翻译式中的翻译型定义为:

(1) (S,S)是翻译型,括号内左边的 S 与右边的 S 在位置上保持对应关系。

(2) $(\alpha A\beta, \gamma A\delta)$是翻译型,其中 A 与 A 位置上的对应关系是清楚的。α,β 与 γ,δ 中的非终结符之间应保持位置上的对应关系。如果 $A \to \omega, \omega'$ 是一条规则,那么$(\alpha\omega\beta, \gamma\omega'\delta)$必是一个翻译型。在这个翻译型中,$\alpha,\beta$ 与 γ,δ、ω 与 ω' 中的非终结符之间都要保持各自原来的位置上的对应关系。

对以上的翻译型$(\alpha A\beta, \gamma A\delta)$和$(\alpha\omega\beta, \gamma\omega'\delta)$,又有规则 $A \to \omega, \omega'$,于是可以写成下列形式:

$$(\alpha A\beta, \gamma A\delta) \underset{H}{\Rightarrow} (\alpha\omega\beta, \gamma\omega'\delta)$$

其中$\underset{H}{\Rightarrow}$表示句法制导翻译式 H 中的推导符号,一般情况下 H 可以省略,仅用$\Rightarrow$。同样也可采用文法中推导的符号"$\overset{*}{\Rightarrow}$"和"$\overset{+}{\Rightarrow}$"。

句法制导翻译式 H 的翻译定义为

$$\tau(H) = \{(\alpha,\beta) \mid (S,S) \overset{*}{\Rightarrow} (\alpha,\beta) \text{ 且 } \alpha \in T^*, \beta \in \Sigma^*\}$$

$\tau(H)$是翻译式 H 产生的全部翻译的集合。

定义 6.1.3　设 $H=(N,T,\Sigma,R,S)$是句法制导翻译式,对于 R 中的每个规则 $A \to \alpha,\beta$,如果 α 和 β 中所有非终结符的排列次序相同,则称 H 为简单句法制导翻译式。它定义的翻译称简单句法制导翻译。

例 5　设翻译式 $H=(\{E,F\},\{i,*\},\{i,*\},R,E)$,其中规则 R 如下:

$$E \to E^{(1)} * E^{(2)}\ ,\ * E^{(1)} E^{(2)}$$

$$E \to F\ ,\ F$$

$$F \to i\ ,\ i$$

有如下推导:

$$\begin{aligned}(E,E) &\Rightarrow (E^{(1)} * E^{(2)}, * E^{(1)} E^{(2)}) \\ &\Rightarrow (E^{(3)} * E^{(4)} * E^{(2)}, * * E^{(3)} E^{(4)} E^{(2)}) \\ &\Rightarrow (F * E^{(4)} * E^{(2)}, * * F E^{(4)} E^{(2)}) \\ &\Rightarrow (i * E^{(4)} * E^{(2)}, * * i E^{(4)} E^{(2)}) \\ &\Rightarrow (i * F * E^{(2)}, * * i F E^{(2)}) \\ &\Rightarrow (i * i * E^{(2)}, * * i i E^{(2)}) \\ &\Rightarrow (i * i * F, * * i i F) \\ &\Rightarrow (i * i * i, * * i i i)\end{aligned}$$

翻译式 H 的翻译是

$$\tau(H) = \{(i(*i)^k, *^k i^k i) \mid k \geqslant 0, *^k i^k i \text{ 是 } i(*i)^k \text{ 的前缀式}\}$$

由于 H 的规则 R 中，α 和 β 内的 $E^{(1)}$ 和 $E^{(2)}$ 的排列次序是相同的，所以 H 是一个简单句法制导翻译式。

简单句法制导翻译式是很有用的，利用它能够比较容易地构造由下推转换器组成的翻译器。

定义 6.1.4 设句法制导翻译式 $H=(N,T,\Sigma,R,S)$，其中由

$$P_1 = \{A \to \alpha \mid A \to \alpha, \beta \in R\}$$

构成的文法 $G_1=(N,T,P_1,S)$，称为 H 的输入文法。由

$$P_2 = \{A \to \beta \mid A \to \alpha, \beta \in R\}$$

构成的文法 $G_2=(N,\Sigma,P_2,S)$，称为 H 的输出文法。

例 6 翻译式 $H=(\{E,T,F\},\{(,),*,+,a\},\{(,),*,+,a\},R,E)$，其中规则 R 如下：

$$\begin{aligned}
&E \to T \quad ,T \\
&E \to E+T, \quad +ET \\
&T \to F \quad ,F \\
&T \to T*F, \quad *TF \\
&F \to (E),E \\
&F \to a, \quad a
\end{aligned}$$

则可构成 H 的输入文法为

$$G_1 = (\{E,T,F\},\{(,),*,+,a\},P_1,E)$$

其中，生成式 P_1 如下：

$$\begin{aligned}
&E \to T \mid E+T \\
&T \to F \mid T*F \\
&F \to (E) \mid a
\end{aligned}$$

而 H 的输出文法为

$$G_2 = (\{E,T,F\},\{(,),*,+,a\},P_2,E)$$

其中，生成式 P_2 如下：

$$\begin{aligned}
&E \to T \mid +ET \\
&T \to F \mid *TF \\
&F \to E \mid a
\end{aligned}$$

显然 R 的输入文法 G_1 产生的语言 $L(G_1)$ 中，算术表达式用的是中缀式，输出文法 G_2 产生的语言 $L(G_2)$ 中，算术表达式是前缀式。

6.2 转换器

转换器是将翻译形式化的另一种方式，实际上也是一个识别器。具体说是定义一个自动机，使该自动机的输入端在接收到字符串 α 的同时，在它的输出端能够输出 α 的翻译 β。

6.2.1 有限转换器

有限转换器是一种最简单的转换器，也是一个有输出的有限自动机，它在接受输入字符串期间，还产生相应的输出字符串，如图 6.2.1 所示。

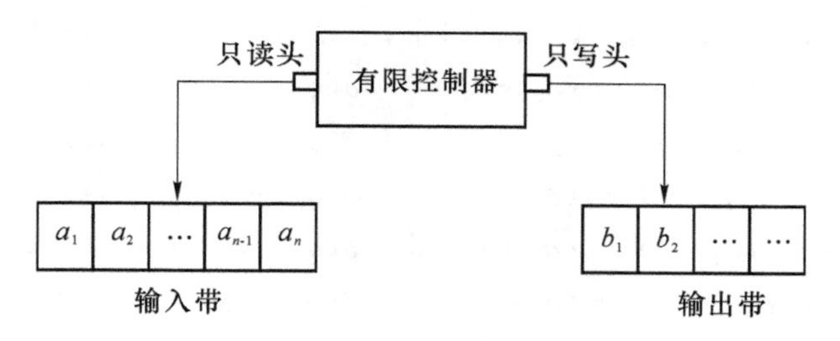

图 6.2.1 有限转换器

定义 6.2.1 有限转换器 M 是六元组，$M=(Q,T,\Sigma,\delta,q_0,F)$，其中

Q 有限的状态集合；

T 有限的输入字母表；

Σ 有限的输出字母表；

δ 从 $Q\times(T\cup\{\varepsilon\})$ 到 $Q\times\Sigma^*$ 子集的映射；

q_0 初始状态，$q_0\in Q$；

F 终止状态集合，$F\subseteq Q$。

由定义可知，有限转换器 M 基本上是一个有 ε 转换的不确定的有限自动机。不同之处仅在于有限转换器 M 有输出。

确定的有限转换器

当定义 6.2.1 中的 δ 满足下列条件时，则 M 便是一个确定的有限转换器，即

对任意 $q\in Q$，所有 $a\in T$，有

(1) $\delta(q,a)$ 只有一个选择，且 $\delta(q,\varepsilon)=\varnothing$，或者

(2) $\delta(q,\varepsilon)$ 只有一个选择，且 $\delta(q,a)=\varnothing$。

有限转换器 M 的格局形式为 (q,α,β)，其中

$q\in Q$ 控制器的当前状态；

$\alpha\in T^*$ 输入带上等待输入的字符串，此时读头对着 α 的最左字符；

$\beta\in\Sigma^*$ 当读头到达 α 的最左字符之前输出的字符串。

注： 描述有限自动机的格局关系，所用的符号 $\vdash$，$\overset{*}{\vdash}$，$\overset{+}{\vdash}$ 和 $\overset{b}{\vdash}$，在此仍可使用。

现有对 M 的一次动作的描述：

对任意 $q\in Q,a\in T\cup\{\varepsilon\},\alpha\in T^*$ 和 $\beta\in\Sigma^*$，如果有 $\delta(q,a)$ 含有 (p,x)，可用格局写为

$$(q,a\alpha,\beta)\vdash(p,\alpha,\beta x)$$

当 $q\in F$ 时，如果存在

$$(q_0,\alpha,\varepsilon)\overset{*}{\vdash}(q,\varepsilon,\beta)$$

则称 β 是 α 的输出。

有限转换器 M 的所有输出字符串构成的集合,便是 M 的翻译 $\tau(M)$,亦称正则翻译,是

$$\tau(M)=\{(\alpha,\beta)\mid(q_0,\alpha,\varepsilon)\overset{*}{\vdash}(q,\varepsilon,\beta) \text{且 } q\in F\}$$

例 1 设计一个有限转换器 M,识别由下列生成式推导出的算术表达式,并能从表达式中删去多余的运算符:

$$E\rightarrow a+E\mid a-E\mid +E\mid -E\mid a$$

设 $M=(\{q_0,q_1,q_2,q_3,q_4\},\{+,-,a\},\{+,-,a\},\delta,q_0,\{q_1\})$,其中 δ 定义如下:

$$\begin{array}{ll}
\delta(q_0,+)=(q_0,\varepsilon) & \delta(q_0,-)=(q_4,\varepsilon)\\
\delta(q_0,a)=(q_1,a) & \delta(q_1,+)=(q_2,\varepsilon)\\
\delta(q_1,-)=(q_3,\varepsilon) & \delta(q_2,+)=(q_2,\varepsilon)\\
\delta(q_2,-)=(q_3,\varepsilon) & \delta(q_2,a)=(q_1,+a)\\
\delta(q_3,+)=(q_3,\varepsilon) & \delta(q_3,-)=(q_2,\varepsilon)\\
\delta(q_3,a)=(q_1,-a) & \delta(q_4,+)=(q_4,\varepsilon)\\
\delta(q_4,-)=(q_0,\varepsilon) & \delta(q_4,a)=(q_1,-a)
\end{array}$$

其状态转换图如图 6.2.2 所示。

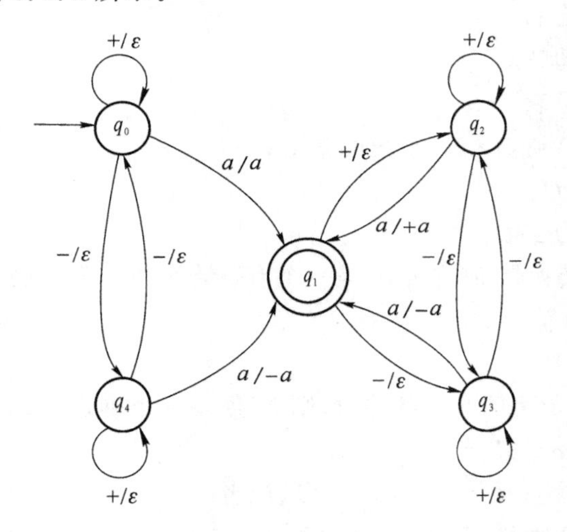

图 6.2.2 删除多余运算符的有限转换器

当输入字符串 $--a-+-a$ 时,M 的动作如下:

$$\begin{aligned}
(q_0,--a-+-a,\varepsilon) &\vdash (q_4,-a-+-a,\varepsilon)\\
&\vdash (q_0,a-+-a,\varepsilon)\\
&\vdash (q_1,-+-a,a)\\
&\vdash (q_3,+-a,a)\\
&\vdash (q_3,-a,a)\\
&\vdash (q_2,a,a)\\
&\vdash (q_1,\varepsilon,a+a)
\end{aligned}$$

由于 q_1 是终止状态,故 M 接受字符串 $--a-+-a$,并输出字符串 $a+a$。

6.2.2 下推转换器

下推转换器是一个有输出的下推自动机，是翻译的另一个类型。

定义 6.2.2 下推转换器 M 为八元组，$M=(Q,T,\Gamma,\Sigma,\delta,q_0,Z_0,F)$，其中

Q 有限状态集合；

T 有限输入字母表；

Γ 有限下推栈字母表；

Σ 有限输出字母表；

q_0 初始状态；

Z_0 初始栈顶符号，$Z_0\in\Gamma$；

F 终止状态集合，$F\subseteq Q$；

δ 是从 $Q\times(T\cup\{\varepsilon\})\times\Gamma$ 到 $Q\times\Gamma^*\times\Sigma^*$ 上有限子集的映射。

下推转换器 M 的格局形式为(q,ω,α,β)，其中

$q\in Q$ 为当前状态；

ω 等待输入的字符串，当 $\omega=\varepsilon$ 时，表示输入字符均已读完；

α 下推栈中内容，当 $\alpha=\varepsilon$ 时，表示下推栈已弹空；

β 输出字符串。

当对于任意 $\omega\in T^*$，$\gamma\in\Gamma^*$ 和 $\beta\in\Sigma^*$，存在 $\delta(q,a,Z)$含有(p,α,x)，则有

$$(q,a\omega,Z\gamma,\beta)\vdash\!\!\!\text{——}(p,\omega,\alpha\gamma,\beta x)。$$

下推转换器 M 接受一个输入字符串，并产生一个输出字符串。接受方式亦分两种，即 M 到达终止状态时接受并产生输出；M 的下推栈弹空时接受并产生输出。

M 到达终止状态时接受并有输出，M 所导出的所有输出字符串的集合是

$$\tau(M)=\{(\alpha,\beta)\mid(q_0,\alpha,Z_0,\varepsilon)\overset{*}{\vdash\!\!\!\text{——}}(q,\varepsilon,\gamma,\beta)\text{且 }q\in F,\gamma\in\Gamma^*\}$$

M 下推栈弹空时接受并有输出，M 所导出的所有输出字符串的集合是

$\tau_e(M)=\{(\alpha,\beta)\mid(q_0,\alpha,Z_0,\varepsilon)\overset{*}{\vdash\!\!\!\text{——}}(q,\varepsilon,\varepsilon,\beta)\text{且任意 }q\in Q\}$

例 2 设计下推转换器 M 使

$$\tau_e(M)=\{(\omega,\tilde{\omega})\mid(q,\omega,Z_0,\varepsilon)\vdash\!\!\!\text{——}(p,\varepsilon,\varepsilon,\tilde{\omega})\text{且 }p\in Q\}$$

设计思路：

(1) 将输入字符不断进栈，直至输入为空，其间不输出。

(2) 当输入为空时，开始退栈并输出之，直至栈空。

构造 $M=(\{q,p\},\{a,b\},\{Z_0,A,B\},\{a,b\},\delta,q,Z_0,\varnothing)$，$\delta$ 定义如下：

$\delta(q,a,Z_0)=(q,AZ_0,\varepsilon)$	$\delta(q,\varepsilon,A)=(p,\varepsilon,a)$
$\delta(q,a,A)=(q,AA,\varepsilon)$	$\delta(q,\varepsilon,B)=(p,\varepsilon,b)$
$\delta(q,a,B)=(q,AB,\varepsilon)$	$\delta(p,\varepsilon,A)=(p,\varepsilon,a)$
$\delta(q,b,Z_0)=(q,BZ_0,\varepsilon)$	$\delta(p,\varepsilon,B)=(p,\varepsilon,b)$
$\delta(q,b,A)=(q,BA,\varepsilon)$	$\delta(p,\varepsilon,Z_0)=(p,\varepsilon,\varepsilon)$
$\delta(q,b,B)=(q,BB,\varepsilon)$	

当 M 输入字符串 $\omega=aaba$ 时，其动作过程如下：

$$(q,aaba,Z_0,\varepsilon)\vdash\!\!\!\text{——}(q,aba,AZ_0,\varepsilon)$$
$$\vdash\!\!\!\text{——}(q,ba,AAZ_0,\varepsilon)\vdash\!\!\!\text{——}(q,a,BAAZ_0,\varepsilon)$$
$$\vdash\!\!\!\text{——}(q,\varepsilon,ABAAZ_0,\varepsilon)\vdash\!\!\!\text{——}(p,\varepsilon,BAAZ_0,a)$$
$$\vdash\!\!\!\text{——}(p,\varepsilon,AAZ_0,ab)\vdash\!\!\!\text{——}(p,\varepsilon,AZ_0,aba)$$
$$\vdash\!\!\!\text{——}(p,\varepsilon,Z_0,abaa)\vdash\!\!\!\text{——}(p,\varepsilon,\varepsilon,abaa)$$

因此,M 在空下推栈接受 $\omega=aaba$ 的翻译是 $\tilde{\omega}=abaa$。

例 3 设计下推转换器 M,使算术表达式由前缀式转换为后缀式。

构造 $M=(\{q_0\},\{a,*,+\},\{Z,*,+\},\{a,*,+\},\delta,q_0,Z,\{q_0\})$,$\delta$ 定义如下:

$$\delta(q_0,+,Z)=\{(q_0,ZZ+,\varepsilon)\}$$
$$\delta(q_0,*,Z)=\{(q_0,ZZ*,\varepsilon)\}$$
$$\delta(q_0,a,Z)=\{(q_0,\varepsilon,a)\}$$
$$\delta(q_0,\varepsilon,+)=\{(q_0,\varepsilon,+)\}$$
$$\delta(q_0,\varepsilon,*)=\{(q_0,\varepsilon,*)\}$$

确定的下推转换器

在定义 6.2.2 中指明,δ 是从 $Q\times(T\cup\{\varepsilon\})\times\Gamma$ 到 $Q\times\Gamma^*\times\Sigma^*$ 上子集的映射。显然,它所定义的是不确定的下推转换器。以下给出确定的下推转换器的定义。

对于下推转换器 $M=(Q,T,\Gamma,\Sigma,\delta,q_0,Z_0,F)$,如果满足:

对任意 $q\in Q,a\in T\cup\{\varepsilon\},Z\in\Gamma$,有 $\delta(q,a,Z)$ 只含有一个选择,且(2) 如果 $\delta(q,\varepsilon,Z)\neq\varnothing$,那么对所有 $a\in T$,必有 $\delta(q,a,Z)=\varnothing$,称 M 是确定的下推转换器。

前面的例 1 和例 2 皆为确定的下推转换器。确定的下推转换器在句法分析中是很有用的。下推转换器和下推自动机很相似,不同之处在于前者有输出。如果说在下推自动机中,存在以终止状态接受语言 L 的 PDA,则能找到一个以空栈接受 L 的 PDA,反之亦然。那么在下推转换器中,有以终止状态接受的下推转换器 M_1,并有翻译为 $\tau(M_1)$,则存在一个以空下推栈接受的下推转换器 M_2,使 M_2 的翻译 $\tau(M_2)=\tau(M_1)$,反之亦成立。这方面不再进行证明。

以下要证明的是简单句法制导翻译式与下推转换器之间的关系。

定理 6.2.1 设 $\tau(H)$ 是简单句法制导翻译式 $H=(N,T,\Sigma,R,S)$ 的翻译,则存在一个下推转换器 M,使 $\tau_e(M)=\tau(H)$。

证明 设 H 的输入文法是 G_1,构造下推转换器 M,使之识别 $L(G_1)$。为了模拟 H 中规则 $A\to\alpha,\beta$ 的动作,在 M 下推栈的栈顶,用 α 和 β 的啮合替代 A,即当

$$\alpha=\alpha_0B_1\alpha_1\cdots B_k\alpha_k$$

和

$$\beta=\beta_0B_1\beta_1\cdots B_k\beta_k$$

时,则将 $\alpha_0\beta_0B_1\alpha_1\beta_1\cdots B_k\alpha_k\beta_k$ 放于栈顶。这里因为 H 是简单句法制导翻译式,所以 α 和 β 中的非终结符 $B_1,B_2,\cdots,B_k$ 有相同的排列序。

为证明方便,使 T 中字符与 Σ 中字符区分开来,在此设 $T\cap\Sigma=\varnothing$。

设下推转换器 $M=(\{q\},T,N\cup T\cup\Sigma,\Sigma,\delta,q,S,\varnothing)$,其中 δ 定义如下:

(1) 如果 $A\to\alpha_0B_1\alpha_1\cdots B_k\alpha_k,\beta_0B_1\beta_1\cdots B_k\beta_k$ 是R 的一条规则($k\geqslant0$),则 M 中有 $\delta(q,\varepsilon,A)$ 含有$(q,\alpha_0\beta_0B_1\alpha_1\beta_1\cdots B_k\alpha_k\beta_k,\varepsilon)$;

(2) 对任意 $a \in T, \delta(q,a,a) = \{(q,\varepsilon,\varepsilon)\}$;

(3) 对任意 $b \in \Sigma, \delta(q,\varepsilon,b) = \{(q,\varepsilon,b)\}$。

对 H 中推导步数 m 和 M 中动作次数 n 归纳证明:

对于 $A \in N$ 和 $m,n \geqslant 1$,有

$$(A,A) \overset{m}{\Rightarrow} (\alpha,\beta)$$

当且仅当

$$(q,\alpha,A,\varepsilon) \overset{n}{\vdash} (q,\varepsilon,\varepsilon,\beta) \tag{a}$$

① 证明:如果 $(A,A) \overset{m}{\Rightarrow} (\alpha,\beta)$,则有 $(q,\alpha,A,\varepsilon) \overset{n}{\vdash} (q,\varepsilon,\varepsilon,\beta)$。

当 $m=1$,因为 $(A,A) \Rightarrow (\alpha,\beta)$ 且 $\alpha \in T^*, \beta \in \Sigma^*$,则 $A \to \alpha,\beta \in R$,按 δ 的定义有

$(q,\alpha,A,\varepsilon) \vdash (q,\alpha,\alpha\beta,\varepsilon) \overset{*}{\vdash} (q,\varepsilon,\beta,\varepsilon) \overset{*}{\vdash} (q,\varepsilon,\varepsilon,\beta)$

假设 H 中推导步数小于 m 时式(a)成立,并设 m 步时,则有

$$(A,A) \Rightarrow (\alpha_0 B_1 \alpha_1 \cdots B_k \alpha_k, \beta_0 B_1 \beta_1 \cdots B_k \beta_k) \overset{m-1}{\Rightarrow} (\alpha,\beta)$$

将 α 和 β 写成

$$\alpha = \alpha_0 u_1 \alpha_1 \cdots u_k \alpha_k$$
$$\beta = \beta_0 v_1 \beta_1 \cdots v_k \beta_k$$

以便于有

$$(B_i,B_i) \overset{m_i}{\Rightarrow} (u_i,v_i)$$

其中,$1 \leqslant i \leqslant k$,并对每个 $i, m_i < m$。

根据归纳假设,可得出 $(q,u_i,B_i,\varepsilon) \overset{*}{\vdash} (q,\varepsilon,\varepsilon,v_i)$ 成立。

因此对于 M 有如下动作:

$$\begin{aligned}(q,\alpha,A,\varepsilon) &\vdash (q,\alpha_0 u_1 \alpha_1 \cdots u_k \alpha_k, \alpha_0 \beta_0 B_1 \alpha_1 \beta_1 \cdots B_k \alpha_k \beta_k, \varepsilon)\\ &\overset{*}{\vdash} (q,u_1 \alpha_1 \cdots u_k \alpha_k, \beta_0 B_1 \alpha_1 \beta_1 \cdots B_k \alpha_k \beta_k, \varepsilon)\\ &\overset{*}{\vdash} (q,u_1 \alpha_1 \cdots u_k \alpha_k, B_1 \alpha_1 \beta_1 \cdots B_k \alpha_k \beta_k, \beta_0)\\ &\overset{*}{\vdash} (q,\alpha_1 \cdots u_k \alpha_k, \alpha_1 \beta_1 \cdots B_k \alpha_k \beta_k, \beta_0 v_1)\\ &\overset{*}{\vdash} \cdots\\ &\overset{*}{\vdash} (q,\varepsilon,\varepsilon,\beta)\end{aligned}$$

② 证明:如果 $(q,\alpha,A,\varepsilon) \overset{n}{\vdash} (q,\varepsilon,\varepsilon,\beta)$,则有 $(A,A) \overset{m}{\Rightarrow} (\alpha,\beta)$。

当 $n=1$,只有 $(q,\varepsilon,A,\varepsilon) \vdash (q,\varepsilon,\varepsilon,\varepsilon)$,根据 δ 的定义可导出,$A \to \varepsilon,\varepsilon \in R$,则有 $(A,A) \Rightarrow (\varepsilon,\varepsilon)$。

假设 M 中动作次数小于 n 时(a)式成立,并设 M 的第一次动作是

$$(q,\alpha,A,\varepsilon) \vdash (q,\alpha,\alpha_0 \beta_0 B_1 \alpha_1 \beta_1 \cdots B_k \alpha_k \beta_k, \varepsilon)$$

其中,α_0 必是 α 的前缀,在 M 的下一次动作时,从输入和下推栈顶同时消去 α_0,此时,栈顶是 β_0。根据 $\delta(q,\varepsilon,b) = \{(q,\varepsilon,b)\}$,则输出 β_0。经过这一次动作之后,输入变为 α'(已消去 α 的前缀 α_0),栈顶是 B_1,它又引起消去 α' 的前缀 v_1,并输出 u_1,于是用小于 n 次动作,有

$$(q,u_1,B_1,\varepsilon) \overset{*}{\vdash} (q,\varepsilon,\varepsilon,v_1)$$

根据归纳假设又有

$$(B_1,B_1) \overset{*}{\Rightarrow} (u_1,v_1)$$

类推,可写

$$\alpha = \alpha_0 u_1 \alpha_1 \cdots u_k \alpha_k$$
$$\beta = \beta_0 v_1 \beta_1 \cdots v_k \beta_k$$

使

$$(B_i, B_i) \overset{*}{\Rightarrow} (u_i, v_i)$$

$1 \leqslant i \leqslant k$。

因为 $A \to \alpha_0 B_1 \alpha_1 \cdots B_k \alpha_k, \beta_0 B_1 \beta_1 \cdots B_k \beta_k$ 的 R 的一条规则,由 $(B_i, B_i) \overset{*}{\Rightarrow} (u_i, v_i)$,能够导出 $(A, A) \overset{*}{\Rightarrow} (\alpha, \beta)$。

如果 A 是起始符 S,则有

$$(S, S) \overset{*}{\Rightarrow} (\alpha, \beta)$$

当且仅当

$$(q, \alpha, S, \varepsilon) \overset{*}{\vdash} (q, \varepsilon, \varepsilon, \beta)$$

因此 $\tau_e(M) = \tau(H)$。

定理 6.2.2 设 $\tau_e(M)$ 是下推转换器 $M = (Q, T, \Gamma, \Sigma, \delta, q_0, z_0, F)$ 的翻译,则存在一个简单句法制导翻译式 H,使 $\tau(H) = \tau_e(M)$。

证明 构造 H 的方法,类似于从下推自动机去构造上下文无关文法。

设 $H = (N, T, \Sigma, R, S)$,其中,

$$N = \{[pAq] \mid p, q \in Q, A \in \Gamma\} \cup \{S\}$$

规则 R 如下:

(1) 如果 M 中,有 $\delta(p, a, A)$ 含有 $(r, a_1 a_2 \cdots a_i, \beta)$,则对 $i > 0$,和 Q 中每个状态序列 $q_1, q_2, \cdots, q_i$,有规则

$$[pAq_i] \to a[ra_1q_1][q_1a_2q_2]\cdots[q_{i-1}a_iq_i]$$
$$\beta[ra_1q_1][q_1a_2q_2]\cdots[q_{i-1}a_iq_i]$$

对 $i = 0$,有规则

$$[pAr] \to a, \beta$$

(2) 对于每个 $q \in Q$,有规则

$$S \to [q_0 z_0 q], [q_0 z_0 q]$$

由规则 R 的构成,可以知道,H 是一个简单的句法制导翻译式。

通过归纳法可证明以下结论成立:

$$([pAq], [pAq]) \overset{m}{\Rightarrow} (\alpha, \beta)$$

当且仅当

$$(p, \alpha, A, \varepsilon) \overset{n}{\vdash} (q, \varepsilon, \varepsilon, \beta)$$

并有

$$(S, S) \overset{*}{\Rightarrow} (\alpha, \beta)$$

当且仅当

$$(q_0, \alpha, z_0, \varepsilon) \overset{*}{\vdash} (q, \varepsilon, \varepsilon, \beta)$$

最后得出 $\tau(H) = \tau_e(M)$。

例 4 设简单句法制导翻译式 $H = (\{S\}, \{+, *, a\}, \{+, *, a\}, R, S)$,其中规则 R 如下:

$$S \to +SS, SS+$$

$$S \to *SS, SS*$$

$$S \to a, a$$

构造等效的下推转换器如下：

$M=(\{q\},\{+,*,a\},\{+,*,S\},\{+,*,a\},\delta,q,S,\{q\})$，其中 δ 如下：

$$\delta(q,a,S)=\{(q,\varepsilon,a)\}$$

$$\delta(q,+,S)=\{(q,SS+,\varepsilon)\}$$

$$\delta(q,*,S)=\{(q,SS*,\varepsilon)\}$$

$$\delta(q,\varepsilon,+)=\{(q,\varepsilon,+)\}$$

$$\delta(q,\varepsilon,*)=\{(q,\varepsilon,*)\}$$

对 H 存在如下推导：

$$\begin{aligned}(S,S)&\Rightarrow(+SS,SS+)\\&\Rightarrow(+*SSS,SS*S+)\\&\Rightarrow(+*aSS,aS*S+)\\&\Rightarrow(+*aaS,aa*S+)\\&\Rightarrow(+*aaa,aa*a+)\end{aligned}$$

对于 M 存在如下动作：

$$\begin{aligned}(q,+*aaa,S,\varepsilon)&\vdash(q,*aaa,SS+,\varepsilon\\&\vdash(q,aaa,SS*S+,\varepsilon)\\&\vdash(q,aa,S*S+,a)\\&\vdash(q,a,*S+,aa)\\&\vdash(q,a,S+,aa*)\\&\vdash(q,\varepsilon,+,aa*a)\\&\vdash(q,\varepsilon,\varepsilon,aa*a+)\end{aligned}$$

例 5　对例 4 中下推转换器构造简单句法制导翻译式 H 如下：

$H=(N,\{+,*,a\},\{+,*,a\},R,A)$，其中 $N=\{[qBq]\mid B\in\{+,*,S\}\}\cup\{A\}$，规则 R 定义如下：

对 $q\in Q$，有 $A\to[qSq],[qSq]$

$$[qSq]\to a,a$$

因 M 中存在 $\delta(q,+,S)=\{(q,SS+,\varepsilon)\}$，则 H 中有规则

$$[qSq]\to+[qSq][qSq][q+q],[qSq][qSq][q+q]$$

因 M 中存在 $\delta(q,*,S)=\{(q,SS*,\varepsilon)\}$，则 H 中有规则

$$[qSq]\to*[qSq][qSq][q*q],[qSq][qSq][q*q]$$

另由 $\delta(q,\varepsilon,+)=\{(q,\varepsilon,+)\}$ 和 $\delta(q,\varepsilon,*)=\{(q,\varepsilon,*)\}$，则有

$$[q+q]\to\varepsilon,+$$

$$[q*q]\to\varepsilon,*$$

对以上所得到的生成式经消除 ε 生成式和单生成式，可得以下生成式：

$$A\to a,a$$

$$A\to+AA,AA+$$

$$A\to*AA,AA*$$

6.3 词法分析

词法分析是编译的基础,是编译过程的第一步工作,它对源程序中的字符逐个扫描,然后产生一个个的单词符号。也就是说,将作为字符串构成的源程序改变成为由单词符号串组成的中间程序。在源程序中的保留字、标识符、常数、运算符(如+,-,*,/等)和界符(如逗号、分号、括号等),经词法分析后都变为单词。同时,词法分析还可以对源程序中的空格和注释进行压缩,使源程序的长度缩短,最后也会减少整个编译的时间。

通常把执行词法分析的程序,称为词法分析器。构造词法分析器的理论基础是有限自动机理论。因为程序语言的标识符、常数等单词的构造规则,一般均可用正则式表示。这就是说,词法规则可表示为一个正则式,而一个正则式又可化为一个确定的有限自动机,这个有限自动机可用来识别该词法规则定义的所有单词符号。如果把一个程序语言的所有词法规则都构造出相应的有限自动机,就能组合成一个词法分析器。

由正则式到确定的有限自动机的变换过程是:先由正则式构造出不确定的有限自动机,然后找出等效的确定的有限自动机,最后进行简化,从而得到一个状态最少的确定的有限自动机。

前面曾指出,程序语言中的单词,一般均可用正则式表示,为了定义单词,再给出以下辅助定义式。

定义 6.3.1 辅助定义式是在字母表 T 上定义的下列正则序列:

$$D_1 = R_1;$$
$$D_2 = R_2;$$
$$\vdots$$
$$D_k = R_k$$

其中,$D_1, D_2, \cdots, D_k$ 是不在 T 中的且是各不相同的符号,对于 $1 \leqslant i \leqslant k$,$R_i$ 是 $T \cup \{D_1, D_2, \cdots, D_{i-1}\}$ 上的正则式。

定义指出,正则式 R_i 中只能出现字母表 T 的字符和前面已定义的名字 $D_1, D_2, \cdots, D_{i-1}$,不得出现未定义的名字,如 $D_i, D_{i+1}, \cdots, D_k$。

例 1 一种程序语言的标识符,可定义为

〈字母〉$=A|B|\cdots|Z$

〈数字〉$=0|1|\cdots|9$

〈标识符〉=〈字母〉(〈字母〉|〈数字〉)*

例 2 FORTRAN 语言中浮点数可由〈符号〉和〈数字〉进行定义。

〈符号〉$=+|-|\varepsilon$

〈数字〉$=0|1|\cdots 9$

为方便将"〈符号〉"改用 c,"〈数字〉"改用 d,"〈浮点数〉"用 R 表示,则浮点数的定义如下:

$$R=c(.dd^*|dd^*.dd^*|dd^*.)(Ecdd^*|\varepsilon)|dd^*Ecdd^*$$

其中,E 表示指数型。

浮点数的有限自动机如图 6.3.1 所示。

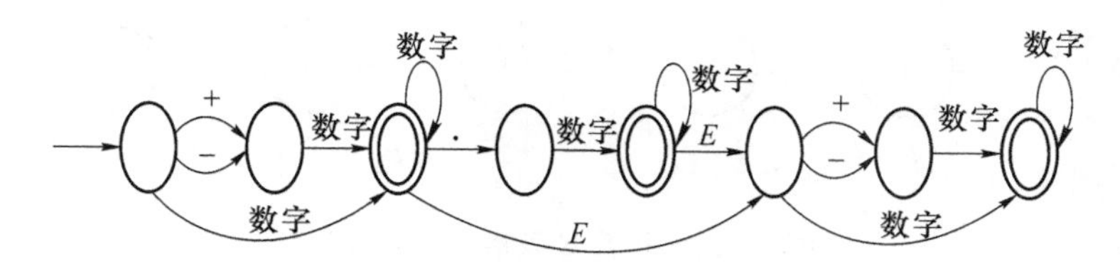

图 6.3.1　浮点数的有限自动机

词法分析的关键是从正则式构造不确定的有限自动机，最后用软件实现。至于将不确定的有限自动机转换为确定的有限自动机，并进行最小化，这些已经在第 3 章中讨论过。以下通过几个例子说明如何用代码实现有限自动机。

例 3　模拟接受标识符的 DFA(如图 6.3.2 所示)。

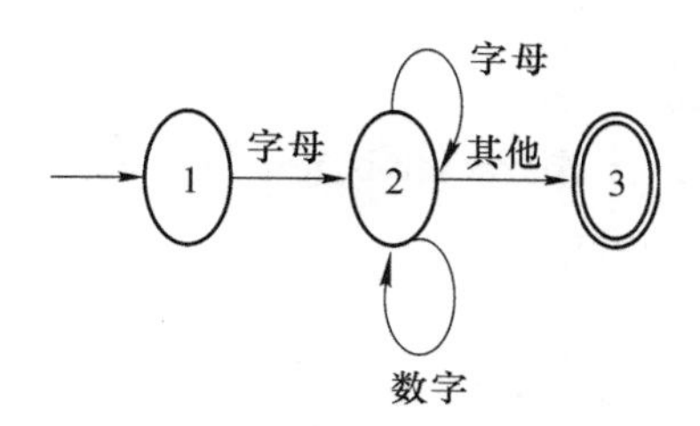

图 6.3.2　识别标识符的 DFA

模拟这个 DFA，最简单的方法是下面的伪代码：

```
{ starting in state 1 }
if the next character is a letter then
    advance the input;
    { now in state 2 }
    while the next character is a letter or a digit do
        advance the input; { stay in state 2 }
    end while;
    { go to state 3 without advancing the input }
    accept;
else
    { error or other cases }
end if;
```

其中"advance the input"读入下一个字符。这段代码使用代码中的位置来隐含状态，适用于没有太多的状态(要求有许多嵌套层)且 DFA 中的循环较少的情况。类似的代码可用来编写小型的扫描程序。

该方法有两个缺点：首先，它是特殊的，即必须用不同的方法处理各个 DFA，而且将每个 DFA 翻译为代码的算法也比较难；其次，当状态增多时，以及当任意路径增多时，代码会变得非常复杂。

例 4　接受 C 风格的注释的 DFA 可用以下的编码来实现(如图 6.3.3 所示)。

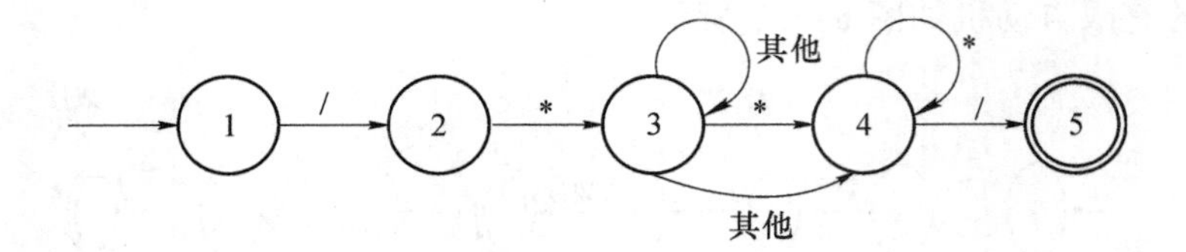

图 6.3.3　接受 C 风格注释的 DFA

```
{ state 1 }
if the next character is "/" then
    advance the input;{ state 2 }
    if the next character is "*" then
        advance the input;{ state 3 }
        done := false;
        while not done do
        while the next input character is not "*" do
            advance the input;
        end while;
        advance the input ;{ state 4 }
        while the next input character is "*" do
            advance the input;
        end while;
        if the next input character is "/" then
            done := true;
        end if;
            advance the input;
        end while;
        accept; { state 5 }
    else { other processing }
    end if;
else { other processing }
end if;
```

这样做的复杂性大大增加了,并且还需要布尔变量 done 来处理涉及状态 3 和状态 4 的循环。

一种较好的实现方法是:利用一个变量保持当前的状态,并将转换写成一个双层嵌套的 case 语句而不是一个循环。其中第 1 个 case 语句测试当前的状态,嵌套的第 2 层测试输入字符及所给状态。

例如,标识符的 DFA 可翻译为下面的代码:

```
state := 1;{start }
while state = 1 or 2 do
    case state of
```

```
        1: case input character of
                letter: advance the input ;
                state := 2;
           else state := … {error or other};
           end case;
        2: case input character of
                letter,digit: advance the input ;
                state := 2; {actually unnecessary }
           else state := 3;
           end case;
        end case;
end while;
if state = 3 then accept else error;
```

接受 C 风格注释的 DFA 可由以下的编码实现：

```
state := 1; {start }
while state = 1 to 4 do
      case state of
      1: case input character of
              "/ ":advance the input;
              state := 2;
         else state := … {error or other};
         end case;
      2: case input character of
         " * ": advance the input;
              state := 3;
         else state := … {error or other};
         end case;
      3: case input character of
         " * ": advance the input;
              state := 4;
         else advance the input {and stay in state 3};
         end case;
      4: case input character of
         "/ ": advance the input ;
              state := 5;
         " * ":advance the input {and stay in state 4};
         else advance the input;
              state := 3;
         end case;
```

```
        end case;
    end while;
    if state = 5 then accept else error;
```

此外,还可将 DFA 表示为二维转换表的形式,通过当前状态和当前输入字符来找到相应的转换函数。

例 5 C 注释的 DFA 表格(表 6.3.1):

表 6.3.1 接受 C 风格注释的 DFA

输入 状态	′	*	其他	接受
1	2			不
2		3		不
3	3	4	3	不
4	5	4	3	不
5				是

在表格中,假设列中的第 1 个状态是初始状态。空表项表示未在 DFA 图中显示的转换,即它们表示到错误状态或其他过程的转换。

相应代码为:

```
    state := 1;
    ch := next input character;
    while not Accept[state] and not error[state] do
        newstate := Table[state, ch];
        if Advance [state, ch] then ch := next input char;
            state := newstate;
    end while;
    if Accept [state] then accept;
```

假设由表格 Accept[state]指出了哪些状态接受了输入串以及哪些不是接受状态,Advance [state, ch] 指出了哪些状态需继续读下一个输入,并另有表格 error[state]指出了哪些状态是出错情况。

这种算法被称作表驱动算法。表驱动的优点是代码的长度缩短了,相同的代码可以解决许多不同的问题,代码较易维护。

表驱动的主要缺点是:表格有可能非常大,从而使程序要求使用的空间也变得非常大。而实际上,数组中的许多空间都是浪费的。

6.4 句法分析

句法分析或称解析,是在词法分析的基础上进行的,它的任务是检查给定的终结符串是否是句子以及分析句子的句法结构。只有识别出句子的结构,才能正确进行翻译。句法分析的方法可分两大类：自上而下分析和自下而上分析。

为展开对自上而下和自下而上两种分析的讨论，首先定义**左解析和右解析。**

左解析和右解析　设 $G=(N,T,P,S)$ 是上下文无关文法，P 中生成式序号编为 1，2，…，n。对 $\beta\in(N\cup T)^*$，如果 $S\stackrel{*}{\Rightarrow}\beta$ 是按最左推导，则推导中所用生成式序号构成的序列，称为 β 的**左解析**；如果 $S\stackrel{*}{\Rightarrow}\beta$ 是按最右推导，则推导中所用生成式序号构成的序列之逆，称为 β 的右解析。

例 1　设文法 $G=(\{E,F,T\},\{+,/,i\},P,E)$，其中生成式 P 如下：

(1) $E\to T$

(2) $E\to E+T$

(3) $T\to F$

(4) $T\to T/F$

(5) $F\to i$

对句子 $\omega=i+i/i$ 有最左推导是

$$
\begin{aligned}
E &\stackrel{(2)}{\Rightarrow}E+T\stackrel{(1)}{\Rightarrow}T+T\\
&\stackrel{(3)}{\Rightarrow}F+T\stackrel{(5)}{\Rightarrow}i+T\\
&\stackrel{(4)}{\Rightarrow}i+T/F\stackrel{(3)}{\Rightarrow}i+F/F\\
&\stackrel{(5)}{\Rightarrow}i+i/F\stackrel{(5)}{\Rightarrow}i+i/i
\end{aligned}
$$

因此，句子 $\omega=i+i/i$ 的左解析为 21354355。

对句子 $\omega=i+i/i$ 有最右推导是

$$
\begin{aligned}
E &\stackrel{(2)}{\Rightarrow}E+T\stackrel{(4)}{\Rightarrow}E+T/F\\
&\stackrel{(5)}{\Rightarrow}E+T/i\stackrel{(3)}{\Rightarrow}E+F/i\\
&\stackrel{(5)}{\Rightarrow}E+i/i\stackrel{(1)}{\Rightarrow}T+i/i\\
&\stackrel{(3)}{\Rightarrow}F+i/i\stackrel{(5)}{\Rightarrow}i+i/i
\end{aligned}
$$

因此，句子 ω 的右解析为 53153542。

通常，$\beta\underset{Lm}{\Rightarrow}\gamma$ 表示 β 推导出 γ 是按最左推导，如果推导中用的生成式序号为 k，那么 $\beta\underset{Lm}{\Rightarrow}\gamma$ 亦可写为 $\beta\stackrel{k}{\Rightarrow}\gamma$。同样对于最右推导 $\beta\underset{rm}{\Rightarrow}\gamma$，如果用的生成式序号为 k，则有 $\beta\stackrel{k}{\Rightarrow}\gamma$。

对多步推导的情况：

如果有 $\beta\stackrel{k_1}{\Rightarrow}\gamma$ 和 $\gamma\stackrel{k_2}{\Rightarrow}\delta$，则有 $\beta\stackrel{k_1k_2}{\Rightarrow}\delta$；

如果有 $\beta\stackrel{k_1}{\Rightarrow}\gamma$ 和 $\gamma\stackrel{k_2}{\Rightarrow}\delta$，则有 $\beta\stackrel{k_1k_2}{\Rightarrow}\delta$。

6.4.1　自上而下解析

自上而下解析，是从文法的起始符开始，反复使用各生成式，寻找与给定终结符串匹配的推导。对推导树来说，是从文法的起始符作为树根开始，向下构造推导树，使树的边缘正好与给定的终结符串一致。

对于上下文无关文法来说，如果已经知道文法 $G=(N,T,P',S)$ 和它所产生句子 ω 的

左解析为 $l=l_1l_2\cdots l_m$,那么就能够为 ω 构造自上而下的推导树或称解析树。

其方法是:从根 S 开始,先用序号为 l_1 的生成式扩展 S。假设生成式 l 是 $S\to A_1A_2\cdots A_n$,于是 S 使用 n 个子孙 $A_1,A_2,\cdots,A_n$,如果 $A_1,A_2,\cdots,A_k$ 是终结符,那么 ω 的前 k 个符号就是 $A_1,A_2,\cdots,A_k$。至此,序号为 l_2 的生成式必有形式是 $A_{k+1}\to B_1B_2\cdots B_j$,因此又将 A_{k+1} 节点扩展到 $B_1,B_2,\cdots,B_j$。这样构造下去,直到得出对应 ω 的左解析 l 的整个解析树为止。

例如,在例 1 中已知文法 G 和句子 $\omega=i+i/i$ 的左解析是 21354355。为 ω 构造解析树的方法是:从根 E 开始,先用序号为 2 的生成式 $E\to E+T$,则根 E 有直接子孙 $E,+,T$。对直接子孙 E 使用序号为 1 的生成式 $E\to T$,再对 T 使用序号为 3 的生成式 $T\to F$,如此下去,直至得到完整的解析树,如图 6.4.1 所示。

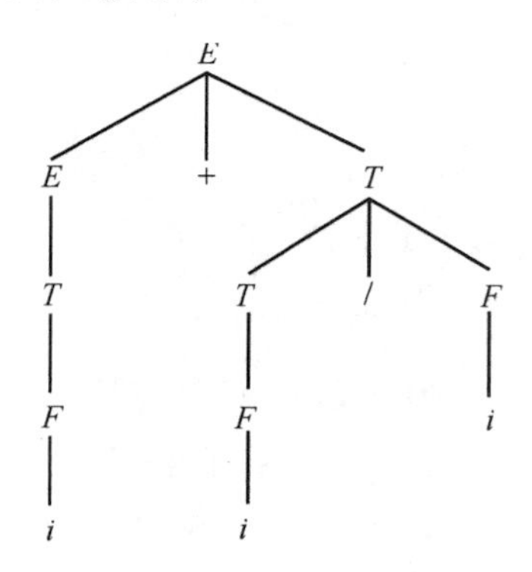

图 6.4.1　$i+i/i$ 的解析树

假设已知上下文无关文法 $G=(N,T,P,S)$ 和字符串 $\omega\in T^*$,如何为 ω 构造左解析。对于解析树来说,等于已经知道树的根和边缘,要构造完整的解析树,必须从根开始经过不断试探,找出所有枝节点,最后得到解析树。

然而,存在着简单句法制导翻译式,能将语言 $L(G)$ 中的句子翻译成它们的左解析。特给出如下定义:

定义 6.4.1　设上下文无关文法 $G=(N,T,P,S)$,P 中生成式的序号编为 $1,2,\cdots,n$,令简单句法制导翻译式 $H_l=(N,T,\{1,2,\cdots,n\},R,S)$,其中 R 由形式为 $A\to\alpha,\beta$ 的规则组成。$A\to\alpha$ 是 P 中序号为 k 的生成式,β 是 $k\alpha'$ 且 α' 是删去终结符的 α。

例 2　对例 1的文法 G,有简单句法制导翻译式为

$H_l=(\{E,F,T\},\{(,),+,/,i\},\{1,2,3,4,5\},R,E)$,其中规则 R 如下:

(1) $E\to T$,　$1T$

(2) $E\to E+T$,　$2ET$

(3) $T\to F$,　$3F$

(4) $T\to T/F$,　$4TF$

(5) $F\to i$,　5

(1) 用最左推导的方式,确定从 E 到 $i+i/i$ 的左解析如下:

$$(E,E)\overset{(2)}{\Rightarrow}(E+T,2ET)\overset{(1)}{\Rightarrow}(T+T,21TT)$$
$$\overset{(3)}{\Rightarrow}(F+T,213FT)\overset{(5)}{\Rightarrow}(i+T,2135T)$$

$$\overset{(4)}{\Rightarrow}(i+T/F,21354TF)\overset{(3)}{\Rightarrow}(i+F/F,213543FF)$$

$$\overset{(5)}{\Rightarrow}(i+i/F,2135435F)\overset{(5)}{\Rightarrow}(i+i/i,21354355)$$

(2) 用两棵推导树，将 $i+i/i$ 翻译成它的左解析，如图6.4.2所示，其中(a)为输入，(b)为输出。

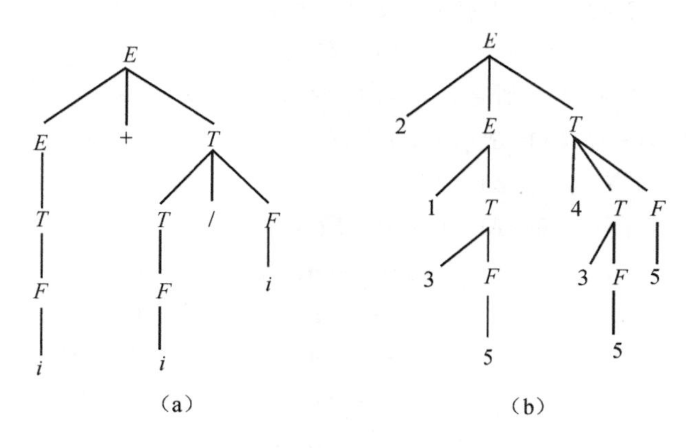

图6.4.2　$i+i/i$ 的左解析

既然能够用简单句法制导翻译式找出上下文无关语言中句子的左解析，那么便可用与简单句法制导翻译式等效的不确定下推转换器，将句子翻译成它的左解析。对于上下文无关文法 G，构造其作用相当于 G 的左解析的不确定下推转换器，也称为左解析器。

定义 6.4.2　设上下文无关文法 $G=(N,T,P,S)$，P 中生成式的序号编为 $1,2,\cdots,n$。令左解析器 $M_L=(Q,T,\Gamma,\Sigma,\delta,q_0,Z_0,\varnothing)$，其中

$Q=\{q_0\}$，

$\Gamma=N\cup T$，

$\Sigma=\{1,2\cdots,n\}$，

$Z_0=S$，

δ 定义如下：

(1) 如果 $A\to\gamma\in P$ 且序号为 k，则 $\delta(q_0,\varepsilon,A)$ 含有 (q_0,γ,K)；

(2) 对所有 $a\in T$，有 $\delta(q_0,a,a)=\{(q_0,\varepsilon,\varepsilon)\}$。

当输入句子 ω 时，M_L 是按照 G 中从 S 开始产生 ω 的最左推导方式工作。开始时，栈顶符号为 S，是一个非终结符，便找出 S 的一个生成式。利用规则(1)，由其右部去替代 S，同时输出这个生成式的序号。往后每当栈顶是一个非终结符，都使用规则(1)。假设栈顶是终结符，M_L 利用规则(2)。如果当前输入的字符正好与栈顶字符相同，则将这个字符从栈顶弹出；如果不相同，则 M_L 停止工作，说明这个句子无效。这样 M_L 能为 ω 产生唯一的最左推导。

例 3　例1的文法 G，有左解析器如下：

$M_L=(Q,T,\Gamma,\Sigma,\delta,q_0,Z,\varnothing)$，其中

$Q=\{q_0\}$，

$T=\{+,/,i\}$，

$\Gamma=\{E,F,T,+,/,i\}$，

$\Sigma=\{1,2,3,4,5\}$,

$Z_0=E$,

δ 定义如下：

(1) 由生成式(1)$E \to T$,则有 $\delta(q,\varepsilon,E)$含有$(q,T,1)$;

(2) 由生成式(2)$E \to E+T$,则有 $\delta(q,\varepsilon,E)$含有$(q,E+T,2)$;

(3) 由生成式(3)$T \to F$,则有 $\delta(q,\varepsilon,T)$含有$(q,F,3)$;

(4) 由生成式(4)$T \to T/F$,则有 $\delta(q,\varepsilon,T)$含有$(q,T/F,4)$;

(5) 由生成式(5)$F \to i$,则有 $\delta(q,\varepsilon,F)$含有$(q,i,5)$;

(6) 对所有 $a \in T$,有 $\delta(q,a,a)=\{(q,\varepsilon,\varepsilon)\}$。

当输入字符串 $\omega=i+i/i$ 时,M_L 的动作如下：

$$
\begin{aligned}
(q,i+i/i,E,\varepsilon) &\vdash^{(2)} (q,i/i+i,E+T,2)\\
&\vdash^{(1)} (q,i+i/i,T+T,21)\\
&\vdash^{(3)} (q,i+i/i,F+T,213)\\
&\vdash^{(5)} (q,i+i/i,i+T,2135)\\
&\vdash^{(6)} (q,+i/i,+T,2135)\\
&\vdash^{(6)} (q,i/i,T,2135)\\
&\vdash^{(4)} (q,i/i,T/F,21354)\\
&\vdash^{(3)} (q,i/i,F/F,213543)\\
&\vdash^{(5)} (q,i/i,i/F,2135435)\\
&\vdash^{(6)} (q,/i,/F,2135435)\\
&\vdash^{(6)} (q,i,F,2135435)\\
&\vdash^{(5)} (q,i,i,21354355)\\
&\vdash^{(6)} (q,\varepsilon,\varepsilon,21354355)
\end{aligned}
$$

因此,对句子 $i+i+i$ 的左解析为 21354355。

应该指出,如果文法中存在左递归,在进行自上而下解析的过程中,会陷入无限循环,因此要实现自上而下解析必须从文法中消除左递归。

6.4.2 自下而上解析

如果说自上而下解析是从初始符 S 开始,推导出一个终结符串,而且在推导过程中的每一步,都要用一个生成式进行一次替换,即用生成式的右部替换它的左部(非终结符),那么对自下而上解析来说,是从给定的终结符串开始,逐步进行"归约",如果最终能归约为文法的起始符 S,则表示给定的终结符串是一个句子。这里所说的归约也是一种替换,但它与自上而下解析中的替换恰恰相反,是用生成式的左部替换其右部。例如,有生成式 $S \to A$, $A \to b$,对于字符串 b,我们说 b 可归约为 A,又 A 归约为 S。

对于自下而上解析,从推导树的角度而言,相当于从树的边缘开始,步步向上归约直到根节点为止。

在自下而上的解析中,从句子 ω 开始归约直到初始符 S,所用生成式序号构成的序列正对应字符串 ω 的右解析。因此,我们可以定义语言 $L(G)$中的句子对应它的右解析的简单

句法制导翻译式 H_r。

定义 6.4.3 设上下文无关文法 $G=(N,T,P,S)$，P 中生成式的序号编为 $1,2,\cdots,n$。令简单句法制导翻译式 $H_r=(N,T,\{1,2,\cdots,n\},R,S)$，其中 R 由形式为 $A\to\alpha,\beta$ 的规则组成，$A\to\alpha$ 是 P 中序号为 k 的生成式，β 是 $\alpha'k$ 且 α' 是删去终结符的 α。

例 4 对例 1 的文法 G，有简单句法制导翻译式为

$$H_r=(\{E,F,T\},\{+,/,i\},\{1,2,3,4,5\},R,E)$$

其中规则 R 如下：

(1) $E\to T$， $T1$

(2) $E\to E+T$， $ET2$

(3) $T\to F$， $F3$

(4) $T\to T/F$， $TF4$

(5) $F\to i$， 5

用最右推导方式，确定从 E 到 $i+i/i$ 的右解析如下：

$$\begin{aligned}(E,E)&\overset{(2)}{\Rightarrow}(E+T,ET2)\overset{(4)}{\Rightarrow}(E+T/F,ETF42)\\&\overset{(5)}{\Rightarrow}(E+T/i,ET542)\overset{(3)}{\Rightarrow}(E+F/i,EF3542)\\&\overset{(5)}{\Rightarrow}(E+i/i,E53542)\overset{(1)}{\Rightarrow}(T+i/i,T153542)\\&\overset{(3)}{\Rightarrow}(F+i/i,F3153542)\overset{(5)}{\Rightarrow}(i+i/i,53153542)\end{aligned}$$

因此，对句子 $\omega=i+i/i$ 的右解析是 53153542。

现在对上下文无关文法 G，构造其作用相当于 G 的右解析的不确定下推转换器，或者称右解析器。不过，这里所用右解析器与定义 6.2.2 中的下推转换器略有不同，即 δ 有差异。因此在以下定义中仅就 δ 进行修正。

定义 6.4.4 右解析器 $M_r=(Q,T,\Gamma,\Sigma,\delta,q_0,Z_0,F)$，其中 δ 是从 $Q\times(T\cup\{\varepsilon\})\times\Gamma^*$ 上有限子集到 $Q\times\Gamma^*\times\Sigma^*$ 上有限子集的映射。

右解析器 M_r 的格局仍为 (q,ω,α,β)，但下推栈顶符位于右边。当 $\delta(q,a,\alpha)$ 含有 (p,Z,x)，写成格局形式则有

$$(q,a\omega,\gamma\alpha,\beta)\vdash\!\!\!-\!\!\!-(p,\omega,\gamma Z,\beta x)$$

定义 6.4.5 设上下文无关文法 $G=(N,T,P,S)$，P 中生成式序号为 $1,2,\cdots,n$。令右解析器 $M_r=(Q,T,\Gamma,\Sigma,\delta,q_0,Z_0,\varnothing)$，其中

$Q=\{q_0\}$；

$\Gamma=N\cup T\cup\{¥\}$；

$\Sigma=\{1,2,\cdots,n\}$；

$Z_0=¥$；

δ 定义如下：

(1) 如果 $B\to\gamma\in P$ 且序号为 k，则 $\delta(q_0,\varepsilon,\gamma)$ 含有 (q_0,B,k)；

(2) 对所有 $\alpha\in T$，$\delta(q_0,a,\varepsilon)=\{(q_0,a,\varepsilon)\}$；

(3) $\delta(q_0,\varepsilon,¥S)=\{(q_0,\varepsilon,\varepsilon,)\}$。

M_r 的工作是按规则(2)将输入字符移入下推栈顶部，当下推栈的栈顶部分，已构成某个生成式的右部，M_r 按规则(1)则将其归约为该生成式的左部，即一个非终结符，同时输出这个生成式的序号。M_r 按规则(1)和(2)这样工作，直至下推栈仅有栈底符号为¥和栈顶符号为 S 时，再按规则(3)，使栈弹空，进入空下推栈格局。

例5 对例1的文法 G，其右解析器如下：

$M_r=(Q,T,\Gamma,\Sigma,\delta,q_0,¥,\varnothing)$，其中

$Q=\{q_0\}$；

$T=\{+,/,i\}$；

$\Gamma=\{E,F,T,+,/,i\}$；

$\Sigma=\{1,2,3,4,5\}$；

δ 定义如下：

(1) 由生成式(1)$E\to T$，则有 $\delta(q_0,\varepsilon,T)=\{(q_0,E,1)\}$；

(2) 由生成式(2)$E\to E+T$，则有 $\delta(q_0,\varepsilon,E+T)=\{(q_0,E,2)\}$；

(3) 由生成式(3)$T\to F$，则有 $\delta(q_0,\varepsilon,F)=\{(q_0,T,3)\}$；

(4) 由生成式(4)$T\to T/F$，则有 $\delta(q_0,\varepsilon,T/F)=\{(q_0,T,4)\}$；

(5) 由生成式(5)$F\to i$，则有 $\delta(q_0,\varepsilon,i)=\{(q_0,F,5)\}$；

(6) 对所有 $a\in T$，有 $\delta(q_0,a,\varepsilon)=\{(q_0,a,\varepsilon)\}$；

(7) $\delta(q_0,\varepsilon,¥E)\}=\{(q_0,\varepsilon,\varepsilon)\}$。

当输入字符串为 $i+i/i$ 时，M_r 的工作如下：

$$
\begin{aligned}
(q_0,i+i/i,¥,\varepsilon) &\vdash^{(6)} (q_0,+i/i,¥i,\varepsilon)\\
&\vdash^{(5)} (q_0,+i/i,¥F,5)\\
&\vdash^{(3)} (q_0,+i/i,¥T,53)\\
&\vdash^{(1)} (q_0,+i/i,¥E,531)\\
&\vdash^{(6)} (q_0,i/i,¥E+,531)\\
&\vdash^{(6)} (q_0,/i,¥E+i,531)\\
&\vdash^{(5)} (q_0,/i,¥E+F,5315)\\
&\vdash^{(3)} (q_0,/i,¥E+T,53153)\\
&\vdash^{(6)} (q_0,i,¥E+T/,53153)\\
&\vdash^{(6)} (q_0,\varepsilon,¥E+T/i,53153)\\
&\vdash^{(5)} (q_0,\varepsilon,¥E+T/F,531535)\\
&\vdash^{(4)} (q_0,\varepsilon,¥E+T,5315354)\\
&\vdash^{(2)} (q_0,\varepsilon,¥E,53153542)\\
&\vdash^{(7)} (q_0,\varepsilon,\varepsilon,53153542)
\end{aligned}
$$

由以上过程可知，对输入字符串 $i+i/i$，M_r 产生的右解析为53153542。

因此，对上下文无关文法 G，考虑所有可能关于 M_r 的最右推导，可以得到与输入字符串 ω 相应的右解析集合为

$$\tau(M_r)=\{(\omega,r)\mid(q,\omega,¥,\varepsilon)\vdash^{*}(q,\varepsilon,\varepsilon,r)$$

习　题

1. 构造句法制导翻译,使

$$\tau(H)=\{(x,y)\mid x\in\{a,b\}^*,y=c^n\}$$

其中

$$n=|\#_a(x)-\#_b(x)|,$$
$\#_a(x)$是 x 中 a 的个数,
$\#_b(x)$是 x 中 b 的个数。

2. 句法制导翻译式 $H=(N,T,\Sigma,R,S)$,R 的规则形式如下:

$$B\rightarrow xA,yA$$

或

$$B\rightarrow x,y$$

其中,$A,B\in N$,$x\in T$ 且 $y\in\Sigma^*$,证明 $\tau(H)$是正则翻译。

3. 设下推转换器 $M=(\{q_0\},\{a,*,+\},\{Z,*,+\},\{a,*,+\},\delta,q_0,Z_0,\{q_0\})$,其中 δ 如下:

$$\delta(q_0,+,Z)=\{(q_0,ZZ+,\varepsilon)\}$$
$$\delta(q_0,*,Z)=\{(q_0,ZZ*,\varepsilon)\}$$
$$\delta(q_0,a,Z)=\{(q_0,\varepsilon,a)\}$$
$$\delta(q_0,\varepsilon,+)=\{(q_0,\varepsilon,+)\}$$
$$\delta(q_0,\varepsilon,*)=\{(q_0,\varepsilon,*)\}$$

试给出翻译 $\tau(M)$。

4. 设文法 $G=(\{S,A,B\},\{(,),+,*,a\},P,S)$,其中生成式 P 如下:

(1) $S\rightarrow(S)$;

(2) $S\rightarrow S+S$;

(3) $S\rightarrow A$;

(4) $A\rightarrow(A)$;

(5) $A\rightarrow B*B$;

(6) $A\rightarrow a$;

(7) $B\rightarrow(S+S)$;

(8) $B\rightarrow A$。

构造简单句法制导翻译式 H,使 $L(G)$中算术表达式里不具有多余括号。

5. 设计下推转换器,使算术表达式由前缀式转换为中缀式。

6. 设文法 G 有下列生成式:

$$S\rightarrow S+A\mid A$$
$$A\rightarrow A*B\mid B$$
$$B\rightarrow(S)\mid i$$

找出下列字符串的左解析和右解析:

(1) $i+(i+i)$;

(2) $i*i*i$;

(3) $i*(i+i)+i$;

(4) $(((S)))$。

7. 构造出下列文法的确定左解析器:

(1) $S \to aS$

$S \to bS$

$S \to \varepsilon$

(2) $S \to bSa$

$S \to B$

$B \to Ba$

$B \to \varepsilon$

8. 构造下列文法的确定右解析器:

(1) $A \to Ab$

$A \to Aa$

$A \to \varepsilon$

(2) $S \to BD$

$B \to bBa$

$B \to \varepsilon$

$D \to Da$

$D \to \varepsilon$

第7章 自动机理论在通信领域的应用

理论是现实世界的抽象。在现实世界中有许多这样的系统,这类系统都具有有限数目的内部状态和若干个不同的输入,在输入序列的作用下,系统的内部状态不断地互相转换,并且可能由此产生某种形式的输出序列。这样的系统被抽象为有限状态自动机。

在现实世界中,从生物工程到电子计算机,乃至社会管理,很多系统都具有上述特征。因此,利用自动机模型的实际系统分布极为广泛。有限自动机在20世纪50年代首先被应用于开关电路的设计,接着被用于数字逻辑的设计和测试。60年代初被用于软件设计,70年代后期被用于软件工程方法论,现在也被用在统一建模语言UML(为了表示面向对象软件模型而提出的一套标准图形符号)中。本章讨论一些自动机在通信领域应用的例子。

7.1 状态机基本模型及其局限性

现实生活中,许多问题都具有有限状态自动机的特性,打电话就是其中一例。

在一次打电话的过程中,用户摘机之前,电话机处于静止状态。发生了摘机这个外部事件后,电话机执行一些内部动作,之后进入拨号状态。从呼叫建立连接到通话完毕,一般要经历摘机、拨号、应答、进行通话、挂机等外部事件。而一个电话事件,如拨一位号码,一个应答信号或挂机都将引起一个状态转移。一个电话事件对话机来说就是一个输入,在拨号状态,话机可能接受的输入为"主叫拨号""主叫挂机""号码间隔时间过长"等。可以用4个状态来表示出电话呼叫的状态转换过程,如图7.1.1所示(图中只显示了正常呼叫的处理过程)。

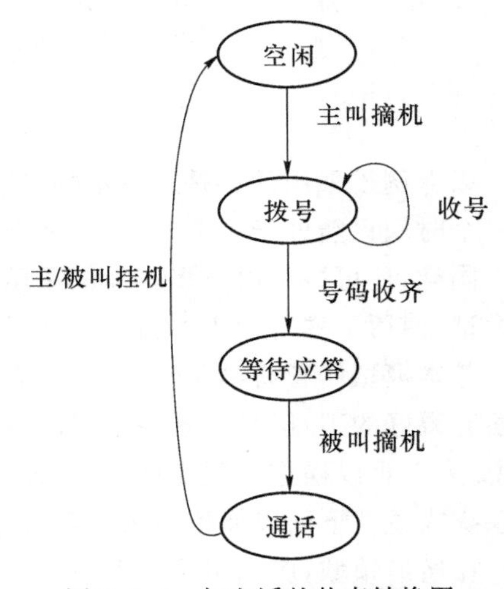

图7.1.1 打电话的状态转换图

另一个典型的例子是交通灯控制系统。交通控制可由5个状态完成:关(没有灯亮),红灯(红灯亮),黄灯(黄灯亮),绿灯(绿灯亮),闪烁的红灯(在固定的时间段红灯闪烁)。其输入事件是由监测交通流量的探测器以及控制系统内的定时器发出的。可能的事件有:打开红灯,打开黄灯,打开绿灯,打开闪烁的红灯,不同事件使系统分别到达相应的状态。这一模型也说明了所允许的颜色序列:红,黄,绿等。图7.1.2显示了交通灯的状态转换图。

由图可见,上述两个例子都可以抽象为有限状态自动机。由此,可以归纳和总结出这类系统的特点,即

(1) 处于某个相对稳定的状态下;

(2) 某个事件(输入)发生;

(3) 这个事件引起一串处理过程,包括执行特定的功能,产生相应的输出等;

(4) 处理结束,迁移到一个新的相对稳定状态。

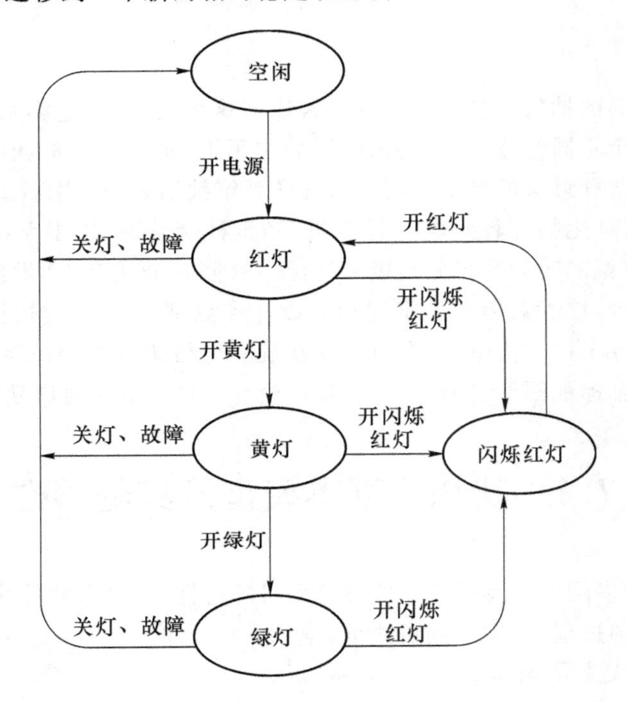

图 7.1.2 交通灯的状态转换图

以上例子采用的都是最基本的自动机应用模型。自动机又被叫作顺序系统,因为机器在一个时间只能处于一个状态,转换也只能一次触发一个,自动机表现出一种顺序的行为。

同样,还可以举出更多其他的采用自动机模型的例子,如使用图灵机来作为计算机的抽象模型,使用下推自动机作为上下文无关文法的处理模型,等等。

基本模型尽管易学易懂,但它也有其局限性。基本有限状态自动机的伸缩性不是很好,即使有很好的工具帮助,画一个或读一个多于20个状态的图也十分困难。对于大的状态机来说,人工难以操作。现实世界中,人们往往采用各种各样基于自动机理论的扩展模型来进行系统描述。下面以通信领域为例进行介绍。

在通信领域,应用系统大多很复杂。通信领域的应用模型通常有下面一些特点。

(1) 多个自动机相互配合工作。

(2) 自动机的状态可以进一步拆分,自动机可以按层次分解描述。

(3) 事件分为内部和外部两种形式。外部事件即来自自动机外部的事件,而内部事件则与自动机内部的特定操作相关联 。如交通灯的例子中,“开电源”是一个外部事件,而红、黄灯之间的状态转换可通过设置定时器来触发,“定时器超时”就是自动机的内部事件。

为了表现上述特点，需要对自动机模型进行一些扩展。通信领域中的应用模型通常采用消息顺序图(MSC，message sequence chart)和规范描述语言(SDL，specification and description language)来描述。MSC 的应用很广泛，它侧重于描述系统中多个自动机之间的相互配合工作，可用于所有具有信息交互的应用领域。后面将会看到，打电话的过程就是话机的自动机与电话网中的自动机互相配合工作完成的。而 SDL 是一种常用的扩展有限状态自动机描述语言。SDL 强调的是自动机自身的特性描述，而不是自动机间的交互。下面简单介绍 MSC 和 SDL 的核心内容。

7.2 MSC 和 SDL 简介

MSC 和 SDL 经常结合使用，共同描述通信软件系统。

MSC 是由国际电联(ITU-T)给出的一种图形化语言，它可以用于描述多个实体之间的通信以及消息交互的顺序。MSC 支持结构化设计，它也可以表示对数值传递和事件定时的限定。MSC 图的基本形式如图 7.2.1 所示。

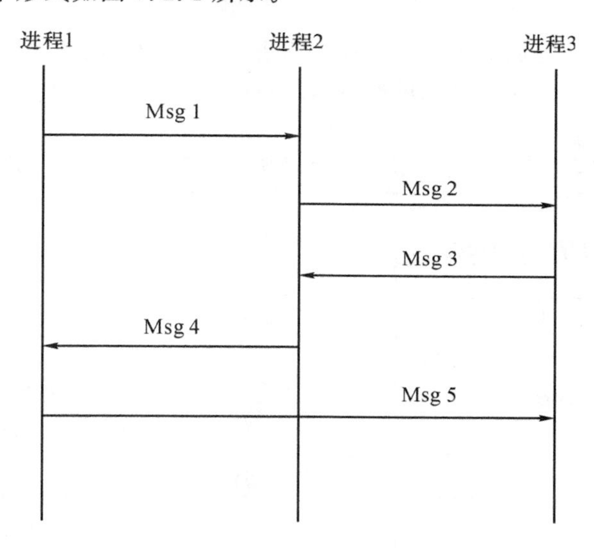

图 7.2.1 MSC 图的基本形式

SDL 也是由 ITU-T 提出的一种形式化描述语言。由于前面提到的有限状态自动机的局限性，SDL 所基于的数学模型是扩展的有限状态自动机。类似于下推自动机通过引入一个下推栈及增加存储来扩展有限自动机的能力，SDL 的扩展，是引入了事件变量和状态变量的概念，从而扩大了自动机的表现能力。

SDL 主要应用于电信领域，也适用于描述活性离散系统。所谓活性，是指系统对外来的信号(输入)是有反应(输出)的。所谓离散，是指系统与外部环境的信息交互不是连续的。SDL 有两种表示方式，图形形式和文本形式。二者的表现能力实际是等价的，只是表示形式不同。图形形式类似于流程图，定义了一组图形符号，可以描述实体(进程)对消息的处理(接收、处理及发送消息)以及实体内状态的迁移等。SDL 可用来描述系统需求说明、系统设计说明、系统测试说明等。系统的行为主要由进程来描述。进程的状态迁移图一般具有图7.2.2所示的形式,其中包括了状态(椭圆框)、输入消息(由进程P_1发来的信号Sig1)、变量、操作及状态迁移(用方框表示)、输出消息(发往进程P_2的信号Sig2)等。

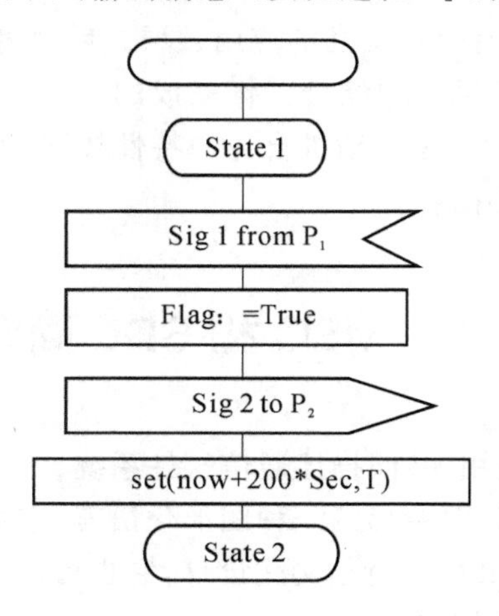

图7.2.2 SDL图的基本形式

下面仍以电话交换为例对MSC和SDL作进一步说明。将打电话的例子展开,可知主叫用户与被叫用户之间的通话是通过电话网进行的,如图7.2.3所示。

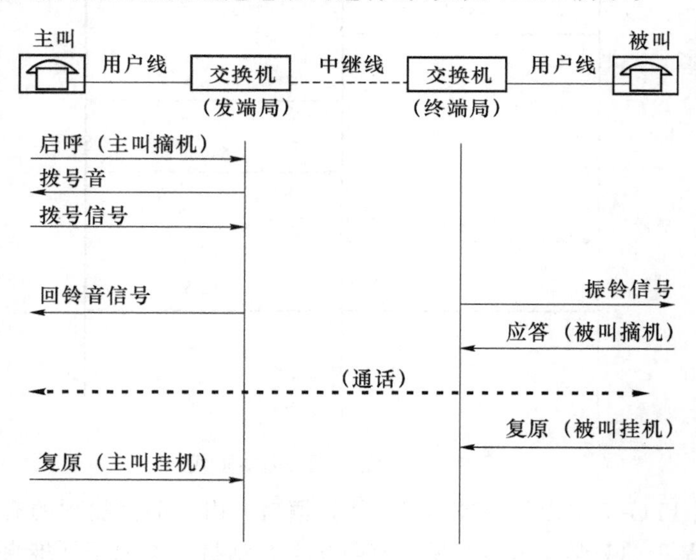

图7.2.3 呼叫控制过程

电话交换机软件系统的工作原理如下:

交换机提供基本的呼叫处理功能,通过一次完整的呼叫过程来描述其工作原理。呼叫过程分成三个阶段:连接建立阶段、通话阶段和连接释放阶段。

(1) 连接建立阶段

① 用户A摘机,交换机检测到用户A摘机后向用户A送拨号音;

② 用户A听到拨号音后输入用户B的电话号码,交换机收到第1位号码后停拨号音;

③ 交换机收齐号码后进行号码分析，向用户B的话机振铃，同时向用户A送回铃音；

④ 用户B摘机应答后，停止振铃，停送回铃音，通过交换网络把两个用户的话路接通。

(2) 通话阶段

交换机监测用户状态，一旦检测到用户挂机，就进入连接释放状态。

(3) 连接释放阶段(分为几种情况)

① 用户A(或B)先挂机，交换机检测到后，断开通话话路，向用户B(或A)送忙音；用户B(或A)挂机后，交换机停送忙音，本次呼叫过程结束。

② 用户A、B同时挂机，断开通话话路。

上述过程可用MSC图加以形式化描述。首先，将电话网视为一个单一的应用系统，则图7.2.4的MSC图显示了应用系统在呼叫控制过程中成功建立连接的过程。

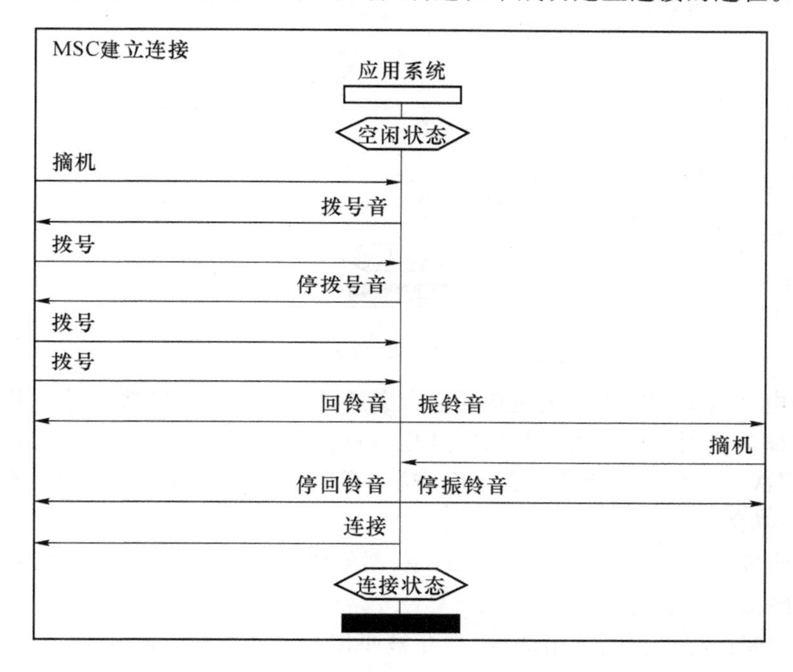

图7.2.4 成功建立连接过程的MSC图

在MSC图中，在两个实体(如电话机、交换机)之间交互一条消息被定义为两个事件，即发送消息事件(对发送该消息的实体而言)和消耗事件(对接收并处理该消息的实体而言)。消息用消息名来标识，可以带参数。一般情况下，事件发生的顺序是自顶向下的。

MSC语言规定了消息、分支条件、定时器、通道、动作、进程的创建和终止、并发、MSC引用等语言成分。定时器可以用来监视某一事件(一般为等待接收消息)的到达。并发用来描述在实体上发生的时间无序的事件。某些通信实体在某状态下需要接收到两条或多条消息后才能继续往下进行，而这些消息到达的时间顺序是任意的，即实体消耗这些消息的顺序是任意的，这时就要用到MSC的并发结构。并发只与单个实体相关。MSC引用是指在一个MSC图中引用别的MSC图，通过使用引用符号，可以实现系统的分层建模，把一张复杂的MSC图分解成一组MSC图。同样，MSC也提供了把一组MSC图组合成更复杂的MSC图的手段。使用MSC语言的各种成分，可以用若干张MSC图把一个系统的所有实体及它们的交互关系描述出来,形成系统的 MSC 文档。

图 7.2.5 所示的 MSC 图显示了应用系统对呼叫过程中主叫久不拨号的处理。其中"久不拨号"是由定时器 T 判别的(设置为 20 s)。

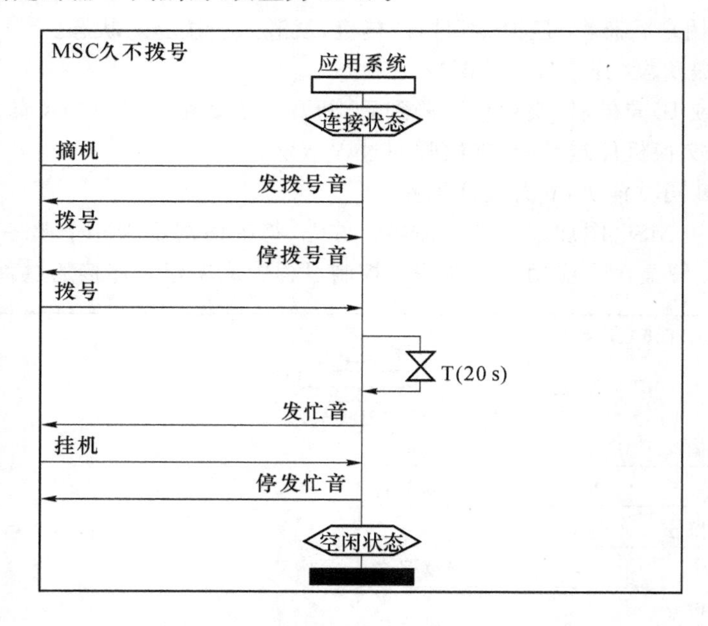

图 7.2.5　主叫久不拨号处理的 MSC 图

事实上,电话网中的应用系统包括了多台交换机。每台交换机都需要使用多个进程(自动机)配合工作来协同完成一次呼叫控制过程。对应用系统和交换机的分层次描述反映了设计的不同层次。本例中交换机包含 3 个进程:管理进程、主叫进程、被叫进程。管理进程主要完成以下功能:

- 收到摘机消息,判断用户是否空闲:是,则创建主叫进程,向主叫进程转发摘机消息;否则向被叫进程转发摘机消息。
- 收到主叫进程发出的占用消息,判断被叫用户是否空闲:是,则创建被叫进程,向被叫进程转发占用消息;否则向主叫进程回占用拒绝消息。
- 收到拨号和挂机消息,向主叫/被叫进程转发。
- 提供号码进行分析功能。

主叫进程主要完成以下功能:

- 接收用户号码,调用管理进程提供的号码分析功能对号码进行分析,与被叫建立连接。
- 向用户送各种信号音。
- 用户挂机后释放连接。
- 在主叫进程中,需要定义变量来记录一些内容,如已收号码位数、主叫用户线号、被叫用户线号、被叫进程实例号、号码分析结果等。

被叫进程主要完成以下功能:

- 向用户振铃。
- 监测用户应答(摘机)。

- 监视用户挂机。
- 收到主叫挂机消息后，向用户送忙音，等待用户挂机。
- 被叫进程中需要记录的数据项有被叫用户设备号、主叫进程实例号等。

3 个进程之间的交互关系如图 7.2.6 所示。

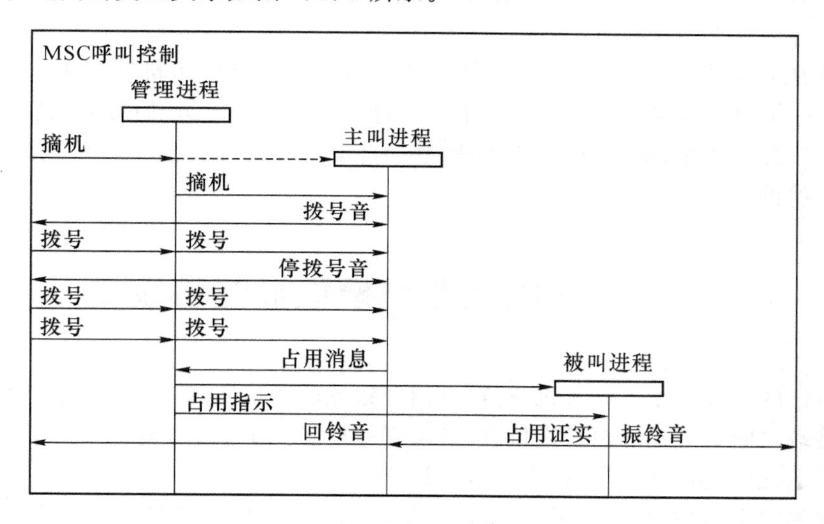

图 7.2.6　进程间部分消息交互的 MSC 图

由以上 MSC 图可见，进程在 MSC 图中的表现形式是一条竖线，竖线上出现的消息是该进程应当接收、发送和处理的各种消息。每条竖线实际上代表了该进程的自动机的一种可能状态迁移过程。为明确地描述进程内的操作及状态迁移过程，需要再采用 SDL 图对每个进程进行进一步说明。图 7.2.7 的 SDL 图定义了主叫进程在空闲状态下接收到一条摘机消息之后的处理过程。其中 T 是一个定时器。与前面主叫拨号超时的 MSC 图相一致，T 有可能引发一个超时事件（内部事件）。

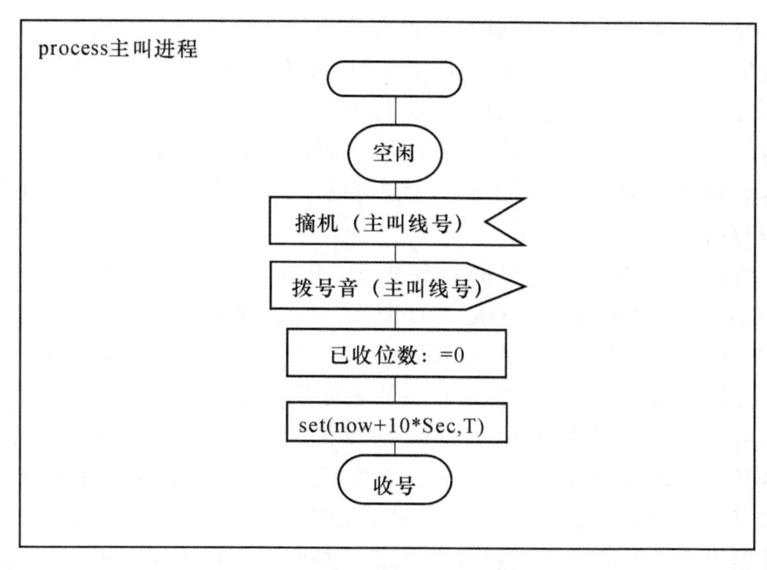

图 7.2.7　主叫进程的部分 SDL 设计图

需要说明的一点是,类似于MSC图中通过引用别的MSC图来实现系统的分层、分块建模,也可以对复杂的SDL图进行分解。分解可以是把一张图分解成一组图,也可对状态进行分层定义。在高层设计时,使用一些较抽象的状态,而在详细设计时,再将一个高层状态进一步分解为多个子状态。例如,通话处理过程中的"拨号"状态又可以针对每一位号码的接收再细分为若干个子状态。

SDL中还规定了系统、模块、通道、信号、数据定义、消息保留机制等多种语言成分,可完整地描述一个真实软件系统的各组成部分。这里重点介绍SDL的基本原理,不再进行更详细的讨论。总而言之,MSC和SDL都是基于自动机理论并扩展了一些描述能力的扩展有限状态自动机。

7.3 应用状态机模型描述协议

这里讨论的协议是用于计算机通信、电信等领域的通信协议。在计算机网络中,为了使计算机或终端之间能够正确地传递信息,必须有一整套关于信息传输顺序、信息格式和信息内容等的约定,这一整套约定即称为通信协议。

对协议的定义和描述称为协议规范。协议规范有不同的表示形式。在协议开发过程的不同阶段,协议的表示形式可能有:

- 用自然语言和图表表述的协议——易读易懂,但不严密,有多义性。
- 形式描述文本——无二义性,可转换成程序。
- 协议的源程序代码——由形式描述文本翻译过来的程序(如Pascal,C程序等)。

随着计算机网络变得越来越重要,对明确、完整、严格的协议规范的需求也越来越迫切。采用形式化方法来描述协议已成为协议开发过程中一个必不可少的步骤。协议描述技术主要研究协议模型,采用形式化方法来描述协议设计结果,包括软件系统结构、模块划分、系统行为实现细节等。有限状态自动机就是协议规范中描述协议行为的最常用的手段之一。

国际标准化组织定义的开放系统互连(OSI)模型从功能出发将计算机网络划分成7层,即物理层(最底层)、数据链路层、网络层、传输层、会话层、表示层和应用层。通信只能发生在同层之间,各层采用的通信协议各不相同。即使在同一层,由于功能要求的不同也可能采用不同的通信协议。例如TCP/IP协议栈(协议族)在其传输层包括有TCP(传输控制协议)、UDP(用户数据报协议)等协议。

图7.3.1给出了一个非常简单的协议模型,其中有两个对等的服务用户User 1和User 2,共同使用低层进程提供的服务进行交互。假定两个服务用户是位于$N+1$层的软件实体,低层是N层,N层中的实体A和B使用某种N层协议相互通信。N层协议的服务功能是用该协议能够向$N+1$层实体提供的服务来描述的。

协议规范用于描述协议结构、协议功能、协议机制、协议各元素以及协议元素之间的关系。协议文本必须描述清楚以下内容:在什么协议状态下,什么输入事件驱动什么协议过程,协议过程在什么条件下执行什么协议动作,如何修改协议状态等。其中,协议状态是指协议在运行过程中等待输入事件时所处的状态。协议事件是协议的输入,它包括3个部分:来自本方用户(上一层软件)的服务原语,来自对方协议实体的消息(通过下一层协议软件发过来)以及来自内部的定时器信号(超时)。显然,对 N 层协议行为的描述可以采用有限状态自动机概念,即分别描述进程 A 和 B 的状态转换图。由于协议栈中核心的问题是状态的层次划分和分解,因此,7.2 节介绍的 MSC 和 SDL 都是协议规范描述中广泛采用的描述工具。

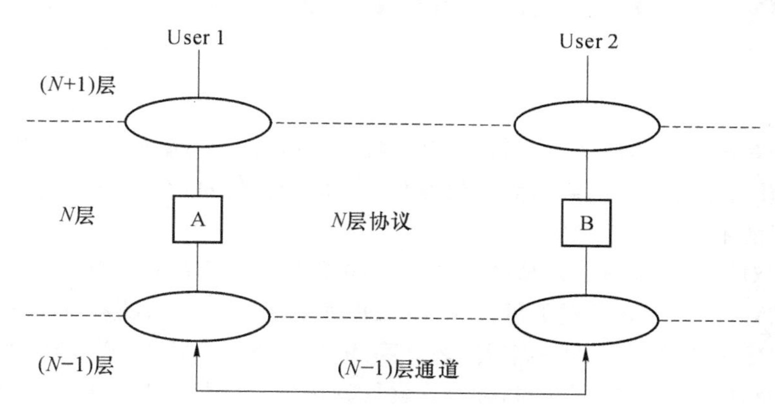

图 7.3.1　N 层协议模型

由图 7.3.1 可以看出,有限状态自动机不仅可以具有横向的交互关系(像前面介绍的主叫、被叫进程之间的交互那样),它还可以具有纵向的交互关系,与上、下层的协议自动机之间进行交互作用。

在协议的程序实现以后,需要对协议进行测试和验证,考察该实现是否满足了协议规范中的设计要求。可以基于状态进行协议软件测试。

在进行协议性质测试时,需要测试其活动性:体现为终止性和进展性。终止性指协议从任何一个状态开始运行,总能正确地达到终止状态;进展性指协议从初始状态运行,总能正确地到达指定状态;此外,安全性测试体现为不出现死锁和活锁。死锁指协议堵塞在一个状态无法向前,活锁指协议做无意义的循环。

对协议本身的逻辑正确性进行校验的过程称为协议验证。协议验证方法包括可达性分析,它试图产生和检查协议的所有或部分可达状态。通过找出所有可达状态,可以检测出死锁、活锁等协议错误。

附录　计算复杂性与可计算性基础

计算理论包括 3 个传统的核心领域：自动机、可计算性和复杂性。将它们联系到一起的核心问题是：什么是计算机的基本能力和限制？不同的领域对这个问题作了不同的解释，并且答案随解释的不同而各不相同。

人们在面对一个看来很难计算的问题时，一是需要分析解决这个问题的可能性，研究问题是否可能被计算，这就是问题的可计算性；二是需要研究这个问题本身的难度，分析这个问题至少需要多少代价（如时间和空间）来计算，称为问题的复杂性；三是研究解决问题的算法的效率，以及是否有更快、更好的算法，这就是算法的复杂性。第二和第三点均属计算复杂性。

深入研究可计算性理论和复杂性理论需要给计算机下一个精确的定义，而自动机理论恰好满足了这个要求。前面章节已介绍了自动机理论的主要内容，下面简要介绍复杂性理论和可计算性的一些基本概念。

1. 计算复杂性理论

计算复杂性理论是一门研究求解计算问题所需要的时间、存储量或者其他资源的理论。如果求解一个问题需要过量的时间或存储量，那么即使它被判定为在理论上用计算机可解，在实际中它还可能是不可解的。算法的复杂性分析即是分析算法所需要的时间量（时间复杂度）和存储空间用量（空间复杂度），重点是时间复杂性。

(1) 时间复杂性

由于所解决问题的难易程度不同，计算和处理的复杂性也不同。对于不同的计算机，指令速度不一样，对同一问题所需时间也不一样。因而，要精确地确定一个算法的执行时间是非常困难的。因此，对算法的运行时间采取估算的方法。下面介绍估算运行时间的度量方法以及怎样根据所需要的时间量来给问题分类。

① 大 O 和小 o 记法

因为算法的精确运行时间通常是一个复杂的表达式，所以一般只是估计它。通常将算法在最坏情况下语句执行的最大次数（频度）作为算法的时间复杂度。为避免细节，只比较代价的“量级”。时间 $T(n)$ 的数量级用记号大 O 表示，记作 $T(n)=O(f(n))$，其中：n 是问题（数据）的规模，函数 $f(n)$ 是 $T(n)$ 增长率的上界，或者更准确地说，是渐进上界，因为忽略了一个常数因子。也就是说，存在常数 c，对于一般的 n，有 $T(n)\leqslant c\cdot f(n)$。“大 O”记号表示，算法的代价函数 T 受限于（不大于）$f(n)$ 函数的某一倍数。如果忽略了常数因子的差别，那么 T 将小于或等于 f。

在实践中，大部分可能碰到的函数都有一个最高次项 h。在这种情况下，写成 $T(n)=O(h)$，这里的 h 是不带系数的。

例 1　对于函数 $3n^3+2n^2$，保留最高次项 $3n^3$，并舍去它的系数 3，则计算该函数的代价

为 $T(n)=O(n^3)$。

大 O 记法也可以出现在算术表达式中，如表达式 $T(n)=O(n^2)+O(n)$。此时符号 O 的每一次出现都代表有一个隐蔽的常数因子。因为 $O(n^2)$ 比 $O(n)$ 占绝对地位，所以该表达式等价于 $T(n)=O(n^2)$。

经常会导出形如 n^c 的界，其中 c 是大于 0 的常数。例如例 1 中 $O(n^3)$。这种界称为多项式界。形如 c^n 的界称为指数界，其中 c 大于 1。随着问题(数据)规模的增长，此时算法运行时间呈指数增长。形如$\log_2 n$的界称为对数界。数据结构中基于比较的排序问题的复杂度是 $O(n \cdot \log_2 n)$。

与大 O 记法相伴的有小 o 记法。大 O 记法指一个函数渐近地小于等于另一个函数；而小 o 记法说明一个函数渐近地小于另一个函数。大 O 与小 o 记法的区别类似于≤与<之间的区别。从实用角度看，人们在实际计算中用大 O 记法时，一般更强调其达到了上界，即它相当于"等于"关系。

在算法分析中，经常出现的时间量级有：$O(1)$，$O(\log_2 n)$，$O(n)$，$O(n \cdot \log_2 n)$，$O(n^2)$，$O(n^3)$，$O(2^n)$，$O(n^2)$。附录图 1 和图 2 给出了各种数量级下的时间复杂度函数的曲线，其中，2^n(指数级)的算法是一个最坏的算法，而 $\log_2 n$(对数级)的算法是最好的算法。二者存在巨大的差异。例如，比较一下典型的多项式(如 n^2)与典型的指数(如 2^n)，令 n 是 10000(这是一个算法输入的合理规模)。此时，n^2 是 10 亿，虽然是很大的数，但还可以处理。然而，2^{10000} 则是一个比宇宙中的原子数还大得多的数。

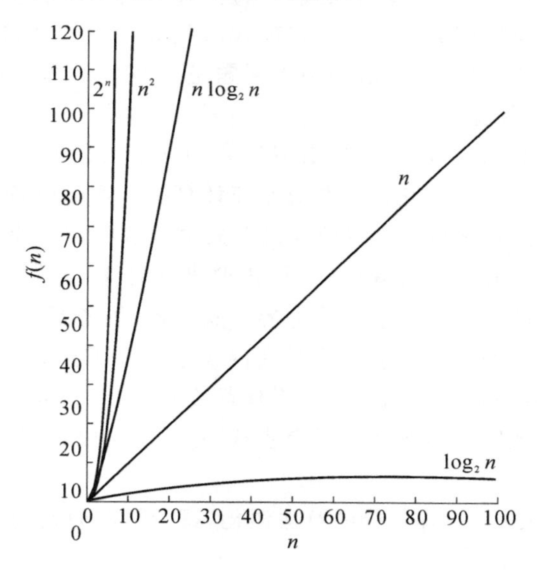

附录图 1　几个代价函数的增长曲线（$n=1,2,\cdots,100$）

对于时间复杂性的计算，可分成容易估算的几部分，分别进行计算，然后再应用求和或求积规则计算总的时间。例如，算法的两部分时间复杂性分别为 $T_1(n)=O(f_1(n))$，$T_2(n)=O(f_2(n))$，其加法规则是：

$$T(n) = T_1(n) + T_2(n) = O(\max(f_1(n), f_2(n)))$$

其乘法规则是：

$$T(n) = T_1(n) \cdot T_2(n) = O(f_1(n) \cdot f_2(n))$$

对含有量级的等价式进行操作的规则还有：

$$f(n)=O(f(n))$$

$$k\cdot O(f(n))=O(f(n))$$

$$O(f(n))+O(f(n))=O(f(n))$$

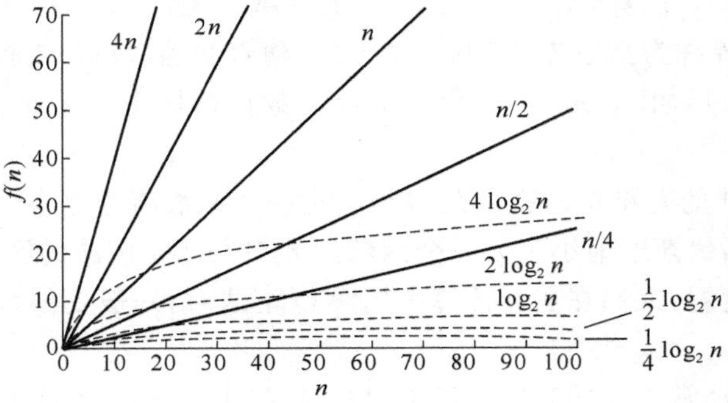

附录图2 kn 和 $k\cdot \log_2 n$ 的增长曲线（$n=1,2,\cdots,100$）

② P类问题

通常，讨论复杂性是考虑当问题的规模比较大时，算法有多复杂。换言之，算法复杂性是一种对趋势的描述或变化的描述。例如自变量发生变化时，对计算的影响有多大。

一般而言，认为运行时间的相差多项式可以是小的，而相差指数则被认为是大的。因为这两类函数在增长率上存在巨大的差异。多项式时间算法就很多目的而言是足够快了，而指数时间算法则很少使用。换句话说，多项式问题是人或者计算机实际可计算的大规模问题，而且这些实际问题往往是低次多项式问题，如 n^2，n^3 等。

所谓P类问题，通俗地讲，就是多项式问题，它的理论定义是：P是确定型单带图灵机在多项式时间内可判定的语言类。它大致对应于在计算机上实际可解的问题类。一个问题是P类问题，意味着可以找到一个算法，在计算机上只执行多项式次计算就可以解决它。

分析一个算法是否在多项式时间内运行，需要做两件事：首先，必须为算法在长度为 n 的输入上运行时所需要的步数给出多项式上界。其次，必须考察算法描述中的每一步，保证它们都可以由合理的确定型模型在多项式时间内实现。在描述算法时，应仔细确定它的步骤，以使第二部分分析容易进行。当两部分工作都完成以后，就可得到结论：算法在多项式时间内运行。因为已经证明它需要多项式个步骤，每一步可以在多项式时间内完成，而多项式的组合还是多项式。

例2 下面是两个 $n\times n$ 矩阵相乘的算法语句，每行最右面表明该行语句执行的次数。

```
FOR i=1 TO n DO                              n+1
  FOR j=1 TO n DO                            n(n+1)
    BEGIN
      C[i,j]:=0;                             n^2
        FOR k=1 TO n DO                      n^2(n+1)
          C[i,j]:=C[i,j]+A[i,k]*B[k,j]       n^3
    END;
```

整个程序中所有语句的执行次数之和为

$$T(n) = 2n^3 + 3n^2 + 2n + 1$$

其时间复杂度 $T(n)=O(n^3)$。

典型的指数时间算法来源于通过搜索整个解空间来求解问题，这称为完全搜索。例如，将一个数分解为几个素数因子的一种方法是搜遍所有可能的因子。因为搜索空间的规模是指数的，所以这种搜索需要指数时间。有时，通过更深入地理解问题，可以避免完全搜索，找到更实用的多项式时间算法。一旦为某个原先似乎需要指数时间的问题找到了多项式时间算法，一定是了解了它的某些关键的方面。这能降低它的复杂性，使其达到实用的程度。

例 3　令 L 是一个由上下文无关文法 G 产生的语言，G 是 Chomsky 范式。由 Chomsky 范式的特点，任何得到字符串 ω 的推导都恰好有 $2n-1$ 步，其中 n 是 ω 的长度。当给 L 的判定机器输入长为 n 的字符串时，它通过试探所有可能的 $2n-1$ 步推导来判定 ω 是否属于 L。如果其中有一个得到 ω 的推导，该判定机就接受；否则，就拒绝。

分析该算法可知，它不能在多项式时间内运行。因为 k 步推导的数量可能达到 k 的指数，所以该算法可能需要指数时间。

有一种强有力的技术，称为动态规划，可以有助于获得多项式时间算法，这种技术通过累积小的子问题的信息来解决大的问题。把子问题的解都记录下来，这样就只需对它求解一次。为此，把所有子问题编成一张表，当碰到它们时，把它们的解系统地填入表格。

在例 3 中，运用动态规划算法可为 ω 的每一子串填写表项。首先为长度为 1 的子串填写表项，然后是长度为 2 的子串，依此类推，就可利用短子串的表项内容来辅助确定长子串的表项内容。最终可使此问题的时间复杂度降低为多项式时间 $O(n^3)$（证明略）。

所有合理的确定型计算模型都是多项式等价的。例如，确定型单带和多带图灵机模型是多项式等价的。也就是说，它们中任何一个模型都可以模拟另一个，而运行时间只增长多项式倍。这并不是说，在实际编程时可以忽略运行时间的多项式倍差异，程序员们拼命工作就是为了能让程序快几倍。但在研究理论时，忽略运行时间的多项式倍差异使我们可以不依赖于具体计算模型。

指数问题是实际不可解的。如人们熟知的棋盘摆米问题，在第 n 个格子摆放 2^n 粒米，则 64 个格子的棋盘需要 $2^1+2^2+\cdots+2^{64}$ 粒米，这是一个天文数字！

需要指出的是，不是所有指数问题都是不可解的。当 n 比较小时，还是可能的。然而，哪怕一个问题是 1.01^n，当 n 很大时，也会导致问题的实际不可解。

③ NP 类问题

尽管在许多问题中可以避免完全搜索，获得多项式时间解法，但在某些其他问题中，包括许多有趣而有用的问题，避免完全搜索的努力还没有成功，求解它们的多项式时间算法还没有找到。这些问题有可能具有基于未知原理的多项式时间算法，但至今还没有被发现。但也有可能这些问题根本就是难算的，不具有多项式时间算法。

前面章节已经证明：对于任一非确定型有限自动机（非确定性图灵机），都存在一确定型有限自动机（确定型图灵机）与之等价。故“非确定型”并未扩大算法的功能。但是，如果从算法的效率来考虑，问题就大不相同了。NP 问题就是指在非确定型图灵机上多项式时间内可计算的问题，或者等价地说，是其成员资格可以在多项式时间内验证的语言类。术语 NP 的定义是非确定型多项式时间。而相对而言，P 是其成员资格可以在确定型图灵机上多项式时间内判定的语言类。

例4 一个NP问题。有向图G中的哈密顿路径是通过每个节点恰好一次的有向路径。验证一个有向图是否包含连接两个指定节点的哈密顿路径问题就是一个NP问题。附录图3显示了一个连接指定节点A和B的哈密顿路径。

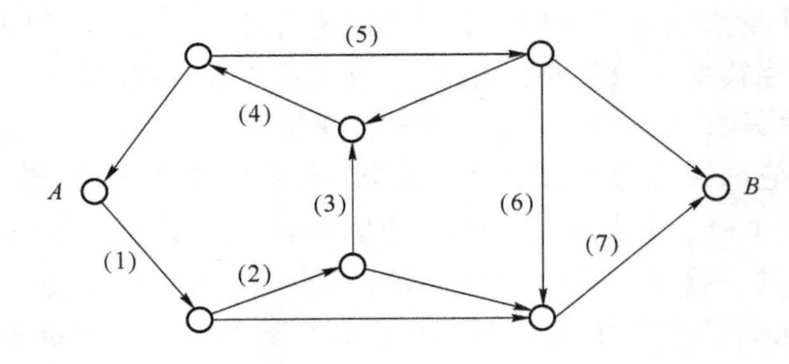

附录图3 经过每个节点恰好一次的哈密顿路径

通过一个完全算法很容易获得此问题的指数时间算法：

(a) 考察图中的所有路径来确定是否存在从A到B的路径；

(b) 验证所有从A到B的路径是否有哈密顿路径。

没有人知道哈密顿路径问题是否能在多项式时间内求解。

哈密顿路径问题还有一个特点,称为多项式可验证性,这对于理解它的复杂性很重要。虽然还不知道是否有一种快速(即多项式时间)的方法来确定图中是否包含哈密顿路径,但是如果以某种方式指出了这样的路径,就能很容易验证它的存在。即对于一个有答案的问题,判断这个答案对不对,要比试图去找到一个答案容易得多。在NP问题中有一类特殊问题。这些问题的复杂性与整个类的复杂性相关联。这类问题中的任何一个如果存在多项式时间算法,那么类中所有NP问题都是多项式时间可解的。这些问题称为NP完全问题。

例5 判断是否能在图中n个点上着k种颜色,使得没有一条边连接了同色的节点,这是一个NP完全问题。

关于NP完全问题有一个重要的课题:对于每一类在非确定性图灵机上多项式时间内可计算的问题,是否都在确定性图灵机上多项式时间内可计算?这就是所谓"NP=?P"问题。P=NP是否成立的问题是理论计算机科学和当代数学中最大的悬而未决的问题之一。如果这两个类相等,那么所有多项式可验证的问题都将是多项式可判定的。从理论上讲,判定问题就是解决问题。大多数研究人员相信这两个类是不相等的,因为人们已经投入了大量的精力为NP中的某些问题寻找多项式时间算法,但还没有成功的范例。研究人员还试图证明这两个类是不相等的,但是这要求证明不存在快速算法来代替完全搜索。目前的科学研究也还无法做到这一步。附录图4显示了NP与P的关系的两种可能性。

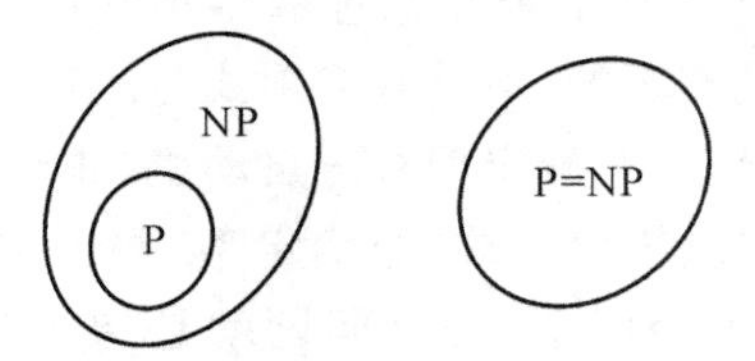

附录图4 NP与P的可能关系

受到复杂性理论直接影响的一个应用领域是密码技术。在绝大多数的情况下,容易计算的问题比难计算的问题更可取，因为求解容易问题的代价要小。但密码技术与众不同，它特别需要难计算的问题，而不是容易计算的问题。在不知道密钥或口令时，密码应该是很难破译的。复杂性理论给密码研究人员指出了寻找难计算问题的方向。例如，与现代密码系统中的某些密码有关的大自然数的因子分解问题：给你一个500位长的大自然数，你能够在合理的时间内把它分解成素数的乘积吗？哪怕是使用一台超级计算机，至今还没有人知道怎样才能在宇宙毁灭之前做完这件事！

（2）空间复杂性

在给许多计算问题寻找实际解法时，时间和空间是两个最重要的考虑因素。算法（程序）运行时所占用的存储空间，同样也是问题规模的函数，对它的度量称为空间复杂度。

空间复杂性与时间复杂性有许多共同的特点，它为我们根据计算难度来给问题分类提供了进一步的方式。为了选择一个模型来度量算法所消耗的空间，我们采用图灵机模型，因为图灵机数学形式简单，而且近似实际的计算机，足以给出有意义的结果。

定义　设 M 是一个在所有输入上都停机的确定型图灵机。定义 M 的空间复杂度为函数 $f:N\rightarrow N$，其中 $f(n)$ 是 M 在任何长为 n 的输入上扫描带单元的最大数量。如果 M 的空间复杂度为 $f(n)$，也称 M 在空间 $f(n)$ 内运行。

如果 M 是在所有输入上所有分支都停机的非确定型图灵机，则定义它的空间复杂度 $f(n)$ 为 M 在任何长为 n 的输入上，在任何计算分支上所扫描的带单元的最大数量。

同时间复杂度一样，通常用渐近记法来估计图灵机的空间复杂度。

例 6　考虑接受语言 $L=\{\omega c\tilde{\omega}\mid\omega\in(0,1)\}$ 的图灵机。

构造双带确定型图灵机 M 接受语言 L：设 M 有一条输入带和一条工作带，M 的带头从左向右移动，把输入串的符号依次拷贝到工作带上，直至在输入带上读到 c 为止（不拷贝 c）。然后输入带带头继续向右，而工作带带头同时向左移动且比较它们扫描的符号。如果两个带头同时读完它们扫描的字符串并且每一步扫描的符号都相同，则接受输入串，否则拒绝输入串。M 的时间复杂度为 $O(n)$，空间复杂度也为 $O(n)$。

空间复杂性与时间复杂性可以互相影响。经常可以通过增加空间用量来降低时间用量，反之亦然。例如，NP 完全问题难于找到多项式时间算法，当然更不能用线性时间算法求解；但有些 NP 完全问题可以用线性空间算法解决。这是因为空间可以重用，而时间则不能。

（3）结构复杂性

除了研究时间复杂性和空间复杂性外，近年来人们还提出了一种称为结构复杂性的概念。所谓结构复杂性，通俗地讲，就是对一个问题自身的组织和结构的复杂程度进行分析和复杂度度量，它描述的是不同程序的结构复杂性。例如除法比加法复杂；具有嵌套、递归结构的程序比顺序程序的结构要复杂。

存在着不同的结构复杂度度量方法，例如，对于程序的结构而言，可以根据程序的长度、模块个数、子程序多少，程序的嵌套、递归结构，程序的节点个数、分支条件的多少等指标进行综合度量。就结构复杂度而言，其复杂度的变化通常是非线性的。另外，不同的复杂度度量方法也可能得出不同的结果。

计算的问题各种各样，有的容易，有的困难。是什么使某些问题很难计算，又使另一些问题容易计算？这是计算复杂性理论的核心问题。然而，尽管在过去的25年里对它进行了深入细致的研究，我们仍然不完全知道它的答案。迄今为止，复杂性理论的一个重要成果是,发现了一个按照计算难度给问题分类的完美体系,它类似按照化学性质给元素分类的元素周期表。使用这个体系能够提出某些问题是难计算的证据,尽管还不能证明它们是难计算的。

在解决某一实际问题时,除了把问题分成困难的和容易的以外,还需要研究它的算法,而且需要一个好的算法。对同一问题,可能有多个算法可供使用,只有对这些算法按算法评价标准进行分析、比较,才能知道哪一个算法是最好的。因此,对算法进行分析是十分必要的,分析的目的是尽可能改进和优化算法,然后选择一个最佳算法。

当你面对一个看来很难计算的问题时,有几种选择。首先,搞清问题困难的根源,你可能会对问题做些变动,使它变得容易解决。其次,你可能会求出问题的近似解。在某些情况下,寻找问题的近似解相对容易一些。第三,有些问题仅仅在最坏的情况下是困难的,而在绝大多数的时候是容易的。就应用而言,一个偶尔运行得很慢而通常运行得很快的过程是可以接受的。最后,可以考虑通过优化算法来加速工作。

对算法评价判断的标准主要有以下 7 种。

(a) 正确性:算法应是切实可行的,在有限的时间内应得到正确的结果,完成任务要求;

(b) 简明性:算法应思路清晰、层次明确、易读易懂、简单明了;

(c) 通用性:算法使用范围广、适应性大、易于修改、易于移植;

(d) 节省性:算法所占存储容量合理,应尽量节省存储空间;

(e) 快速性:算法设计合理,运行速度快,尽量减少时间;

(f) 最优性:解决同一问题可能有多种方案及多种算法,应进行比较,选择一个最佳的算法(任何一个其运算次数等于下界的算法将是最优的);

(g) 健壮性:当输入非法数据时,应能做出适当的反应和处理,确保输入的正确性。

2. 可计算性

可计算性理论与复杂性理论是密切相关的。在复杂性理论中,目标是把问题分成困难的和容易的;而在可计算性理论中,是把问题分成可解的和不可解的。

除了存在在时间、空间上实际不可计算的问题外,还有一些基本问题已被证明在理论上就根本不可能被计算或不可能用计算机解决。确定一个数学命题是真是假就是一个例子,没有任何计算机算法能够完成这项工作。停机问题也是如此。换言之,我们不可能找出一个一般的算法,来判断一个问题是否可计算。

下面以著名的停机问题为例对可计算性作进一步说明。

例 7 非形式化地证明“停机问题是不可判定的”。

停机问题:任给一个程序和一个输入,是否存在一个一般的算法,判断程序对该输入的计算最终是否停止?

证明 假设停机问题可判定,则存在一个判定程序 P,可以判断任一程序 f 对输入 x 的计算是否停止,定义

$$P(x,f)=\begin{cases}1 & \text{若程序 } f \text{ 对任何输入 } x \text{ 的计算停止}\\ 0 & \text{若程序 } f \text{ 对某些输入 } x \text{ 的计算不停止}\end{cases}$$

x 和 f 都是 P 的输入。再定义程序

$$P'(x,f)=\begin{cases}\text{while } P(x,f) & \text{如果 } f=P'\\ P(x,f) & \text{如果 } f\neq P'\end{cases}$$

现在研究 P' 是否停机的问题。

(a) 若 $P(x,P')=1$，根据 P' 定义，有 $P'(x,P')=\text{while}(1)$，即 P' 不停机，则由 P 的定义，有 $P(x,P')=0$，导出矛盾。

(b) 若 $P(x,P')=0$，则 $P'(x,P')=\text{while}(0)$，即程序 P' 对于作为输入的 P' 可以停止计算，由 P' 定义，P' 对其他满足 $f\neq P'$ 的输入 x、f 与 P 行为相同，也可停止计算，即有 $P(x,P')=1$，导出矛盾。

由上可见，(a)、(b)均导出 $P(x,P')=\neg P(x,P')$，故原假设“存在一个判定程序 P”是不正确的。

参 考 文 献

[1] 陈崇昕.形式语言与自动机.北京:北京邮电大学出版社,1988.

[2] Michael Sipser.计算理论导引.段磊,唐常杰,等,译.3版.北京:机械工业出版社,2015.

[3] J.E.霍普克罗夫特,J.D.厄尔曼.计算机理论、语言和计算导论.孙家骕,等,译.3版.北京:机械工业出版社,2008.

[4] Peter Linz.形式语言与自动机导论.孙家骕,等,译.3版.北京:机械工业出版社,2005.

[5] 陈有祺.形式语言与自动机.北京:机械工业出版社,2008.

[6] 蒋宗礼,姜守旭.形式语言与自动机理论.3版.北京:清华大学出版社,2013.

[7] K.C.Louden.编译原理及实践.冯博琴,等,译.北京:机械工业出版社,2000.

[8] 张立昂.可计算性与计算复杂性导引.北京:北京大学出版社,1996.